地震资料的相对保真处理方法与应用

王西文　王宇超　王小卫　刘文卿　苏　勤　吕　彬　田彦灿　等著

石 油 工 业 出 版 社

内 容 提 要

本书在对地震资料的相对保真处理方法进行研究的基础上，详细介绍了基于射线理论的Kirchhoff积分偏移方法和基于波场延拓的单程波偏移及波动方程逆时偏移的方法原理，并介绍了保幅偏移算法的研究进展。本书对基于GPU/CPU系统复杂构造逆时偏移成像、复杂构造区深度域速度建模等一些关键技术方法做了介绍，并从三维逆时叠前深度偏移在盐下成像、碳酸盐岩地区的高密度全方位地震资料处理、吐哈与酒泉盆地复杂构造地震成像、冀东南堡古潜山构造带的地震叠前成像等实际应用方面介绍了不同领域的针对性保真成像处理措施及应用效果。

本书可供从事地震资料处理方法研究的科技人员参考。

图书在版编目（CIP）数据

地震资料的相对保真处理方法与应用/王西文等著．
北京：石油工业出版社，2012．12
ISBN 978-7-5021-9330-0

Ⅰ．地…
Ⅱ．王…
Ⅲ．地震数据-数据处理
Ⅳ．P315．63

中国版本图书馆CIP数据核字（2012）第254088号

出版发行：石油工业出版社
（北京安定门外安华里2区1号　100011）
网　址：www．petropub．com．cn
编辑部：（010）64523533　发行部：（010）64523620
经　销：全国新华书店
印　刷：北京中石油彩色印刷有限责任公司

2012年12月第1版　2012年12月第1次印刷
787×1092毫米　开本：1/16　印张：13．75
字数：350千字

定价：128．00元
（如出现印装质量问题，我社发行部负责调换）

前 言

近年来，岩性油气藏逐渐成为我国油气增储上产的重要领域，而岩性分析对于地震偏移成像结果的保幅性具有很高的要求，但是早先的叠前深度偏移方法主要是以构造成像为目标。因此，地球物理界针对不同类型的保幅叠前深度偏移方法开展了大量研究工作。但岩性地层油气藏是受区域构造和沉积相带等多重因素控制，由于其复杂隐蔽，勘探难度相对较大。在地震剖面上，岩性储层地震响应的显示可信度取决于地震处理中的保真度。

目前，绝对地震保真处理是难以做到的，但相对保真处理是可以做到的。这就对地震资料的处理提出了更高的要求，要求保幅，即要求在处理流程上尽量不用破坏相邻地震道间振幅关系的模块。针对岩性油气藏勘探中的地震处理问题，本书提出了相对保真处理方法，即宽频相对保真处理的 4 条关键原则：(1) 保护有效频带。有效频带的拓宽要以资料的信噪比为依据，对低信噪比地震资料进行高频拓宽，要控制反褶积算子的频带宽度和主频，反褶积的主要作用应该是在有效频带内提升高频成分的能量，要避免在有效频带高频端出现严重陷频。(2) 保护低频，尤其是 3～8 Hz 的低频。要避免出现如高分辨率高信噪比处理将 10 Hz 以下的低频信息压制掉、为消除面波采用强 $f-k$ 去噪使低频段的有效信息大量损失等情况。(3) 保振幅。不采用 RNA 等修饰模块，要避免破坏地震道振幅的横向关系。(4) 保相位。处理中不采用破坏相位关系的模块，零相位反褶积和地表一致性反褶积不会破坏相位关系。相对保真处理的剖面与高分辨率高信噪比处理的剖面相比，较真实地反映了地下砂体储层地震响应。本书在讨论相对保真处理或高分辨率高信噪比处理方法时，还考虑了地震资料采集方式对地震处理的影响。地震宽频采集是相对保真处理的基础。本书根据剖面反射特征和频谱特征，分析和讨论了地震采集震源和观测方式对高分辨率高信噪比方法处理的资料或对相对保真方法处理的资料的影响。

在以往的地震勘探实践中，为了满足构造解释需求，地震资料成像追求了信噪比，对资料的保真度和保幅性考虑较少。如今，随着油气勘探精细化程度的推进，地震资料成像处理的保真度要求越来越高。近几年，笔者在这方面开展了大量的研究工作，逐步形成了保真成像的研究思路及方法流程。

本书在对地震资料的相对保真处理方法进行研究的基础上，详细介绍了基于射线理论的 Kirchhoff 积分偏移方法和基于波场延拓的单程波偏移及波动方程逆时偏移的方法原理，并介绍了各自保幅偏移算法的研究进展。本书对基于

GPU/CPU 系统复杂构造逆时偏移成像、复杂构造区深度域速度建模等一些关键技术方法做了介绍，并从三维逆时叠前深度偏移在盐下成像、碳酸盐岩地区的高密度全方位地震资料处理、吐哈与酒泉盆地复杂构造地震成像、冀东南堡古潜山构造带的地震叠前成像等实际应用方面介绍了不同领域的针对性保真成像处理措施及应用效果。针对这些地区存在的地震成像、构造解释等技术难点，开展了地震叠前成像及解释一体化的深入研究，形成了针对性的地震叠前成像技术系列。

对于成像方法来讲，目前常规的积分法地震成像方法难以刻画盐下成像，而双程波动方程偏移（WEM）方法可在复杂深层盐构造上产生优质图像。本书采用逆时偏移成像技术解决了盐下成像问题，对垂直断层、盐丘侧翼、盐丘等倾角较大的构造成像效果显著提高，消除了盐丘速度异常对下伏地层造成的畸变，使盐下地层在深度域能够准确成像。本书针对碳酸盐岩地震资料开展了高密度全方位的成像技术研究，形成了高密度全方位地震资料的叠前成像技术流程，其中的关键技术包括：高保真全方位噪声压制技术、叠前提高纵向分辨率技术、全方位数据规则化技术、全方位高精度偏移速度建模技术、分方位角叠前深度偏移技术、各向异性叠前深度偏移、逆时偏移技术等。以逆时偏移为主的叠前深度偏移结果准确地刻画了复杂区块的地下构造形态及断裂位置，尤其是能够更加清晰地刻画背斜腹部断块、小断距断层，从而为构造解释提供了可靠的资料基础。利用新的叠前深度偏移成果进行精细构造解释，储层预测等综合研究，重新落实了研究区的构造细节，进一步认识了断裂特征以及地层展布规律。本书还将非对称走时叠前时间偏移和逆时叠前深度偏移相结合，很好地解决了横向速度变化对成像的影响，在构造复杂、倾角大的地方成像效果要优于以前的研究成果，取得了明显的成像效果，最终处理成果也很好地体现了各种地质特征，值得推广应用。目前从理论上讲，三维逆时深度偏移是最为精确的成像方法，这是叠前深度偏移成像技术发展的必然。它与 FWI 速度估计方法相结合是精确成像的发展方向。

本书在研究过程中，坚持科研与生产紧密结合，及时地将研究形成的针对性技术系列应用于油田勘探实践，利用新的研究成果，精确落实了一批区块的整体构造形态和局部构造特征，优选了有利钻探目标，取得了较好的应用效果。

本书前言由王西文执笔；第 1 章由王西文执笔；第 2 章由吕彬、王宇超、韩令贺执笔；第 3 章由王宇超、刘文卿、王小卫、徐兴荣、吕彬、曾华会、鲁烈琴、赵玉莲执笔；第 4 章由刘文卿、王西文、吕彬执笔；第 5 章 5.1 节由刘文卿、张静、邵喜春执笔；第 5 章 5.2 节由王小卫、田彦灿、张涛执笔；第 5 章 5.3 节由苏勤、肖明图、李海亮、吕彬、邵喜春执笔；第 5 章 5.4 节由田彦灿、曾华会、张涛执笔。全书由王西文负责修改和统稿。

本书内容涉及的研究项目，得到了中国石油勘探与生产分公司、塔里木油田分公司、玉门油田分公司、吐哈油田分公司、冀东油田分公司、中国石油勘探开发研究院中亚俄罗斯研究所等单位的支持。本书的编写得到了中国石油勘探开发研究院西北分院杨杰院长等领导和专家的支持与帮助。在本书正式出版之际，谨向他们表示衷心的感谢！

由于编写者水平所限，书中一定存在不妥之处，诚恳希望广大读者批评指正。

Preface

In recent years, lithology reservoir has gradually become the major field of reservoir gain in China, while the lithology analysis poses high requirements for amplitude preservation of seismic migration results, but the previous prestack depth migration methods mainly focus on structural imaging. Therefore, a lot of study has been carried out in terms of amplitude preservation prestack depth migration method by the circle of geophysics. Meanwhile, the reservoir of lithology formation is under the control of multiple factors such as regional structures and depositional facies belts and representing high exploration difficulty due to its being complicated and concealing. On seismic profile, the display reliability of seismic response of lithology formation is subject to the fidelity of seismic processing.

Currently, it is difficult to realize absolute seismic fidelity preservation processing, but relative fidelity preservation processing is possible, which poses higher requirements for seismic data processing, requesting amplitude preservation, i. e. it shall avoid adopting the module that will damage the amplitude relationship of neighboring seismic channels in the processing procedure. In view of the seismic processing problem of lithology reservoir exploration, relative fidelity preservation processing method is represented in this book, i. e. the 4 critical principles for wide-frequency relative fidelity preservation processing (1) protection of effective band. The widening of effective band shall be based on SNR of data, high-frequency widening shall be conducted for the low SNR seismic data, the band width and dominant frequency of deconvolution operator shall be controlled. The main effect of deconvolution shall be the elevation of energy of high-frequency component within the effective band to avoid the occurrence of serious notching in the high-frequency end of effective band. (2) Protection of low frequency, especially that of 3～8 Hz. The scenarios that low frequency information suppressed due to high resolution, high SNR processing or significant loss of low frequency end effective information with adoption of strong *f-k* denoising etc. shall be avoided. (3) Amplitude preservation. Modification module such as RNA shall not be applied to avoid damaging the lateral relationship of seismic channel amplitude. (4) Phase preservation. The module that will damage phase position shall be avoided during processing. Zero phase deconvolution and surface consistent deconvolution will not damage relationship of phases. Compared with high-resolution high SNR processed profile, relative fidelity preservation processed profile could reflect seismic response of subsurface sand reservoir quite genuinely. While the discussion on the processing method of relative fidelity preservation processing or high-resolution high SNR, the impact on seismic processing by acquisition mode of seismic data is also elaborated in this book. Seismic broadband acquisition is basis for relative fidelity preservation processing. Based on profile reflection traits and spectrum characteristics, the impact on the data processed with high-resolution, high SNR method or data processed with relative fidelity preservation method by means of seismic acquisition source and observation approach is also analyzed and discussed.

In the previous seismic exploration, in order to satisfy the requirements of structural interpretation, SNR was given much more attention for seismic data imaging and the consideration for fidelity and amplitude preservation of data was insufficient. Nowadays, with the promotion of deliberation of oil and gas exploration, the requirements for fidelity of seismic data processing is much higher. In recent years, the author has done a lot in this aspect and the research idea and methodology for fidelity preservation imaging are gradually formed.

Based on study on relative fidelity preservation processing method, the method & principle of the Kirchhoff integral migration method based on ray theory, the one-way wave equation migration based on wave field extrapolation and two-way wave equation reverse time migration are elaborated. Meanwhile, the study status of respective amplitude preservation migration algorithm is introduced. The methods of critical technology including reverse time migration imaging based on GPU/CPU system for complicated structures and depth domain velocity modeling for complicated structural zone etc. are represented. In the mean time, the pertinent fidelity preservation imaging processing measures and application performance applied in practice for different fields including subsalt imaging of 3D prestack reverse time migration, high density, all-round seismic data processing for carbonate region, seismic imaging for complicated structures in Tuha and Jiuquan Basins, seismic prestack imaging of buried hill structural zone in Nanpu of Jidong Oilfield. In view of the technical difficulties of seismic imaging and structural interpretation etc. existing in these regions, in-depth study on seismic prestack imaging and integrated interpretation is carried out with the formation of pertinent technical series for seismic prestack imaging.

In terms of imaging method, it is difficult for the current regular integral seismic imaging method to delineate subsalt imaging, while the two-way wave equation method (WEM) could generate premium image for complicated deep salt structure. The reverse time migration imaging technology adopted in this book solves the problem of subsalt imaging, which significantly improves the imaging quality for the fairly large dip structures such as vertical fault, salt dome flank and salt domes etc. , eliminating the distortion caused to the underlayer by abnormal velocity of salt dome, making the subsalt formation capable of being accurately imaged in depth field. Study on high density all-round imaging technology in terms of carbonate seismic data is carried out in this book with the formation of prestack imaging technical flow for high density all-round seismic data, of which the critical technologies are: high fidelity all-round noise suppression technology, enhancing prestack vertical resolution technology, all-round data regularization technology, all-round high accuracy migration velocity modeling technology, subazimuth prestack depth migration technology, anisotropic prestack depth migration as well as reverse time migration technology etc. The results of prestack depth migration dominated by reverse time migration accurately delineates the subsurface structural pattern and location of fault for complicated block, especially capable of clearly delineating abdominal block of anticline, small displacement fault and consequently, providing reliable basis of data for structural interpretation. By utilizing results of new prestack depth migration, comprehensive study such as fine structural interpretation and reservoir prediction is conducted, structural details in the study area is reconfirmed, and the fault characteristics as well as the regularity of formation distribution is further understood. In this book, also the asymmetrical traveltime prestack time migration and prestack reverse time migration are combined, which solves the impact on imaging for lateral velocity variation well. Where the structures are complicated and the dip is large, the performance of imaging is much better than the previous results of study and the final processing results represent various geological characteristics, which is worth popularization quite well. Currently, theoretically, 3D reverse time depth migration is the most accurate imaging method, which is surefire result of development of prestack depth migration imaging technology and being the direction of development for accurate imaging when combined with FWI velocity estimation method.

During the study for this book, the R&D was closely integrated with production and pertinent technical series formed during study was applied for oilfield exploration timely. With the application of new study results, the overall structural pattern and local structural characteristics of a series of blocks were accurately confirmed and favorable targets of exploration and drilling were optimally selected with the achievement of excellent application performance.

The preface is by Wang Xiwen; Chapter 1 by Wang Xiwen; Chapter 2 by Lv Bin, Wang Yuchao and Han Linghe; Chapter 3 by Wang Yuchao, Liu Wenqing, Wang Xiaowei, Xu Xingrong, Lv Bin, Zeng Huahui, Lu Lieqin and Zhao Yulian; Chapter 4 by Liu Wenqing, Wang Xiwen and Lyu Bin; 5. 1 of Chapter 5 by Lv Wenqing, Zhang Jing and Shao Xichun; 5. 2 of Chapter 5 by Wang Xiaowei, Tian Yancan and Zhang Tao; 5. 3 of Chapter 5 by Su Qin, Xiao Mingtu, Li Hailiang, Lv Bin and Shao Xichun; 5. 4 of Chapter 5 by Tian Yancan, Zeng Huahui and Zhang Tao. The whole book is modified and revised by Wang Xiwen.

The study projects involved in this book are supported by PetroChina E & P Company, Tarim Oilfield Subsidiary, Yumen Oilfield Subsidiary, Tuha Oilfield Subsidiary, Jidong Oilfield Subsidiary, Mid-Asia and Russia Research Branch of Research Institute of Petroleum Exploration and Development (RIPED) of CNPC. The preparation of this book is supported and assisted by Director Yang Jie and other experts of Northwest Branch of Research Institute of Petroleum Exploration and Development (RIPED) . Herein, with the publication of this book, I would like to appreciate their supports sincerely!

Due to the proficiency of the author, comments and questions in terms of contents of the book are warmly welcome.

目 录

contents

1 地震资料相对保真处理方法研究

1.1 引言

岩性地层油气藏受区域构造和沉积相带等多重因素控制，具有一定的分布规律和较大勘探潜力，但由于其隐蔽复杂，勘探难度相对较大。我国岩性地层油气藏近年来取得一批大突破和大发现，剩余资源潜力大，是增储上产的重大现实领域[1~4]。

为了有效识别岩性油气藏，对地震资料的处理提出了更高的要求[5~7]。首先，要提高地震资料的分辨率，要求在处理出的地震资料上识别薄砂层、砂体尖灭点等地质特征；第二，要求保幅，在处理流程上尽量不用破坏相邻地震道间振幅关系的模块。但是，人们往往在识别薄层上很下工夫，不断拓宽地震资料频带，提高主频，出现了多种以提高地震主频为目标的高分辨地震处理方法。

提高地震资料分辨率的处理，主要由反褶积方法完成[8~19]。反褶积方法是地震资料处理过程中的重要手段。为了提高地震资料的分辨率，可以设计高频反褶积算子，以达到分辨薄层的目的。但是，高频反褶积算子的频宽和主频由什么原则来确定，是不是可以不加限制地提高高频反褶积算子的主频，这都是需要探讨的问题。

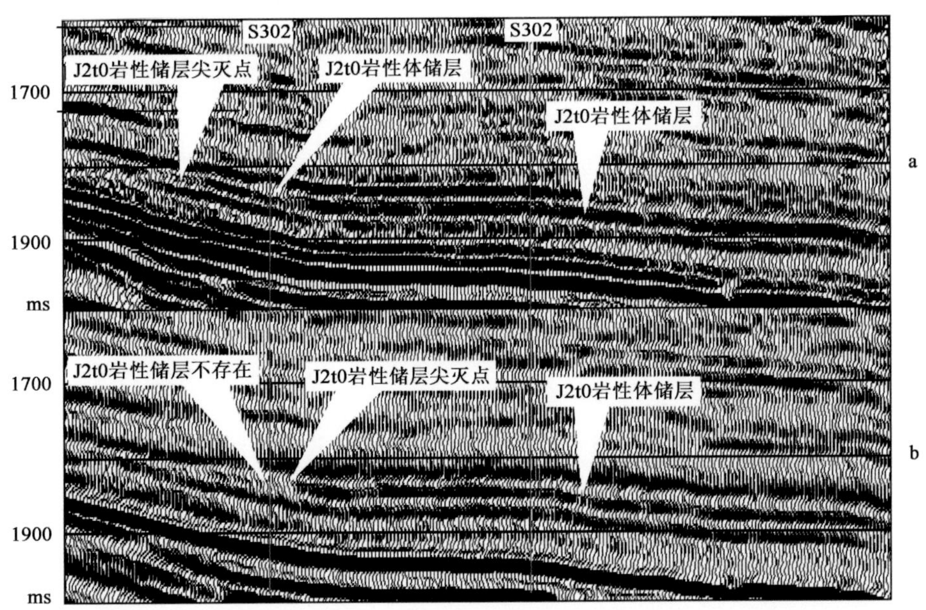

图 1.1.1 过 S302 S303 井的常规（a）地震处理剖面与相对保真（b）地震处理剖面对比

图 1.1.1 是在准噶尔盆地陆西地区的过 SN31 井区岩性油气藏的地震处理剖面对比。图 1.1.1a 采用的是高分辨率、高信噪比地震处理技术。从所示的地震剖面上解释出了 SN31 井

区 J2t0 的岩性储层（通过钻井也证实了是砂岩岩性储层），但从剖面上看，SN31 井区 J2t0 岩性储层连续性好（图中标示所示，在 S302 井位置，向储层上倾方向延伸了 1km 以上，岩性储层才尖灭），为此，在这一整装岩性油藏部署了一批井，图中剖面上所示的 S302 井，S303 井也是其中的井，但是钻探效果存在着很大差异。S303 井储层好，是高产油井；但是 S302 井储层很差（岩性发生变化，J2t0 层以泥岩为主）。

因此，对图 1.1.1 上的数据进行了分析，认为这是由于处理过程中过分地强调了高分辨率、高信噪比，使处理结果的保真度变差，直接导致在地震剖面上反映岩性储层地震响应失真。

在地震剖面上，岩性储层地震响应显示的可信度取决于地震处理中的保真度。目前，绝对地震保真处理是难以做到的，但是相对保真处理是可以做到的。图 1.1.1b 是 2006 年根据图 1.4.1 流程重新处理出的相对保真剖面。在图中明显看出，在 S302 的位置 J2t0 岩性储层反射很弱，表示储层已不存在。在地震剖面上识别出的 J2t0 岩性储层尖灭点位于 S302 井位置岩性储层下倾方向近 300m，这与已完钻 S302 井的数据相吻合。

这就提出了一个问题，在岩性油气藏勘探中，地震资料处理是关键。只有最大限度将储层物性的地震响应真实地反应到地震处理后的剖面上，才能利用地震数据有效地识别岩性储层。

针对上述问题，在准噶尔盆地石东地区，选一条过石东 2 井、石东 4 井的 8km 二维高分辨率攻关试验线，分析了高分辨率、高信噪比处理和相对保真处理的结果，提出了地震资料相对保真的处理方法。

相对保真地震资料处理[5]包括以下几个方面：（1）保护有效频带。有效频带的拓宽要以资料的信噪比为依据，对低信噪比地震资料进行高频拓宽，要控制反褶积算子的频带宽度和主频，反褶积的主要作用应该是在有效频带内提升高频成分的能量，要避免在有效频带高频端出现严重陷频。（2）保护低频，尤其是 3～8 Hz 的低频。要避免出现如高分辨率高信噪比处理将 10 Hz 以下的低频信息压制掉、为消除面波采用强 $f-k$ 去噪使低频段的有效信息大量损失等情况。（3）保振幅。不采用 RNA 等修饰模块，要避免破坏地震道振幅的横向关系。（4）保相位。处理中不采用破坏相位关系的模块，零相位反褶积和地表一致性反褶积不会破坏相位关系。相对保真处理的剖面与高分辨率高信噪比处理的剖面相比，较真实地反映了地下砂体储层地震影响。

在讨论相对保真处理或高分辨率高信噪比处理方法时，不能忽略地震资料采集方式对地震处理的影响。地震宽频采集是相对保真处理的基础。在地震试验测线上，从剖面反射特征和频谱特征分析和讨论了地震采集震源和观测方式对高分辨率高信噪比方法处理的资料或对相对保真方法处理资料的影响。

1.2 关于地震采集震源和观测方式对高分辨率高信噪比处理的讨论

图 1.2.1 是准噶尔盆地石东地区白垩系清水河组砂层底界的等 t_0 图，位于石东 2 井井区和石东 4 井井区黄色区域清水河组油层的分布范围，但从以往的地震资料上很难解释这两口井之间的储层分布特征。为此，2002 年部署了过石东 2 井和石东 4 井的地震试验测线（蓝色线），目的是研究提高野外地震数据采集质量的方法，以满足岩性油气藏勘探的需要。

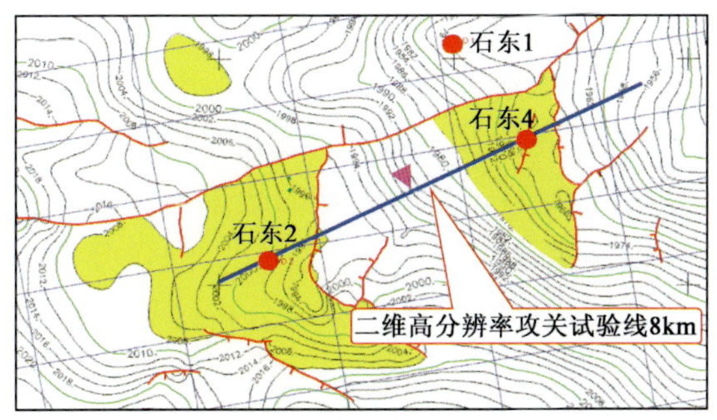

图 1.2.1 石东地区白垩系清水河组砂层底界等 t_0 图

过石东 2 井和石东 4 井的地震试验测线长 8km，采集因素为：(1) 单井激发，激发井深为 85～139m，单井药量 4kg，井数 1 口，总药量 4kg，炮距 5 0m，1200 道接收，道距 5m (或 240 道接收，道距为 25m)；(2) 组合井激发，激发井深为 6m，单井药量 2kg，井数 10 口，总药量 20kg，炮距 50m，1200 道接收，道距为 5m (或 240 道接收，道距为 25m)；(3) 可控震源激发，震源台次 4 台×6 次，扫描频率是 8～90Hz，炮距 25m，300 道接收，道距为 25m。采用高分辨率、高信噪比处理流程（图 1.2.2）对资料进行了提高分辨率处理，以弄清石东 2 井至石东 4 井之间清水河组油藏的分布特征。在处理流程中，为提高分辨率采用了叠前和叠后两次零相位反褶积；为提高信噪比采用了随机噪声衰减修饰处理。

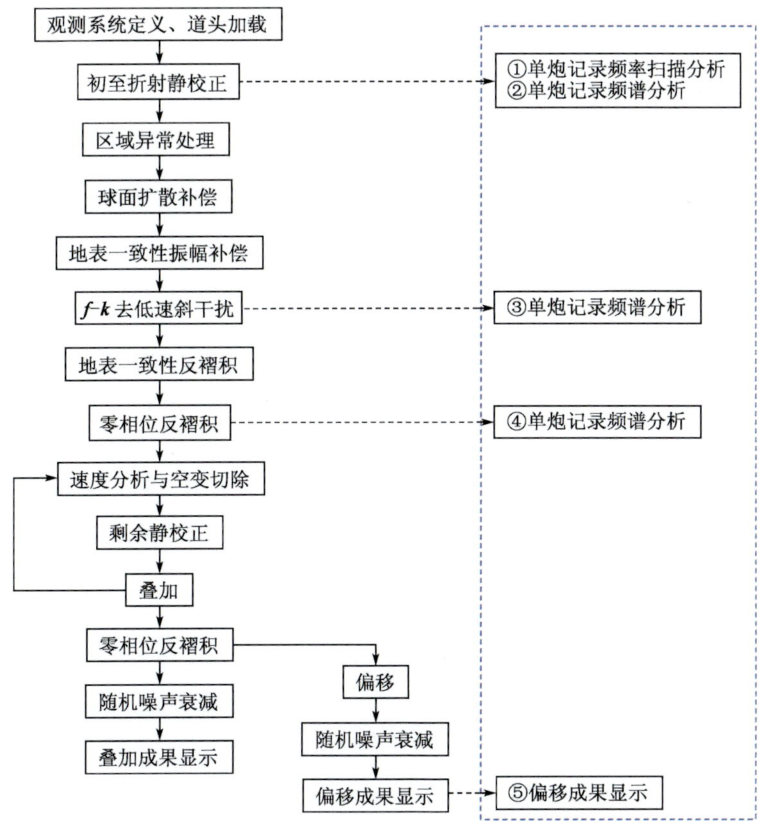

图 1.2.2 高分辨率、高信噪比地震资料处流程

根据图 1.2.2 中给出的 5 个控制点对处理过程进行分析：原始单炮记录频率扫描（控制点①，图 1.2.3）；在完成初至折射静校正处理后，利用单炮记录的目的层频谱分析结果（控制点②，图 1.2.4），分析资料的品质；在完成叠前去噪处理后，利用单炮记录和目的层频谱分析结果（控制点③，图 1.2.5），分析去噪的效果；在完成零相位反褶积处理后，利用单炮记录和目的层频谱分析结果（控制点④，图 1.2.6），分析零相位反褶积的效果；在完成偏移处理后，利用偏移叠加剖面和目的层频谱分析结果（控制点⑤，图 1.2.7），分析提高分辨率处理的效果。

图 1.2.3 是用原始单炮记录频率扫描（图 1.2.2 中控制点①），分析原始地震资料品质；不同震源在相同激发点上的单炮记录 0～20Hz 扫描分析。

在单深井 5～8Hz 扫描单炮记录上，有一点信号（或噪声）显示。在组合井 3～6Hz 扫描单炮记录上，有一点信号（或噪声）显示。在可控震源 8Hz 以下扫描单炮记录上，无信号（或噪声）显示，明显缺失了低频分量（可控震源的扫描频率 8～90Hz）。

图 1.2.3b 是不同震源在相同激发点上的单炮记录 10～120Hz 扫描分析。

在单深井 5～100Hz 扫描单炮记录上，有信号显示。

在组合井 4～80Hz 扫描单炮记录上，有信号显示。

在可控震源 8～100Hz 扫描单炮记录上，还有信号显示。

从扫描信号上看，单深井，可控震源频带宽；组合井频带窄；可控震源缺失 8Hz 以下低频分量。

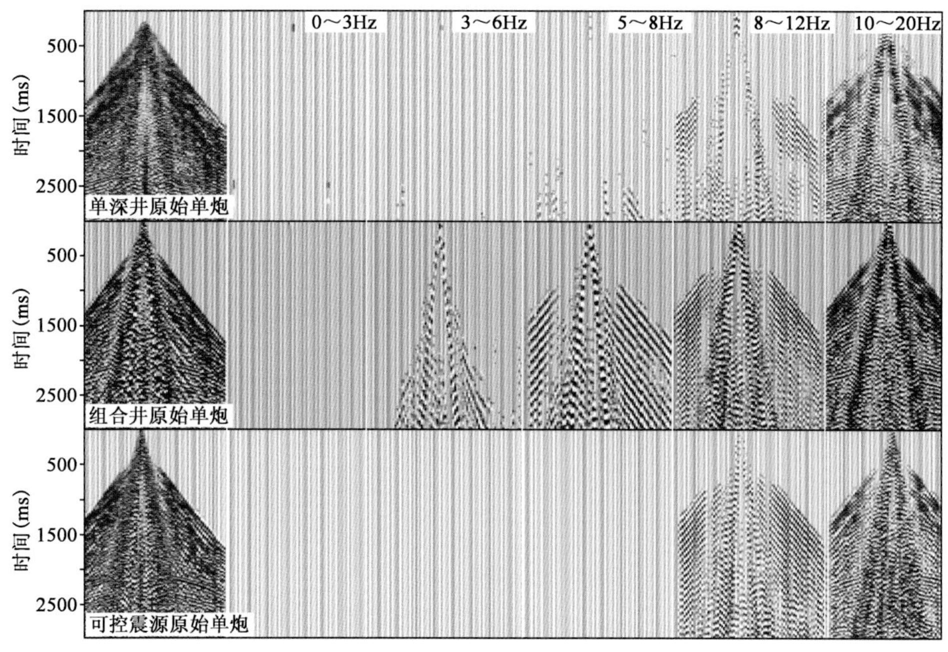

a

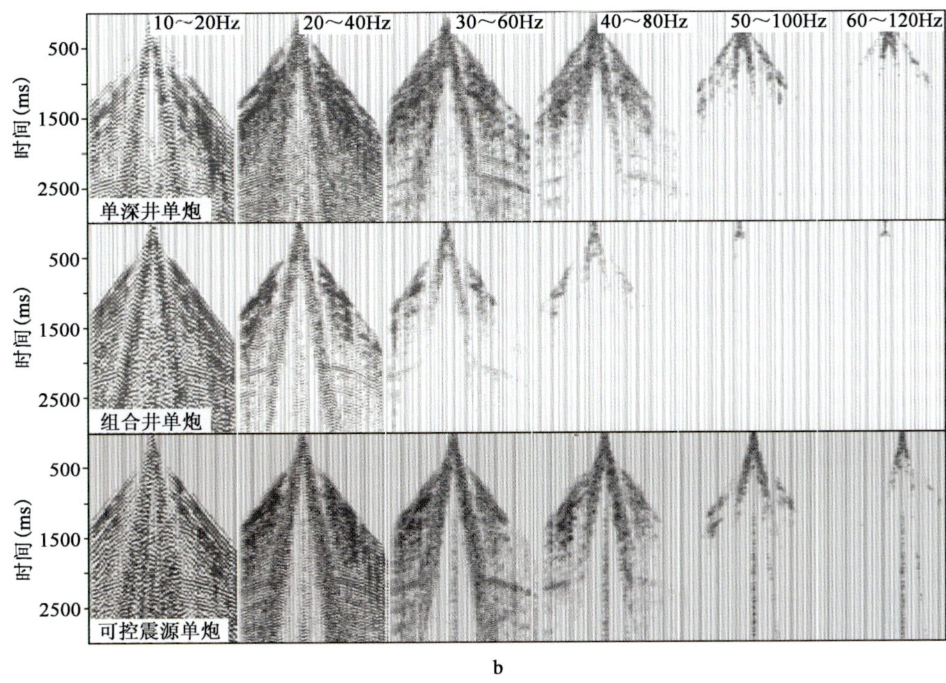

图 1.2.3　不同震源在相同激发点上的单炮记录

a—0～20Hz 扫描分析；b—10～120Hz 扫描分析

图 1.2.4 是经过初至折射静校正处理后的单炮记录［（图 1.2.2 中控制点②）选取同一位置点激发，不同震源激发的原始单炮记录进行对比］和目的层地震频谱分析结果（a 为单深井激发；b 为组合井激发；c 为可控震源激发），可见，单深井激发的单炮记录目的层的频带宽度为 4～50Hz，主频为 22Hz（图 1.2.4a）；组合井激发的单炮记录目的层的频带宽度为 4～40Hz，主频为 18Hz（图 1.2.4b）；可控震源的单炮记录目的层的频带宽度为 8～45Hz，主频为 20Hz（图 1.2.4c）。

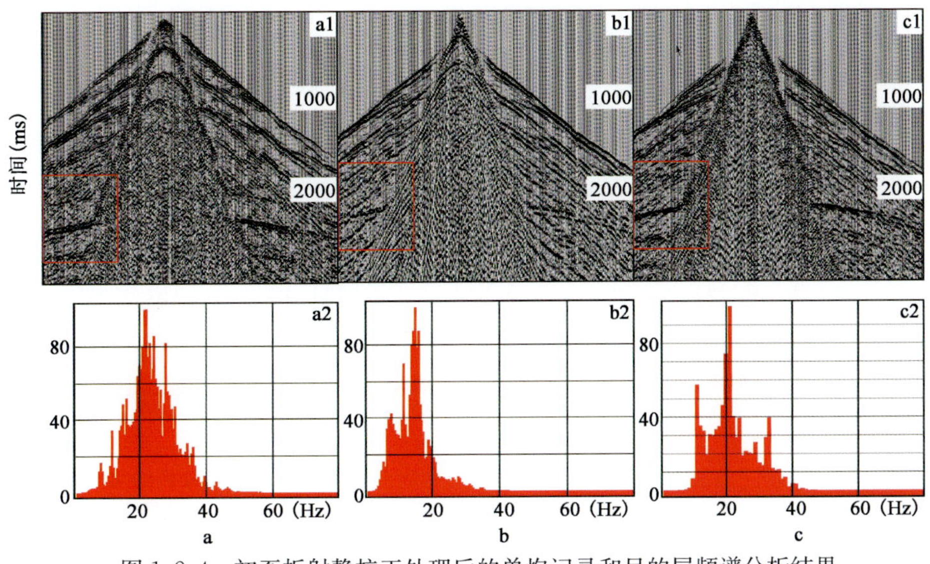

图 1.2.4　初至折射静校正处理后的单炮记录和目的层频谱分析结果

图 1.2.5 是经过叠前去噪（图 1.2.2 中控制点③，主要采用 $f-k$ 去低频面波，由于低频去得较强，造成高频成分加强）处理后的单炮记录和目的层频谱分析结果（a 为单深井激发；b 为组合井激发；c 为可控震源激发）。可见，单深井激发的单炮记录目的层的频带宽度为 10～50 Hz，主频为 30Hz；组合井激发的单炮记录目的层的频带宽度为 8～46 Hz，主频为 26Hz；可控震源的单炮记录目的层的频带宽度为 8～50Hz，主频为 30Hz（图 1.2.5c）。

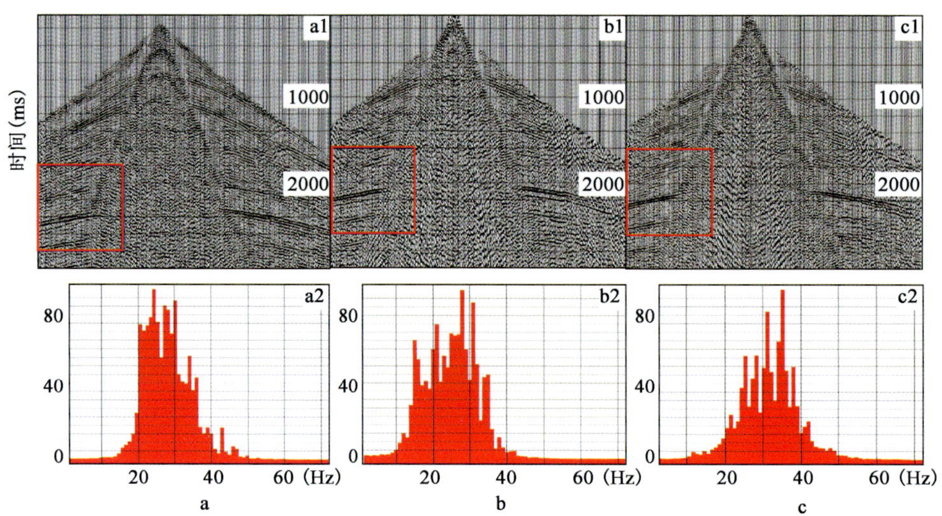

图 1.2.5　叠前去噪处理后的单炮记录和目的层频谱分析结果

图 1.2.6 是图 1.2.2 流程中，在零相位反褶积后（图 1.2.2 中控制点④），用在相同位置不同震源的单炮记录和目的层的频谱分析（a 为单深井激发；b 为组合井激发；c 为可控震源激发）可以看出：单深井：频宽 10～62Hz，主频 33Hz。组合井：频宽 8～46Hz，主频 28Hz。可控震源：频宽 8～60Hz，主频 34Hz。

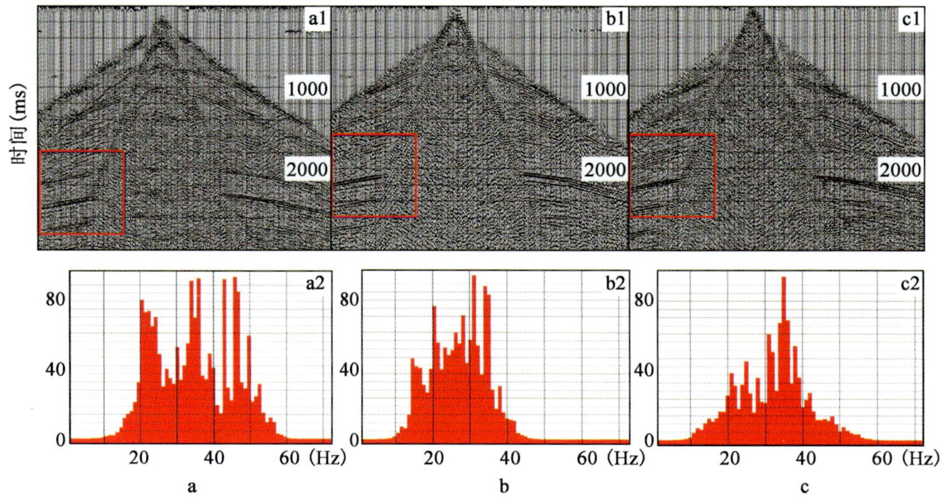

图 1.2.6　叠前零相位反褶积处理后的单炮记录和目的层频谱分析结果

由于零相位反褶积，拓宽目的层地震记录的频带，提高了主频。很明显，单深井，可控震源的频宽大，主频高；组合井频宽小，主频低。

从图 1.2.3 至图 1.2.6 单炮记录目的层的频带宽度和主频的分析结果上可以看出：单深井，可控震源频带宽（可控震源缺失 8Hz 以下低频分量），主频高；组合井频带窄，主频低。单深井激发，可控震源激发要优于组合井激发。

图 1.2.7 是在图 1.2.2 流程中，用偏移剖面显示成像的最终效果［（图 1.2.2 中控制点⑤）采用统一叠后反褶积参数，将频带宽度尽量展宽到统一带宽水平上］。

图 1.2.7a1 是按图 1.2.2 处理流程得到的单深井（道距 5m）最终偏移剖面。图中红箭头所示的反射同相轴代表白垩系清水河砂层组的储层，剖面较清楚地给出了横向砂层变化的地质现象。图 1.2.7a2 是目的层（2050～2150ms）的频谱，频带宽度为 8～65Hz，主频为 40Hz。

图 1.2.7b1 是按图 1.2.2 处理流程得到的单深井（道距 25m）最终偏移剖面。图中箭头所示白垩系清水河砂层反射明显横向分辨率较图 1.2.7a1 差。但是，目的层（2050～2150ms）的频谱（图 1.2.7a2、图 1.2.7b2）是几乎完全相同的。这说明纵向分辨率相同，横向分辨率直接取决于采集道距。5m 道距横向分辨率高于 25m 道距。

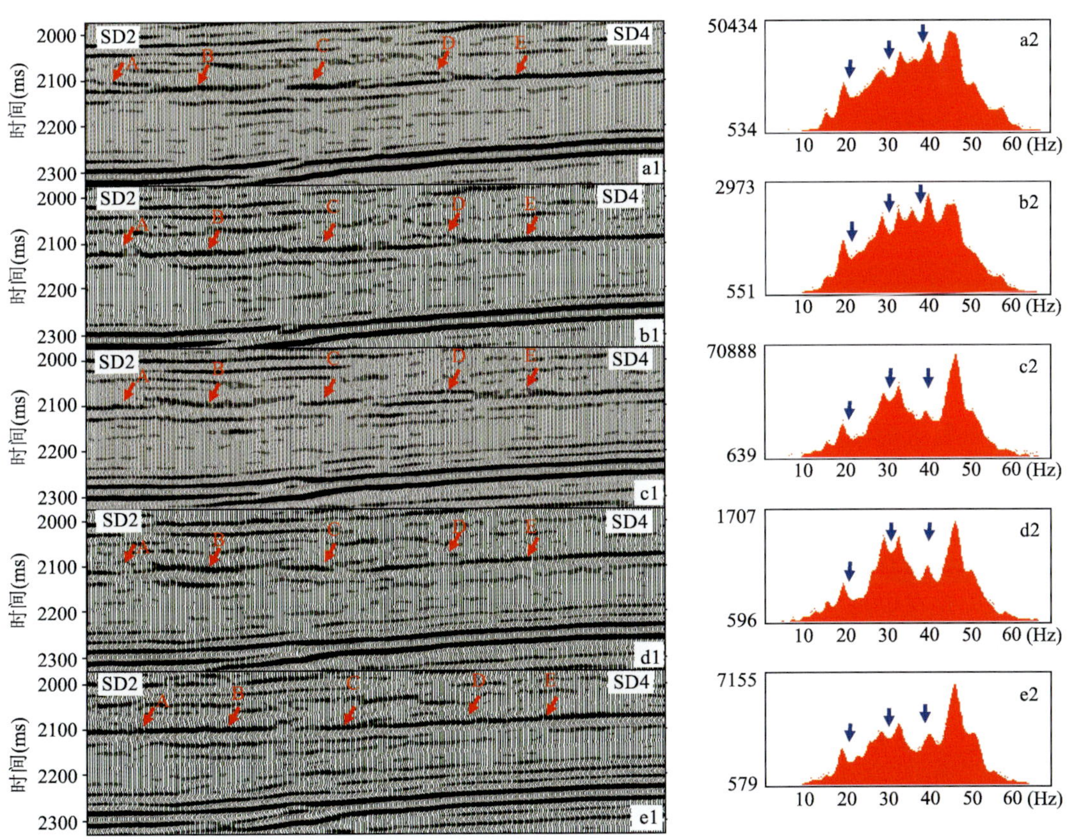

图 1.2.7　高分辨率、高信噪比处理的地震剖面和目的层频谱

图 1.2.7c1 是按图 1.2.2 处理流程得到的组合井（道距 5m）最终偏移剖面。图中箭头所示的白垩系清水河砂层的反射很像图 1.2.7a1 的反射，但能量相对稍弱一点，并且横向分辨率也较高。图 1.2.7c2 是目的层（2050～2150ms）的频谱，频带宽度为 8～65Hz，主频

为 35Hz。

图 1.2.7d1 是按图 1.2.2 处理流程得到的组合井（道距 25m）最终偏移剖面。很明显，横向分辨率比图 1.2.7c1 差。图 1.2.7c2 与图 1.2.7d2 的频率特征几乎一样。这说明纵向分辨率相同，横向分辨率直接取决于采集道距。5m 道距横向分辨率高于 25m 道距。图 1.2.7c2（图 1.2.7d2）与图 1.2.7a2（图 1.2.7b2）相比，在 35～42Hz ，有一个明显频率成分较低段（图中蓝箭头所示）。这是组合井与单深井的一个差别，说明组合井不如单深井的频带丰富。

图 1.2.7e1 是按图 1.2.2 处理流程得到的可控震源（道距 25m）最终偏移剖面。很明显，箭头所示的白垩系清水河砂层几乎是一个强反射，在刻画砂层细节上与图 1.2.7a1 至图 1.2.7d1 相比，明显差很多。

图 1.2.7e2 是目的层（2050～2150ms）的频谱，频带宽度为 8～65Hz，主频为 35Hz。其与图 1.2.7a2（图 1.2.7b2）相比，在 25～35 Hz ；35～42 Hz 有两个明显频率成分的较低段（图中蓝箭头所示），同时，缺失 8 Hz 以下频率成分。

可控震源原始频带较组合井宽（图 1.2.3 和图 1.2.4），但频率成分并不丰富，而且缺失 8 Hz 以下低频，造成偏移成果波形单一，很难准确反映岩性体的空间展布特征。

图 1.2.2 处理流程过分地强调了高分辨率和高信噪比，因此进行了叠前、叠后二次反褶积；为了保证高分辨反褶积后的剖面的连续性，又作了噪声衰减（RNA），使剖面视觉效果很好，但是保真程度有很大降低。白垩系清水河砂体的真实地震响应是否如图 1.2.7 所示，下面要作进一步分析。

1.3 关于引起陷频问题的讨论

地震资料分辨率高低受地震信号信噪比大小的制约。当对地震资料进行提高分辨率处理时，地震资料信噪比小（S/N 小于 1），处理出来的高分辨率资料的可信度很低。

在地震记录的有效频带中，地震信号的信噪比通常大于 1；超过这个有效频带宽度的高频成分信噪比通常小于 1。对这种高频段的资料（信噪比小于 1），用反褶积的方法提高其能量，其结果是在提高有效信号的同时，大大放大了噪声能量。对这种放大了高频段噪声的地震资料进行提高信噪比修饰处理（RNA），很可能将这些高频噪声变成一些横向延伸的高频同相轴。这些是假象，会给解释带来陷阱。

图 1.3.1 是随机噪声数据采用随机噪声衰减处理方法（RNA）重复 2 次处理的结果对比。

图 1.3.1a1 是 1s（1ms 采样）的记录长度，25m 道距的随机噪声剖面。

图 1.3.1a2 是图 1.3.1a1 的频谱，分布在 0～500 Hz 范围，谱值几乎是在 0.9 左右，典型的白噪谱。

图 1.3.1b1 是用图 1.3.1a1 的随机噪声数据，连续进行 2 次随机噪声衰减（也称相干加强，是为提高信噪比通常采用的修饰模块，图 1.2.2 处理流程也采用了这种模块）处理结果，剖面中可清楚看到一些成层状（红箭头所指）反射。

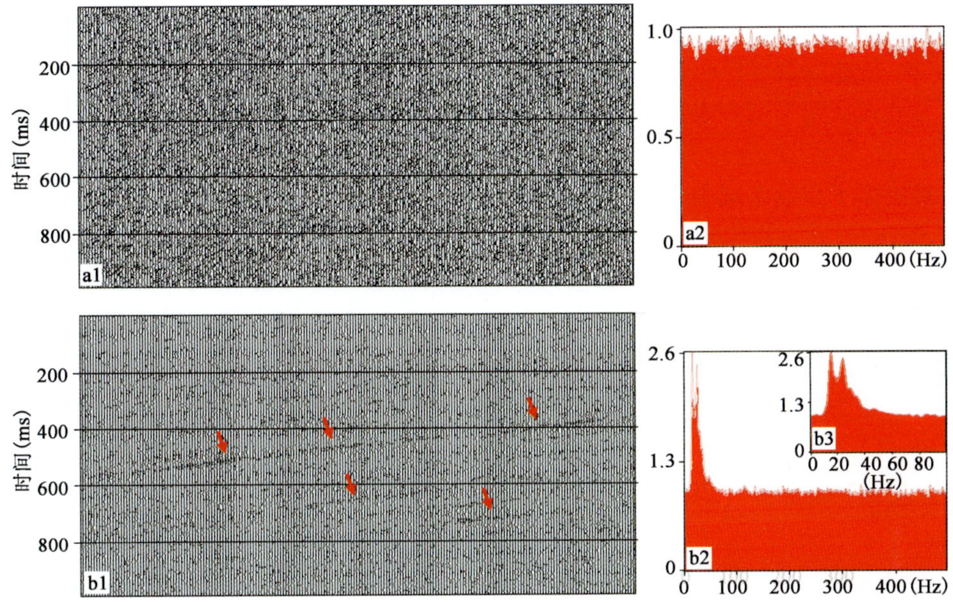

图 1.3.1　随机噪声数据采用随机噪声衰减处理方法（RNA）重复 2 次处理的结果对比

图 1.3.1b2 是图 1.3.1b1 的谱，图 1.3.1b3 是图 1.3.1b2 的局部放大，突出了在 0～100 Hz 范围内的谱特征，在 10～40 Hz 出现谱的特征与地震有效信号在同一频段，其能量是白噪谱的近 3 倍。这种因修饰处理出现的层状反射是一种假象，直接影响到地震解释。这些假象可能在地震解释中解释成薄层，而且这种假反射谱在有效频带范围内很难区分。因此，在相对保真处理中尽量不使用这类模块，即便是处理出剖面视觉效果差一点。

地震资料处理过程中，进行频谱分析时，经常发现在地震记录谱中存在陷频现象，这有可能是地质体本身产生频率响应（缺失一段频率）。在有效频带中（有效频带中的地震记录信噪比高，可分析判断陷频现象是不是地质体的响应），这也是正常现象。还有一种陷频现象存在于不小于有效频段的高频段位置。这可能是反褶积算子高通滤波造成的，这就是本文要讨论的问题。

图 1.2.2 处理流程过分地强调了高分辨率和高信噪比，因此，进行了叠前、叠后二次反褶积；为了保证高分辨反褶积后的剖面的连续性，又作了噪声衰减（RNA），使剖面视觉效果很好，但是保真程度有很大降低，如造成砂体的地震响应（图 1.1.1a）失真和图 1.2.7a1，图 1.2.7c1，D 处所示薄层现象，这是值得进一步研究的。

（1）关于叠前、叠后反褶积滤波器的近似表述。

为了分析在最终偏移剖面目的层（2000～2200ms）频谱中出现的陷频现象（图 1.2.7c2，b2，e2 蓝箭头所示），是地质体本身产生频率响应，还是反褶积算子高通滤波造成的（见图 1.2.2 流程，叠前在地表一致性反褶积后，为了提高分辨率进行零相位反褶积，叠后为了进一步提高分辨率再进行零相位反褶积），对叠前、叠后二次零相位反褶积进行分析。

如果假定地震记录为

$$S(t) = r(t) * g(t) \tag{1.3.1}$$

式中，$S(t)$ 是地震信号；$r(t)$ 是反射系数；$g(t)$ 是地震子波。

（1.3.1）式在频率域中表示为

$$S(\omega) = r(\omega) \cdot g(\omega) \tag{1.3.2}$$

若叠前反褶积算子在频率域中表示为 $F_1(\omega)$，叠前反褶积后的地震信号为

$$f_1(\omega) = F_1(\omega) \cdot S(\omega) = r(\omega) \cdot F_1(\omega) \cdot g(\omega) \tag{1.3.3}$$

反褶积的作用就是压缩 $g(\omega)$ 使地震信号接近反射系数，具有较高的分辨率。由（1.3.3）式得

$$F_1(\omega) = f_1(\omega)/S(\omega) \tag{1.3.4}$$

根据图 1.2.2 流程，叠前在 $f-k$ 去噪，地表一致性反褶积后，为了提高分辨率进行零相位反褶积，（1.3.4）式 $F_1(\omega)$ 应该是这种综合滤波效果的体现，但是高频滤波主要贡献的是零相位反褶积滤波器。因此，为了讨论问题方便，$F_1(\omega)$ 近似等价于叠前零相位反褶积滤波器。

地震叠后反褶积是在叠前反褶积基础上完成的，叠后反褶积算子为 $F_2(\omega)$，其反褶积后信号谱为

$$\begin{aligned} f_2(\omega) &= F_2(\omega) \cdot f_1(\omega) \\ &= r(\omega) F_2(\omega) \cdot F_1(\omega) \cdot g(\omega) \end{aligned} \tag{1.3.5}$$

由（1.3.5）式得

$$F_2(\omega) = f_2(\omega)/f_1(\omega) \tag{1.3.6}$$

根据图 1.2.2 流程，在叠前反褶积后、进行速度分析、空变切除和剩余静校正，叠加和偏移。最后，为了提高分辨率再进行零相位反褶积，（1.3.6）式 $F_2(\omega)$ 应该是这种综合滤波效果的体现，但是，高频滤波主要贡献也是零相位反褶积滤波器。因此，为了讨论问题方便，$F_2(\omega)$ 也近似等价于叠后零相位反褶积滤波器。

（2）关于陷频带的描述。

若陷频带（见图 1.3.2 绿箭头所示）低频端最大值频率为 $XF_{L\max}$，最小值频率为 $XF_{\min}$，低频端平均频率为

$$XF_L = \frac{XF_{L\max} + XF_{\min}}{2} \tag{1.3.7}$$

若陷频带高频端最大值频率为 $XF_{H\max}$，最小值频率为 $XF_{\min}$，高频端平均频率为

$$XF_H = \frac{XF_{H\max} + XF_{\min}}{2} \tag{1.3.8}$$

（3）定义陷频带宽度为

$$XF = XF_H - XF_L \tag{1.3.9}$$

若陷频带（见图 1.3.2 绿箭头所示）低频端最大值为 $F_{L\max}$，陷频高频端最大值为 $F_{H\max}$，低频、高频最大值之间的陷频带最小值为 $F_{\min}$。

(4) 定义陷频带相对幅值为

$$P_F = \frac{2F_{min}}{F_{Lmax} + F_{Hmax}} \tag{1.3.10}$$

图 1.3.2 是地震频谱中的陷频带位置示意图。图中蓝虚线是原始地震频谱有效频带宽度（DF）的高频端（DF_H）位于最终地震频谱极大值位置，其左侧陷频带在有效频带宽度内；其右侧是频带展宽部分。尤其对这种高频段的资料（信噪比小于 1），用反褶积的方法（绿虚线，反褶积算子的频谱）提高这种频段的能量，其结果是在提高有效信号的同时，大大放大噪声能量。信噪比越低，噪声放大得越大，这就制约了提高分辨率地震资料处理。所以，需要根据高频段的陷频现象分析判断地震资料处理相对保真度，以确保地震资料处理可靠性。

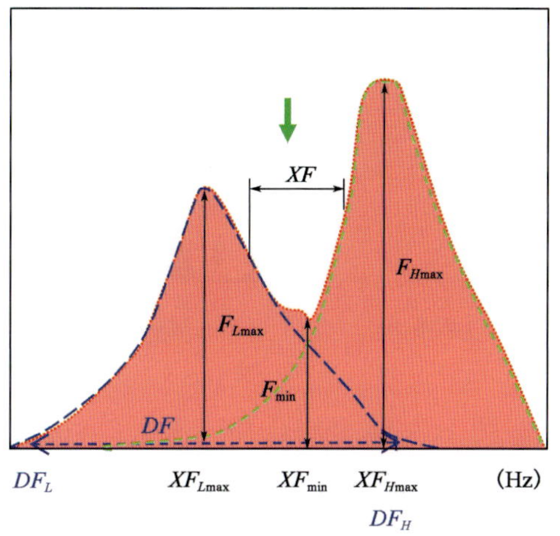

图 1.3.2　地震频谱中的陷频带示意图

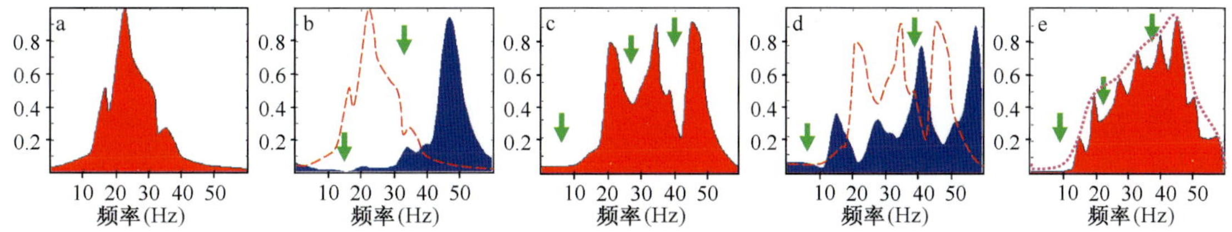

图 1.3.3　单深井叠前、叠后两次反褶积滤波器频谱对比

图 1.3.3 是在频率域研究高分辨率和高信噪比处理中单深井叠前、叠后两次反褶积滤波器的作用对比。

图 1.3.3a 是单深井（图 1.2.4a2 的频谱，为计算方便，频谱做了一定圆滑处理）的频谱，频宽 4～50 Hz，主频约 22 Hz。

图 1.3.3b 是叠前反褶积滤波算子 F_1（ω），其频宽 30～60 Hz，主频 48 Hz，该滤波器是典型的高频带通滤波器。图中红虚线（图 1.3.3a）与 F_1（ω）频谱图相比，两频谱主频分别为 22Hz，48Hz，频率差了 26Hz。在 30～45Hz，两者主频之间有一个明显不重合带（绿箭头所示）；在 0～30Hz，算子低频值很小（绿箭头所示），压制了低频。

图 1.3.3c 是叠前反褶积后的频谱（图 1.2.6a2 的频谱，为计算方便，频谱做了一定圆滑处理），在 0～12 Hz 有一个陷频；在 20～30Hz 有一个弱陷频，XF 为 5 Hz，P_F 为 31%；在 40 Hz 有一个严重陷频，XF 为 10 Hz；P_F 为 74%。

图 1.3.3d 是叠后反褶积算子 F_2（ω），其是一个宽带滤波器，频宽 10～60 Hz，主频 40 Hz，其与红虚线的谱在 10～50 Hz 频带基本重合。

图 1.3.3a 和图 1.3.3c 是单炮记录目的层（1800～2800ms）频谱，而图 1.3.3e 是偏移剖面目的层（2000～2200ms）频谱，两者是有一定误差的（误差在 5%之内，但这不会影响分析结论），红点线是谱的包络线，无明显陷频现象，频宽 10～68Hz，主频 40Hz，拓宽高频 18Hz。

图 1.3.4 是在频率域研究高分辨率和高信噪比处理中组合井叠前、叠后两次反褶积滤波器的作用对比。

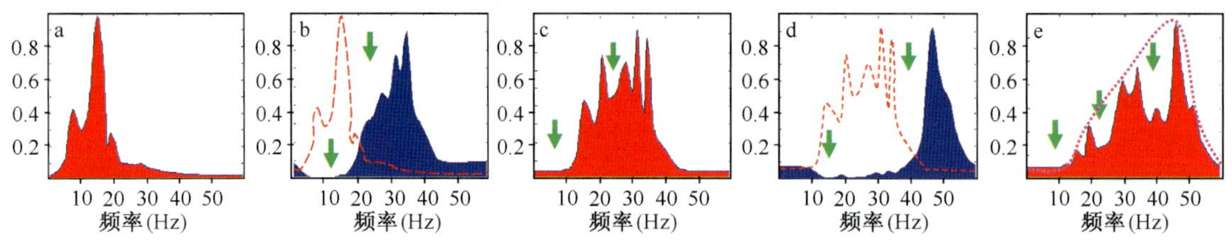

图 1.3.4 组合井叠前、叠后两次反褶积滤波器频谱对比

图 1.3.4a 是组合井（图 1.2.4b2 的频谱，为计算方便，频谱做了一定圆滑处理），频宽 4～40Hz，主频约 18Hz。

图 1.3.4b 是叠前反褶积滤波算子 F_1（ω），其频宽 18～50 Hz，主频 38 Hz，该滤波器是典型的高频滤波器。图中红虚线（图 1.3.4a）与 F_1（ω）频谱图相比，两频谱主频分别为 18Hz，38 Hz，频率差了 20 Hz。在 18～38 Hz，两者主频之间有一个明显不重合带（绿箭头所示）；在 0～18 Hz，算子低频值很小（绿箭头所示）。

图 1.3.4c 是叠前反褶积后的频谱（图 1.2.6b2 的频谱，为计算方便，频谱做了一定圆滑处理），在 0～12 Hz 有一个陷频；在 20～30 Hz 有一个弱陷频，XF 为 5 Hz，P_F 为 31%。

图 1.3.4d 是叠后反褶积算子 F_2（ω），其是一个高频滤波器，频宽 35～60 Hz，主频 47 Hz，其与红虚线的谱在 35～45 Hz（图 1.3.4c 主频约 30 Hz，两者主频频率差了 17 Hz），有一个明显不重合带（绿箭头所示），造成了明显陷频（图 1.3.4e 在 40Hz 绿箭头所示）；同时，也保留了图 1.2.7c 蓝箭头所示在 0～12 Hz 和在 20～30 Hz 的陷频。

图 1.3.4e 是最终成果剖面目的层的频谱。图 1.3.4a 和图 1.3.4c 是单炮记录目的层（1800～2800ms）频谱，而图 1.3.4e 是偏移剖面目的层（2000～2200ms）频谱，两者是有一定误差的（误差在 5%之内，但这不会影响分析结论），红点线是谱的包络线。很明显出现三个陷频（图中绿箭头所示），在 0～12 Hz，两次反褶积都压制了 10 Hz 以下的低频，造成严重的陷频；在 20～30 Hz，弱陷频 XF 为 5 Hz，P_F 为 31%；在 35～45 Hz，由于组合井激发记录频带稍窄，高频成分少，造成严重的陷频，XF 为 10 Hz，P_F 为 56%。频宽 10～64Hz，主频 36Hz，拓宽高频 24Hz，较图 1.3.3e 拓宽高频还多 6Hz，造成了严重的陷频，尤其造成薄层（图 1.2.7a1，图 1.2.7c1，D 处）信息假象。

1.4 关于地震采集震源和观测方式对相对保真地震资料处理的讨论

为了解决图 1.2.7 中白垩系清水河砂体的真实地震响应的问题，提出了如图 1.4.1 所示的相对保真处理流程，与高分辨率高信噪比处理流程相比（图 1.2.2），在相对保真处理流程中取消了叠前的零相位反褶积和随机噪声衰减（RNA），为了对比，采用 60 次覆盖。

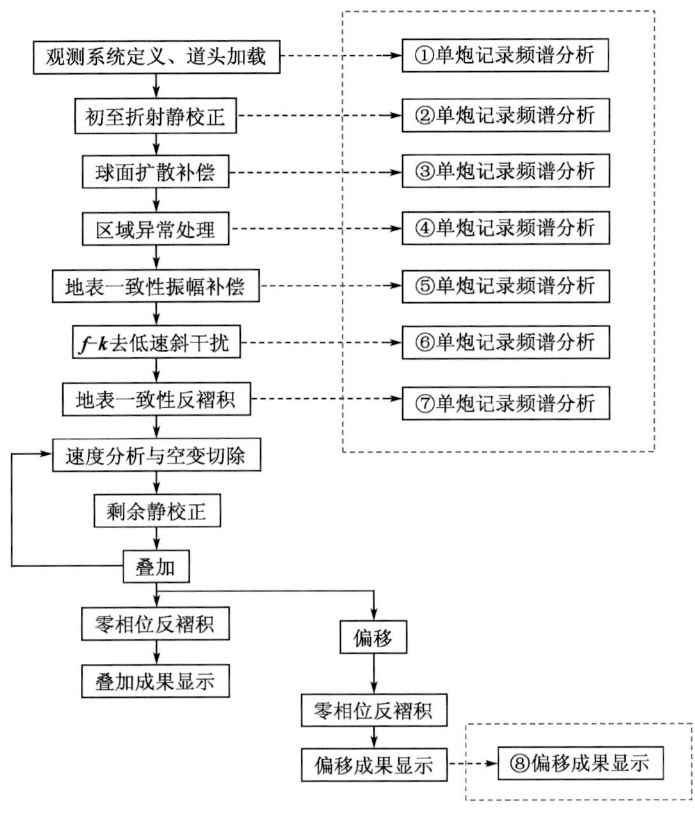

图 1.4.1　相对保真地震数据处理流程

在相对保真地震资料处理过程中，选取了 8 个控制点（图 1.4.1 中虚线框所示）进行质量跟踪分析。

利用相对保真处理流程（图 1.4.1）对石东地区过石东 2 井和石东 4 井的地震试验测线资料进行了重新处理。

图 1.4.2 是在石东 4（SD4）井位置的单深井单炮记录和目的层的地震频谱显示（与图 1.2.3 单炮位置不一致，但不会影响分析结果），按图 1.4.1 相对保真处理流程处理，在不同阶段的单炮记录和目的层的地震频谱。

图 1.4.2a1 是原始单炮记录①，原始单炮质量较好（频谱在 4 ～50 Hz 频段，主频 22 Hz）。

图 1.4.2b1 是初至折射静校正后的单炮记录②，初至连续。

图 1.4.2c1 是球面扩散补偿后的单炮记录③，整个能量补偿效果显著。

图 1.4.2d1 是区域异常处理单炮记录④，去噪声效果好。

图 1.4.2e1 是经区域异常处理后的噪声，未见有效信号。

图 1.4.2f1 是经地震一致性振幅补偿单炮记录⑤，与图 1.3.1c1 比较，整个能量得到进一步补偿，效果明显（图 1.4.2f1、图 1.4.2c1 中红箭头所示）。

图 1.4.2g1 是经 $f-k$ 去斜干扰的单炮记录⑥，压制了斜干扰。

图 1.4.2h1 是经地表一致性反褶积单炮记录⑦，频率稍有提高。

图 1.4.2a2～图 1.4.2h2 是相对于图 1.4.2a1～图 1.4.2h1 的目的层（2000～3000ms）的地震频谱。

从频谱上，可以看出：(1) 低频在每一步保护很好（8 Hz 以下低频）；(2) 区域异常去噪的噪声谱的频带与有效信号相同（图 1.4.2d2、图 1.4.2e2）；(3) $f-k$ 去斜干扰，在频带上只是将 15～20Hz 一部分斜干扰的能量压制（图 1.4.2g2 中蓝箭头所示），但最终地表一致性反褶积提升 20～40Hz 频段能量（图 1.4.2h2 中蓝箭头所示），并未拓宽地震有效频带（有效频带保持在 4～50Hz 频段，主频 22Hz，拓宽频带最多控制在 5Hz 以内），只是补偿了低频段和高频段的能量（蓝箭头所示）。

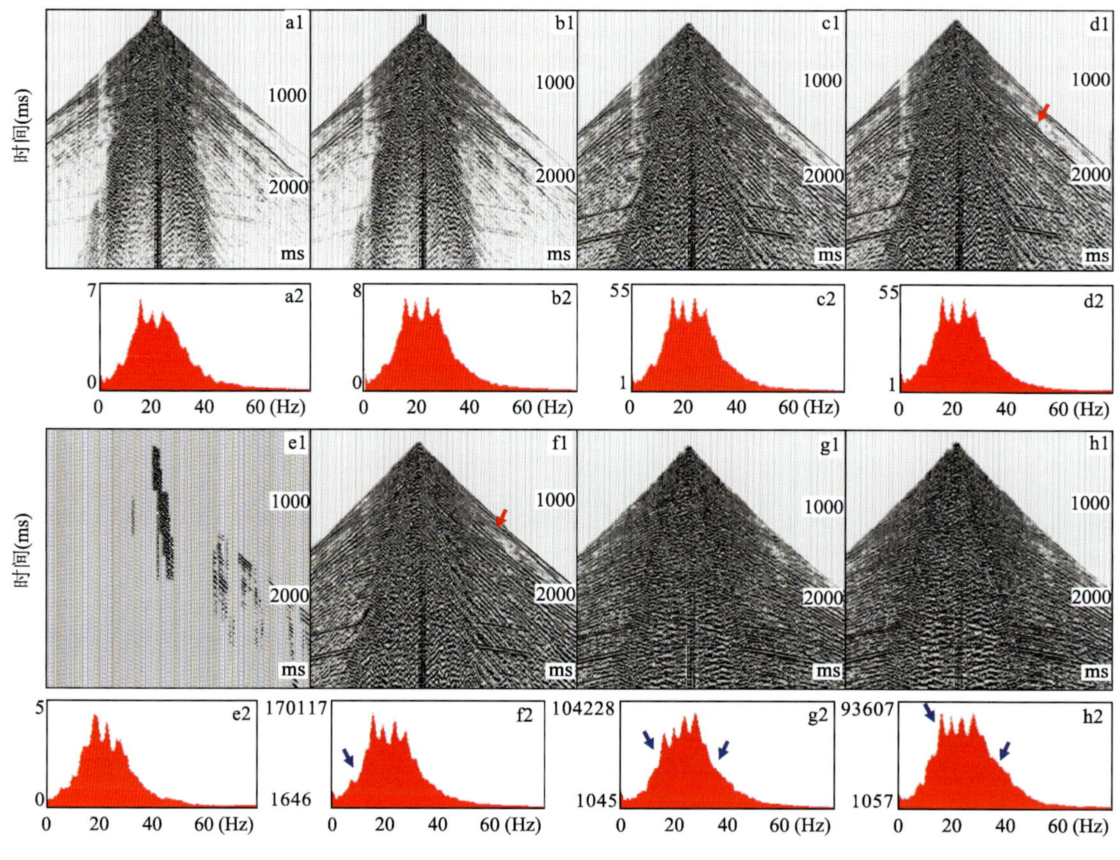

图 1.4.2　单深井单炮记录和目的层的地震频谱显示（SD4）

图 1.4.3 是在石东 4（SD4）井位置的组合井单炮记录和目的层的地震频谱显示。

图 1.4.3a1 是原始单炮记录，原始单炮质量较好（频谱在 4 ～40 Hz 频段，主频 18 Hz）。

图 1.4.3b1 是初至折射静校正后的单炮记录，初至连续。

图 1.4.3c1 是球面扩散补偿后的单炮记录，整个能量补偿效果显著。

图 1.4.3d1 是区域异常处理单炮记录，去噪声效果好。

图 1.4.3e1 是经区域异常处理后的噪声，未见有效信号。

图 1.4.3f1 是经地震一致性振幅补偿单炮记录，与图 1.4.3c1 比较，整个能量得到进一

步补偿，效果明显（图 1.4.3f1、图 1.4.3c1 中红箭头所示）。

图 1.4.3g1 是经 $f-k$ 去斜干扰的单炮记录，压制了斜干扰。

图 1.4.3h1 是经地表一致性反褶积单炮记录，频率稍有提高。

图 1.4.3a2～图 1.4.3h2 是相对于图 1.4.3a1～图 1.4.3h1 的目的层（2000～3000ms）的地震频谱。

从频谱上，可以看出：(1) 低频在每一步保护很好（8Hz 以下低频）；(2) 区域异常去噪的噪声谱的频带与有效信号相同（图 1.4.3d2、图 1.4.3e2）；(3) $f-k$ 去斜干扰，在频带上只是将 15～20Hz 一部分斜干扰的能量压制（图 1.4.3g2 中蓝箭头所示），但最终地表一致性反褶积提升 20～40Hz 频段能量（图 1.3.2h2 中蓝箭头所示），并未拓宽地震有效频带（有效频带保持在 4～45Hz 频段，主频 20Hz，拓宽频带最多控制在 5Hz 以内），只是补偿了低频段和高频段的能量（蓝箭头所示）。

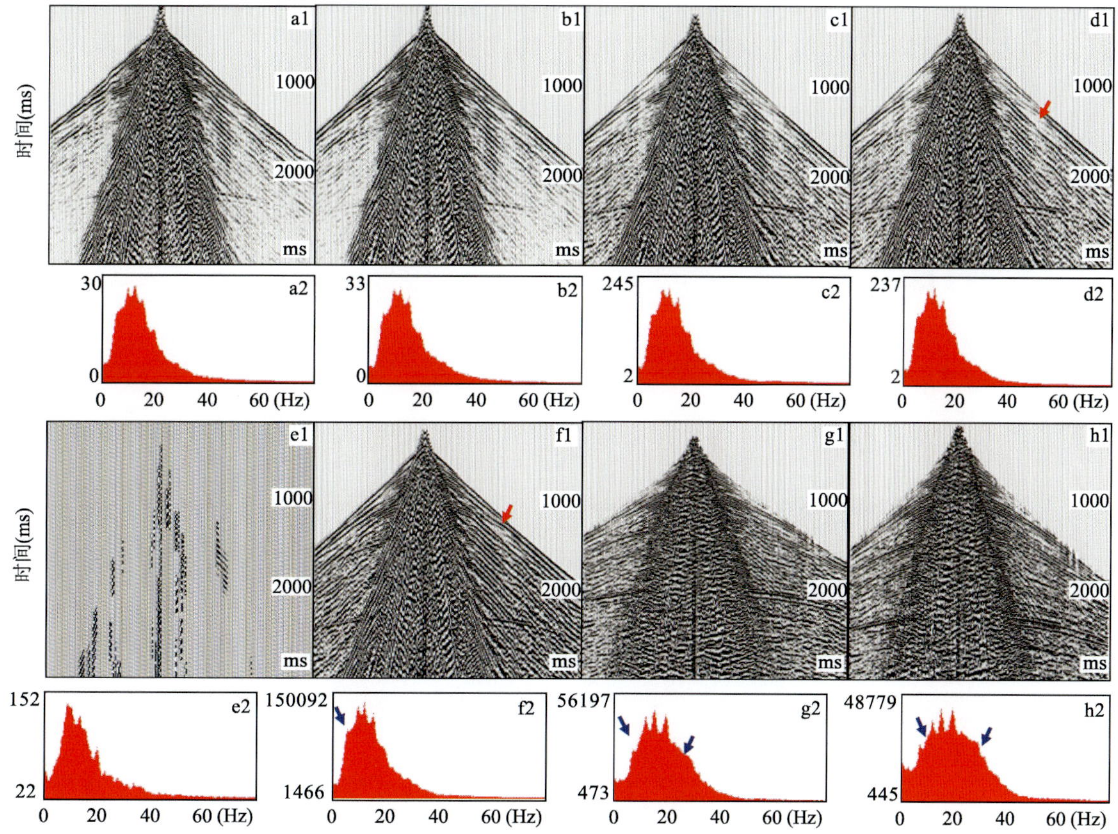

图 1.4.3　组合井单炮记录和目的层的地震频谱显示（SD4）

图 1.4.4 是在石东 4（SD4）井位置的可控震源单炮记录和目的层的地震频谱显示。

图 1.4.4a1 是原始单炮记录，原始单炮质量较好（频谱在 8～45 Hz 频段，主频 20 Hz）。

图 1.4.4b1 是初至折射静校正后的单炮记录，初至连续。

图 1.4.4c1 是球面扩散补偿后的单炮记录，整个能量补偿效果显著。

图 1.4.4d1 是区域异常处理单炮记录，去噪声效果好。

图 1.4.4e1 是经区域异常处理后的噪声，未见有效信号。

图 1.4.4f1 是经地震一致性振幅补偿单炮记录，与图 1.4.4c1 比较，整个能量得到进一步补偿，效果明显（图 1.4.4f1、图 1.4.4c1 中红箭头所示）。

图 1.4.4g1 是经 $f-k$ 去斜干扰的单炮记录，压制了斜干扰。

图 1.4.4h1 是经地表一致性反褶积单炮记录，频率稍有提高。

图 1.4.4a2～图 1.4.4h2 是相对于图 1.4.4a1～图 1.4.4h1 的目的层（2000～3000ms）的地震频谱。

从频谱上，可以看出：（1）8Hz 以下低频缺失；（2）区域异常去噪的噪声谱频带与有效信号相同（图 1.4.4d2、图 1.4.4e2）；（3）$f-k$ 去斜干扰，在频带上只是将 10～20Hz 一部分斜干扰的能量压制（图 1.4.4g2 中蓝箭头所示），但最终地表一致性反褶积，提升 20～40Hz 频段能量（图 1.4.4h2 中蓝箭头所示），并未拓宽地震有效频带（有效频带保持在 4～50Hz 频段，主频 22Hz，拓宽频带最多控制在 5Hz 以内），只是补偿了低频段和高频段的能量（蓝箭头所示）。

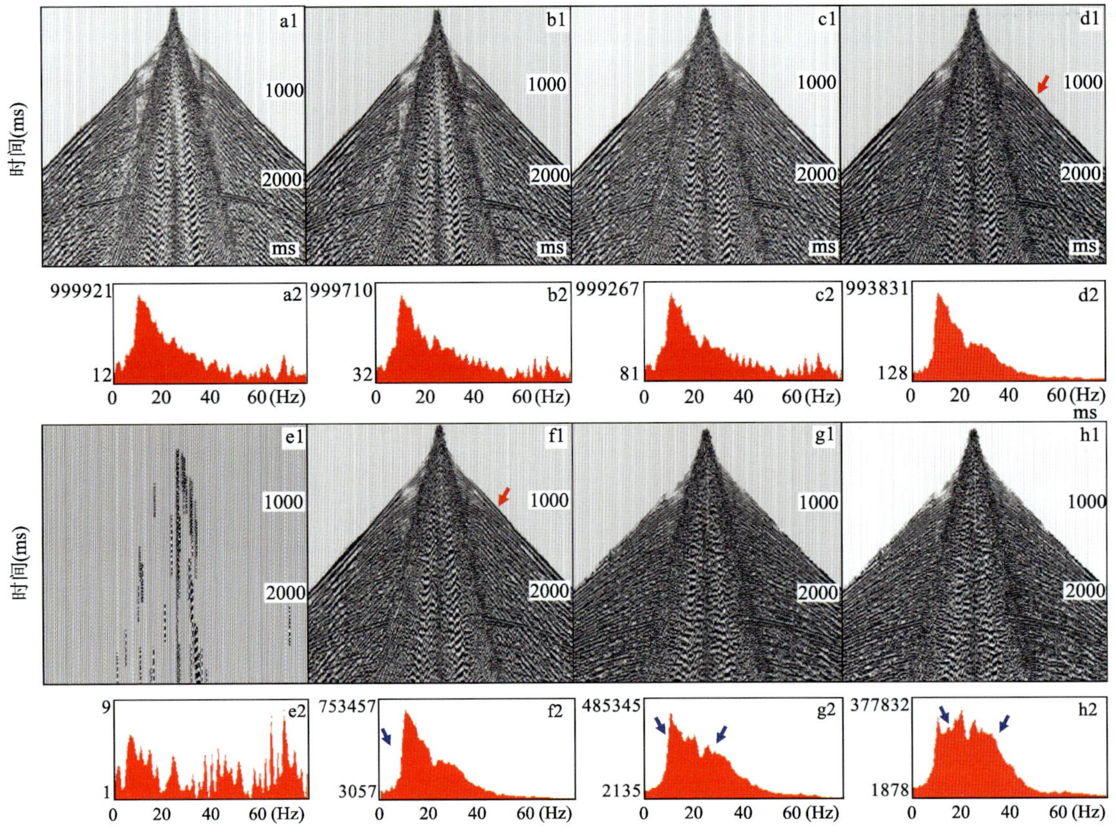

图 1.4.4 可控震源单炮记录和目的层的地震频谱显示（SD4）

图 1.4.5a1 是单深井激发（1200 道接收，道距 5m），采用图 1.4.1 的相对保真处理流程处理的偏移剖面。目的层（2000～2200ms）砂体显示清楚（红箭头所示）。频带宽度（图

1.4.4a2）（5～55Hz），主频约在27Hz。频带也未拓宽，只是提高了主频频率（约在27Hz）约5Hz。

图1.4.5b1是单深井激发（240道接收，道距25m），采用图13的相对保真处理流程的偏移剖面。目的层（2000～2200ms）砂体显示较清楚（红箭头所示），与图1.4.4a1相比，细节刻画上稍差。频带宽度（图1.4.4b2）（5～55Hz），主频约在27Hz。频带也未拓宽，只是提高了主频频率（约在27Hz）约5Hz。

图1.4.5c1是组合井激发（1200道接收，道距5m），采用图1.4.1的相对保真处理流程的偏移剖面。目的层（2000～2200ms）砂层反射可清楚看出（红箭头所示），目的层连续性也增加。频宽（图1.4.4c2）4～45 Hz，主频25 Hz，频带也未拓宽，只是提高了主频频率（约在25 Hz）约7Hz。

图1.4.5d1是组合井激发（240道接收，道距25m），采用图1.4.1的相对保真处理流程的偏移剖面。目的层（2000～2200ms）砂体显示较清楚（红箭头所示）。目的层连续性与图1.4.5c1相比稍差。频宽（图1.4.4d2）4～45 Hz，主频25 Hz，频带也未拓宽，只是提高了主频频率（约在25 Hz）约7Hz。

图1.4.5e1是可控震源激发（300道接收，道距25m），采用图1.4.1的相对保真处理流程的偏移剖面。目的层（2000～2200ms）砂体显示呈连续性反射（红箭头所示）。频宽（图1.4.5e2）8～50Hz，主频25Hz。地震剖面上，目的层的连续性较强，细节刻画上较差。这是因为可控震源激发缺失8 Hz以下的低频，也缺失高频（扫描频率高频是90Hz）。频带也未拓宽，只是提高了主频频率（约在25 Hz）约5Hz.

图1.4.6是在频率域研究相对保真处理中单深井叠前、叠后两次反褶积滤波器的作用对比。

图1.4.6a是单深井激发初叠加剖面的频谱，频宽4～50 Hz，主频约22Hz。

图1.4.6b是叠前反褶积滤波算子$F_1(\omega)$，其频宽6～60 Hz，主频38Hz。该滤波器是宽带滤波器（只用了地表一致性反褶积）。在频谱图1.4.6b，宽带滤波器与红色虚线谱（图1.4.6a）重合很多（图1.4.6b绿箭头所示），两者频谱主频分别为22 Hz，34 Hz，频率差了12Hz。$F_1(\omega)$滤波器在0～10 Hz值有一定数值，保护了低频（图1.4.6b，绿箭头所示）。

图1.4.6c是叠前反褶积后叠加剖面的频谱，频宽4～55 Hz，主频25Hz，并不存在明显的陷频现象，仅在18～24Hz，有了一个弱陷频，XF为6 Hz；P_F为37%。

图1.4.6d是根据（1.3.6）式，由图1.4.6e最终成果剖面目的层的谱（图1.4.5a2频谱，为计算方便，频谱做了一定圆滑处理）和图1.4.6c的$f_1(\omega)$得到$F_2(\omega)$。由于地震处理过程中，叠加了f—k去噪，切除，线性滤波等多种方法，所以$F_2(\omega)$是多重处理结果叠加，但主要还是叠后零相位反褶积的作用。$F_2(\omega)$设计成宽带滤波器，并有意提高10Hz以下低频。滤波器算子与红色虚线（图1.4.6c）几乎重合，处理后的频带带宽并未拓宽，只是提高了高频成分的能量（图1.4.6e）。

图1.4.6e最终的成果剖面谱几乎不存在陷频[图1.4.6a、图1.4.6c和图1.4.6e是剖面目的层（2000～2200ms）频谱，保证分析结论更准确]，且频带也未明显拓宽（频宽4～55 Hz，拓宽5 Hz），只是提高了主频频率（约在30 Hz）约8Hz。

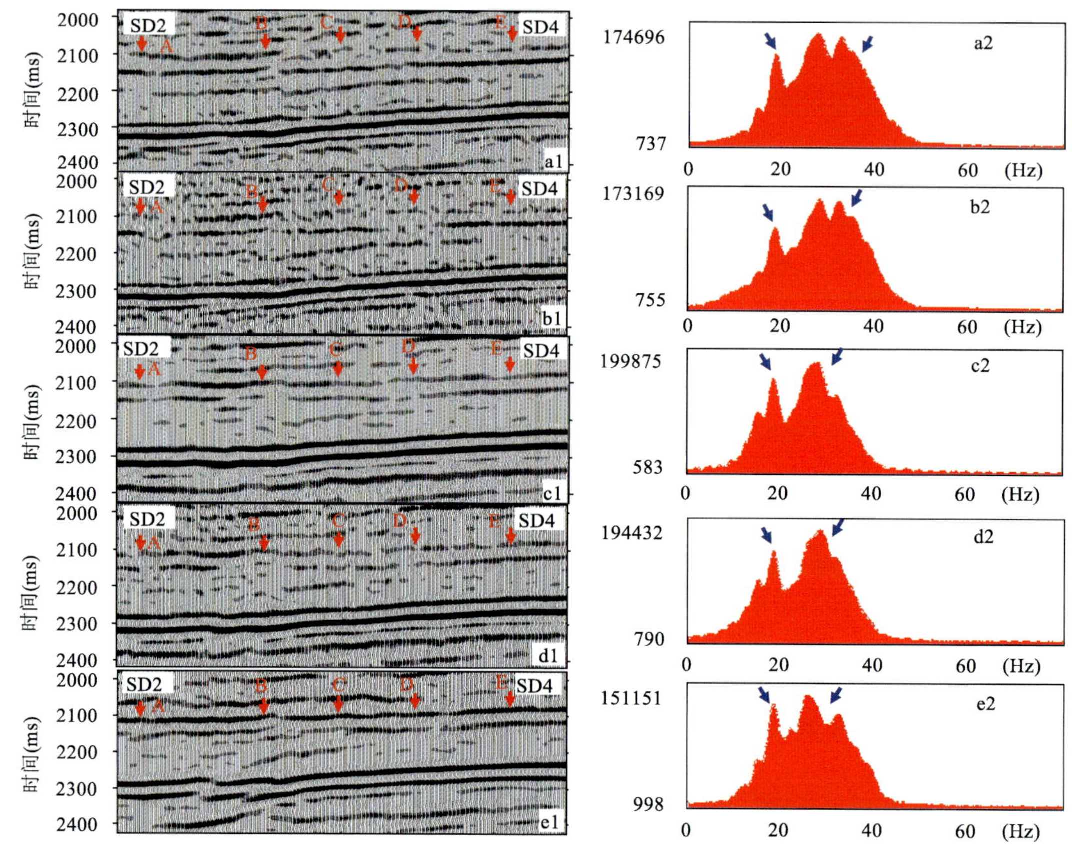

图 1.4.5 相对保真处理的地震剖面和目的层频谱

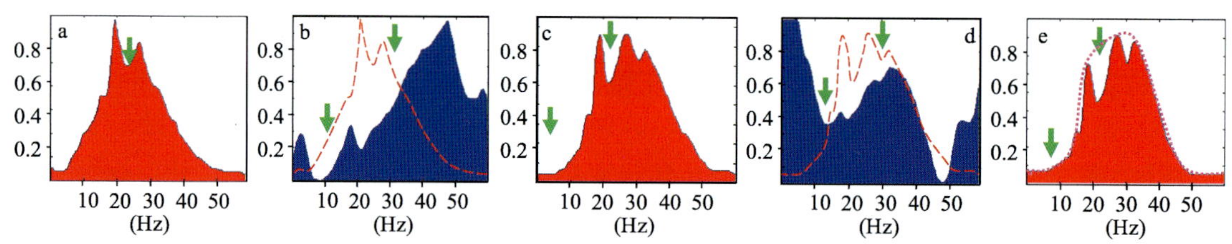

图 1.4.6 单深井叠前、叠后两次反褶积滤波器频谱对比

图 1.4.7 是在频率域研究相对保真处理中组合井叠前、叠后两次反褶积滤波器的作用对比。

图 1.4.7a 是组合井激发叠加剖面的频谱，频宽 4～45 Hz，主频约 18 Hz。

图 1.4.7b 是叠前反褶积滤波算子 F_1（ω），其频宽 6～60 Hz，主频 34 Hz。该滤波器是宽带滤波器（只用了地表一致性反褶积）。在频谱图 1.4.7b 上，宽带滤波器与红色虚线谱（图 1.4.7a）重合很多（图 1.4.7b 绿箭头所示），两者频谱主频分别为 18Hz，34Hz，频率差了 16Hz。F_1（ω）滤波器在 0～10 Hz 值有一数值，保护低频（图 1.4.7b，绿箭头所示）。

图 1.4.7c 是叠前反褶积后叠加剖面的频谱，频宽 4～45 Hz，主频 20 Hz，并不存在明显的陷频现象，仅在 18～24Hz，有了一个弱陷频，XF 为 6 Hz；P_F 为 37%。

图 1.4.7d 是根据（1.3.6）式，由图 1.4.5c 最终成果剖面目的层的谱（图 1.4.5c 频

谱，为计算方便，频谱做了一定圆滑处理）和图 1.4.7c 的 f_1（ω）得到 F_2（ω）。由于地震处理过程中，叠加了 $f-k$ 去噪，切除，线性滤波等多种方法，所以 F_2（ω）是多重处理结果叠加，但主要还是叠后零相位反褶积的作用。F_2（ω）设计成宽带滤波器，并有意提高 10Hz 以下低频。滤波器算子与红色虚线（图 1.4.7c）几乎重合，处理后的频带带宽并未拓宽，只是提高了高频成分的能量。

图 1.4.7e 最终的成果剖面谱几乎不存在明显陷频［图 1.4.7a、图 1.4.7c 和图 1.4.7e 是剖面目的层（2000～2200ms）频谱，保证分析结论更准确］，仅在 18～26Hz，XF 为 6 Hz，P_F 为 37%，是从原始地震频谱带来的弱陷频（图 1.4.7a，绿箭头所示），且频带也未拓宽（频宽 4～45 Hz，拓宽 5 Hz），只是提高了主频频率（约在 25 Hz）约 7Hz。

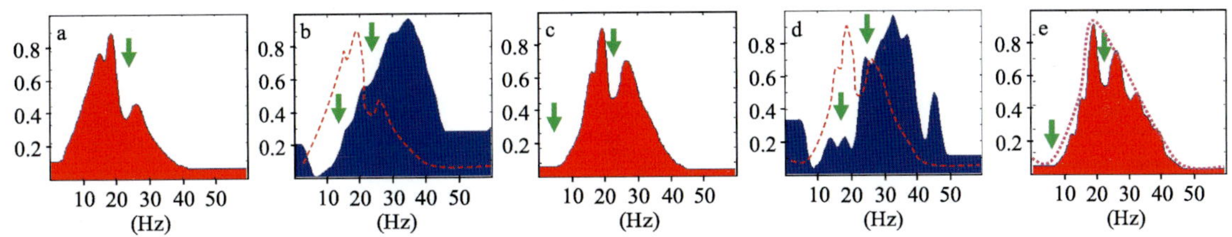

图 1.4.7　组合井叠前、叠后两次反褶积滤波器频谱对比

1.5　高分辨率、高信噪比处理与相对保真处理的结果对比

图 1.2.7 是采用高分辨，高信噪比处理效果（a1～e1）；图 1.4.5 是采用相对保真处理结果（a1～e1）。在两图中，a1 是单深井激发 5m 道距；b1 是单深井 25m 的道距；c1 是组合井激发，5m 道距；d1 是组合井激发，25 m 道距；e1 是可控震源，300 道接收，道距 25m。

（1）图 1.2.7a2 与图 1.2.7b2 或图 1.4.5a2 与图 1.4.5b2（单深井）目的层频带宽度、主频几乎是相同。图 1.2.7c2 与图 1.2.7d2 或 1.4.5c2 与图 1.4.5d2 组合井目的层频带宽度、主频几乎也是相同。因此，在相同的目的层频带宽度和主频下，接收道距不同，目的层反射同相轴纵、横向分辨率也不同。很明显，单深井、组合井 5m 道距效果最好，目的层纵、横向分辨率高（尤其是横向分辨率高）。单深井、组合井 25m 道距纵、横向分辨率稍差。

（2）在图 1.2.4b2、图 1.2.4c2 原始单炮记录频带分析中，开始认为可控震源的资料要优于组合井的资料，高频要丰富一些，最终处理效果与炸药震源有明显差异，无论是高分辨、高信噪比处理剖面（图 1.2.7e1），还是相对保真处理剖面（图 1.4.5e1）都呈现出目的层几乎是一连续反射［仅在断层（图中箭头所示）中断］，砂体细节刻画上较差。这是可控震源本身决定的，由于表示目的层砂岩反射波是由高频到低频谐波叠加构成，而可控震源实际扫描频率是 8～90Hz（图 1.2.3b，可控震源扫描出的高频成分可能是噪声），缺失 8Hz 以下低频成分（图 1.2.7e2 与图 1.4.5e2）和 90 Hz 以上高频成分，频带较窄，目的层反射波形特征呆板。

在炸药震源处理剖面，无论单深井还是组合井目的层反射波形特征信息都比可控震源剖面丰富，尤其小道距的剖面横向分辨率较高，刻画的精度也较明显。显示了地震宽频采集的重要性。

(3) 高分辨率与相对保真处理剖面，很明显前者分辨率和信噪比高。但是，真实反应地下砂体储层地震影响可能差一点，视觉效果上稍好看一点，提高分辨率和相干加强修饰处理势必带来一些失真现象。

图 1.5.1a1 是根据图 1.2.7a1 目的层反射特征的解释的砂体模式。

图 1.5.1b1 是根据图 1.2.7c1 目的层反射特征的解释的砂体模式，薄层信息较图 1.2.7a1 更丰富（可能是假象）。

图 1.5.1a2 是根据图 1.4.5a1 目的层反射特征的解释的砂体模式。

图 1.5.1b2 是根据图 1.4.5c1 目的层反射特征的解释的砂体模式，反射特征较图 1.4.5a1 基本相同。

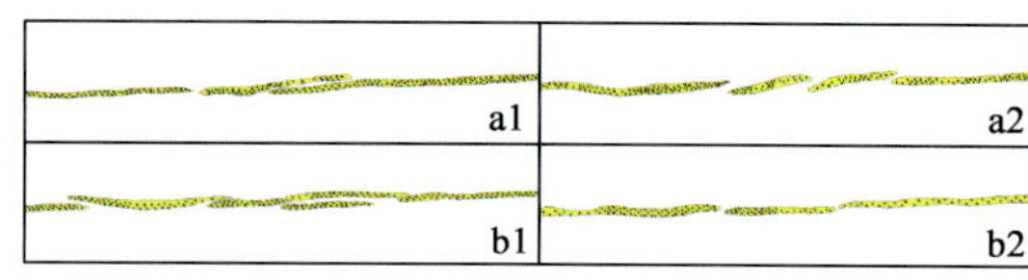

图 1.5.1 高分辨率地震数据处理（a1，b1）与相对保真地震数据处理（a2，b2）结果砂体解释示意图
a1，a2—单深井，1200 道接收，道距 5m；b1，b2—组合井，1200 道接收，道距 5m

通过高分辨率、高信噪比处理与相对保真处理的结果对比。可清楚地看出：(1) 前者 A 点、B 点所示断层断点不如后者清楚。(2) 前者 D 点所示的薄层（图 1.2.7c1 更明显），后者并不存在，可能是提高分辨率处理中的假象。(3) 前者 E 点所示是一反射较弱同相轴，代表是一连续砂层，后者则是由 2～3 个砂体组成。(4) 高分辨率、高信噪比处理剖面纵向分辨率和信噪比较高，视觉效果较好（尤其是图 1.2.7c1 薄层信息最丰富，可能是假象）。但是，提高分辨率和相干加强处理势必带来一些假象。(5) 相对保真处理的剖面纵向分辨率较低，横向分辨率高，信噪比较低，但能真实反应地下砂体储层地震响应。

1.6 弹性波正演模型

图 1.6.1 是为了分析高分辨率、高信噪比处理剖面的可信度。根据图 1.5.1a1 解释的砂体模式（为了简化砂体模式，同时又说明问题，选择了图 1.5.1a1，而没选择薄层信息更丰富图 1.5.1b1)，设计了模型 1，模型具体尺寸如图 1.6.1 模型 1 所示；根据图 1.5.1a2 解释的砂体模式（为了研究砂体横向分辨率，选择了图 1.5.1a2)，设计了模型 2，模型具体尺寸如图（图 1.6.1 模型 2 所示）。弹性波正演模型采集方案、空间位置和模型参数如图 1.6.1 所示。设计的弹性波正演模型，重点研究正演模型子波频率与反射同相轴的纵向分辨率的关系，要说明需要多高频率剖面才能使图 1.2.7（a1、c1）D 点所示的薄层成像。

若纵向分辨率为 $\lambda/4$（λ 为地震波长），Fresnel 带半径可近似表示为

$$R_0 = \lambda/4 = v/(4 \times f) \tag{1.6.1}$$

式中，v 为地震速度；f 为地震频率。

图 1.4.5 模型参数如下。

模型范围：12100m（长度），4000m（深度）；单边放炮；子波频率：100Hz；记录时间：3.5s；采样间隔：0.5 ms；炮数：176；炮间距：50m；道间距：10m；检波线长度：

3000m；最大炮检距：3000m；砂岩速度：4100 m/s；密度：2400kg/m³；泥岩速度：3000 m/s；密度：2200kg/m³。

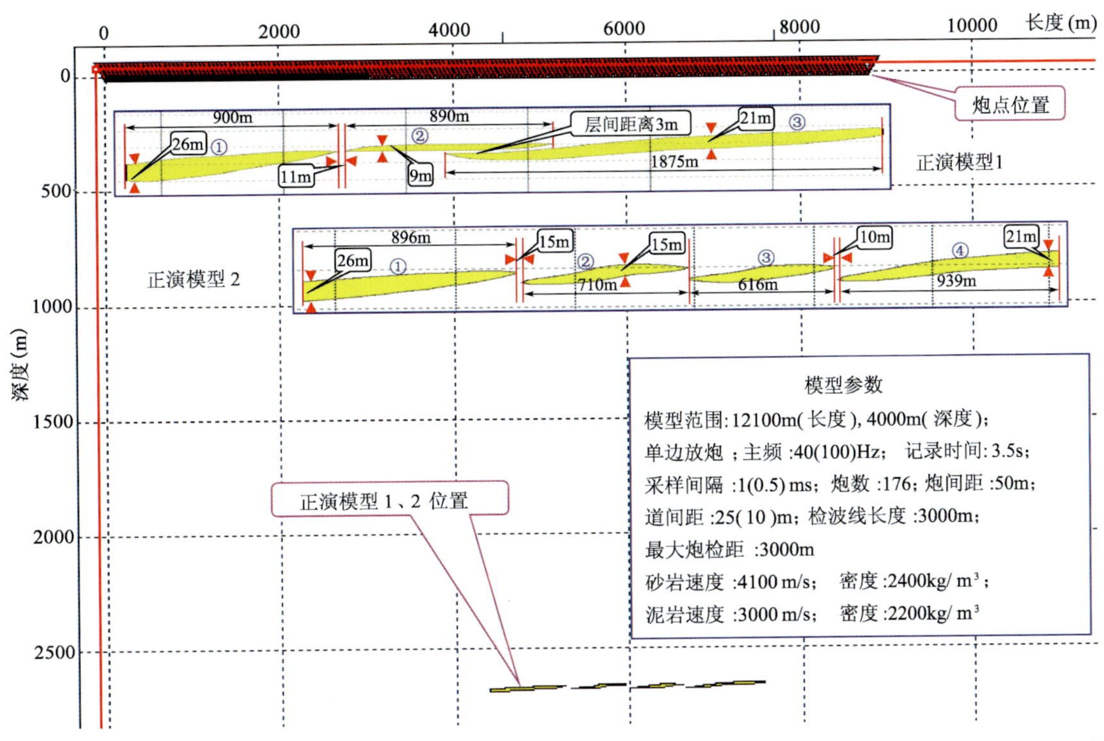

图 1.6.1 正演模型设计

图 1.6.2 是弹性波正演模型［弹性波正演选取子波频率 100 Hz，10m 道距，根据(1.6.1)式，模型参数纵向、横向分辨率约 10m］叠前时间偏移剖面（深度域）。从剖面中可看出：1 号砂体地震响应清楚（图 1.6.1 中正演模型 1 所示）；图中 1 号、2 号砂体所示，横向分辨率大于横向距离，横向分辨率也大于道距（道距设计也是合理的），1 号与 2 号砂体之间地震道能量变小，可以横向分辨砂体。2 号砂体与 3 号砂体相交部位，纵向上无法分辨，两砂体纵向叠加段反射能量增强。而未叠加段（较薄 2 号砂体）的能量弱，3 号砂体地震响应清楚。

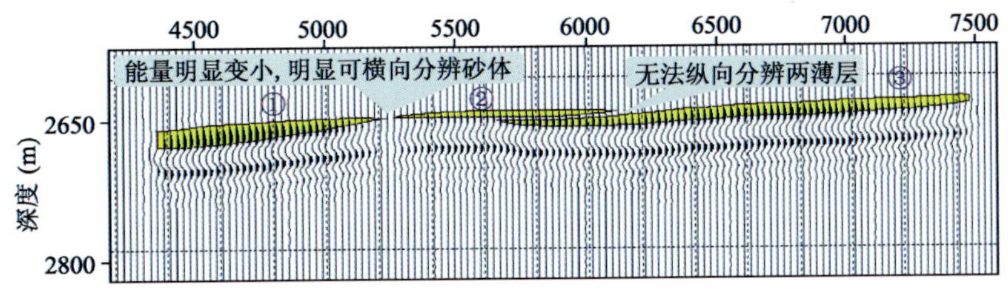

图 1.6.2 正演模型 1（100Hz，10m 道距）叠前时间偏移剖面（深度域）

通过弹性波正演模型结果，可清楚地看出：采用 100 Hz 子波的正演模型，其纵向分辨率也无法分辨正演模型的 2 号、3 号叠加砂体，而实际上，地震剖面目的层的频宽只有 4～55 Hz，主频只有 25 Hz（而组合井目的层的频宽只有 4～45 Hz，主频约 18 Hz。），这种高分辨、高信噪比的处理结果在地震剖面上带来的高频信息是有问题的，以至图 1.2.7a1，图 1.2.7c1，D 点所示的薄层可能是假象。

图 1.6.3 是弹性波正演模型 2 叠前时间偏移剖面（深度域）。从剖面中可看出：1 号砂体至 2 号砂体间；2 号砂体至 3 号砂体间；3 号砂体至 4 号砂体间，砂体尖灭点能量减小，但砂体间横向距离（最大 15m）远大于横向分辨率（10m），横向可分辨出砂体间的接触关系。

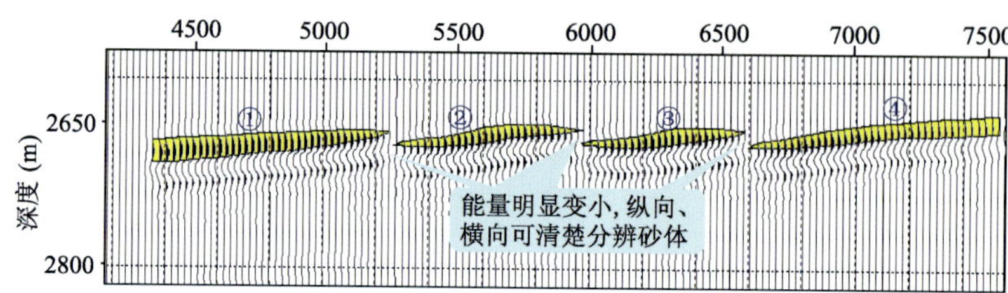

图 1.6.3　正演模型 2（100Hz，10m 道距）叠前时间偏移剖面（深度域）

通过不同的弹性波正演模型（模型 1、模型 2）结果对比，可清楚地看出：采用 100 Hz 子波的正演模型，其纵向分辨率也无法分辨正演模型 1 的 2 号、3 号叠加砂体地震剖面解释结果。这种高分辨，高信噪比的处理结果可能带来一些假象（图 1.2.7a1，图 1.2.7c1，D 点所示的薄层可能就是假象）。

1.7　结论

（1）炸药震源处理的剖面，无论单深井还是组合井目的层反射波形特征信息都比可控震源剖面的目的层反射波形特征信息丰富。这是可控震源本身决定的，由于表示目的层砂岩反射波是由高频到低频谐波叠加构成，而可控震源实际扫描频率是 8～90Hz，缺失 8Hz 以下低频成分和 90Hz 以上高频成分，频带较窄，目的层反射波形特征呆板。显示了地震宽频采集的重要性。

（2）单深井或组合井剖面，目的层反射频带宽度、主频几乎是相同条件下，接收道距不同，目的层反射波组纵、横向分辨率也不同。小道距（5m 道距）接收的目的层反射波组纵、横向分辨率高。

（3）在岩性油气藏勘探中，为了能有效地对岩性油气藏进行识别，地震采集震源尽量采用炸药震源（地震宽频采集），观测方式采用小道距接收。

（4）针对岩性油气藏地震处理问题，提出了相对保真处理方法，即宽频相对保真处理的 4 条关键原则。①保护有效频带，相对保真处理原则上有效频宽拓宽要根据高频拓宽成分信噪比，低信噪比的地震资料高频拓宽要控制（控制反褶积算子的频宽和主频，以免放大了高频端噪声能量，造成了不同程度的陷频，反褶积只是在有效频带内提高频段的能量）。最终成果剖面目的层的频谱，有效频宽的高频端（DF_H）位置不能造成严重的陷频（$XF<6$Hz，$P_F<40\%$，作为陷频控制参考指标）。②保护低频，尤其是 3～8Hz 的低频［避免高分辨率处理流程（图 1.2.2），将 10 Hz 以下低频压制掉，或为消除面波的强 $f-k$ 去噪，损失大量低频段的有效信息］。③保振幅，不能采用 RNA 等修饰模块，破坏地震道横向振幅关系。④保相位，处理中不能采用破坏相位关系模块。例如，反褶积采用零相位反褶积，不会破坏相位关系；地表一致性反褶积对相位仅有一点微调作用，但也不会破坏相位关系。

参 考 文 献

[1] 王西文．岩性油气藏的储层预测及评价技术研究．石油物探，2004，43（6）：511～517

[2] 王西文，刘全新，吕焕通等．储集层预测技术在岩性油气藏勘探开发中的应用．石油勘探与开发，2006，33（2）：189～193

[3] 王西文，刘全新，苏明军等．滚动勘探开发阶段精细储集层预测技术．石油勘探与开发，2002，29（6）：51～53

[4] 王西文、刘全新、周嘉玺等．精细储层预测技术在板南 5－3 井区的应用，石油物探，2003，42（3）：390～394

[5] 王西文，赵邦六，吕焕通等．地震资料相对保真处理方法研究．石油物探，2009，48（4）：319～331

[6] 王西文，刘全新，吕焕通等．相对保幅的地震资料连片处理方法研究．石油物探，2006，45（2）：105～120

[7] 王西文等．地震数据连片处理中静校正建模方法的研究及应用．石油地球物理勘探．2006，41（4）：375～382

[8] 王西文，胡自多，田彦灿等．地震子波处理的二步法反褶积方法研究．地球物理学进展，2006，21（4）：1167～1179

[9] 王西文．提取地震信号中高频信息方法的若干问题．石油地球物理勘探，2006，41（1）：67～75

[10] 王西文．高分辨率滤波算子在小波域中的提取．石油地球物理勘探，2000，35（3）：298～306，314

[11] 高静怀，汪文秉，朱光明．地震资料处理中小波函数的选取研究．地球物理学报，1996，39（3）：392～399

[12] 王西文，高静怀，李幼铭．高分辨地震资料处理中导数小波函数的构造．石油物探，2000，39（2）：64～71

[13] 王西文，刘全新，李幼铭等．地震信号瞬时特征在小波域分频提取的方法和应用．石油地球物理勘探，2000，35（4）：452～460，478

[14] 王西文等．地震资料在小波域的分频处理与重构．石油地球物理勘探，2001，36（1）：78～85

[15] 王西文，杨孔庆，周立宏，王娟，刘洪，李幼铭．基于小波变换的地震相干体算法研究．地球物理学报，2002，45（6）：847～852

[16] 李庆忠．走向精确勘探的道路——高分辨率地震勘探系统工程剖析．北京：石油工业出版社，1993

[17] 俞寿朋．高分辨率地震勘探．北京：石油工业出版社，1993

[18] 李庆忠，张进．岩性油气田勘探——河道砂储集层的研究方法，青岛：中国海洋大学出版社，2006

[19] 王西文．地震资料处理和解释中的小波分析方法．北京：石油工业出版社．2004

2 地震偏移成像方法原理

地震偏移成像技术在地震勘探中具有重要地位，已经逐渐发展成包括构造成像、速度建模和地震属性预测等在内的综合体系。按照算法的实现原理，地震偏移成像技术可以分为两大类：基于射线理论的 Kirchhoff 积分类偏移方法和基于波场延拓的波动方程偏移方法。而根据方程求解方法的不同，波动方程偏移方法又可以分成单程波偏移和逆时偏移两类方法。

近年来，岩性油气藏逐渐成为我国油气增储上产的重要领域，而岩性分析对于地震偏移成像结果的保幅性具有很高的要求，但是早先的叠前深度偏移方法主要是以构造成像为目标，因此，近年来地球物理界针对不同类型的保幅叠前深度偏移方法开展了大量研究工作。本章将分别给出以上几类叠前深度偏移方法原理的详细介绍，并且介绍各自保幅偏移算法的研究进展。

2.1 Kirchhoff 积分法叠前深度偏移

2.1.1 Kirchhoff 积分法叠前深度偏移发展历程

基于射线理论的 Kirchhoff 积分法叠前深度偏移是建立在波动方程 Kirchhoff 积分解[1]的基础上，把 Kirchhoff 积分中的格林函数用其高频渐进解来代替。其偏移实现过程主要包括如下步骤：从震源和接收点同时向地下目标成像点进行射线追踪，射线追踪将给出旅行时信息，同时也会给出射线的方向，而 Kirchhoff 偏移就是移动地震记录上的能量，把输入的未偏移时间位置上的能量移到输出偏移后的深度域的位置上去。

Kirchhoff 积分法叠前深度偏移被认为是一种高效实用的叠前深度偏移方法，它具有偏移角度大、无频散、占用资源少和实现效率高等特点，并且能够适应各种观测系统变化和复杂的地表起伏情况，因此，Kirchhoff 积分法叠前深度偏移在地震资料处理实际生产应用中得到了广泛应用。

Schneider（1978）建立了 Kirchhoff 积分偏移的波动方程理论基础[1]，Bleistein（1987）将积分方法拓展到求解反射系数[2]。Kirchhoff 偏移方法存在以下几个问题：首先，它是利用波动方程的零阶高频渐进近似，即射线方程，源点或接收点的几个波长以内的绕射点不能正确成像，存在焦散区；其次，Kirchhoff 偏移方法本身一直难以克服的一个难题就是多重路径问题，造成旅行时计算困难。另外，在对绕射面较陡部分成像时，Kirchhoff 偏移方法将会产生算子假频，Gray 和 Lumley 等人提出减少绕射面陡段部分扫描到的子波频率成分[3,4]，克服了这个问题。Hill 提出了高斯束偏移方法[5,6]，该方法既能保持 Kirchhoff 积分偏移方法的灵活性，同时又能提高偏移精度。

近年来，Kirchhoff 积分法偏移的发展主要集中在旅行时计算方法改进、振幅保持，以及照明强度补偿等方面。针对旅行时计算，国外主要采用波前重建方法进行射线追踪，而国内在程函方程基础上开展了快速步进旅行时计算方法的研究，同时有研究者在地震波的有效频带范围内计算最大能量三维聚焦算子，并在此基础上实现 Kirchhoff 积分法深度偏移。

2.1.2 Kirchhoff 积分法叠前深度偏移实现原理

Kirchhoff 积分法叠前深度偏移的基本过程包括：从震源和接收点同时向地下成像点进行射线追踪，然后按照计算得到的旅行时信息从地震记录中提取子波并叠加，就得到了地下界面的地震偏移成像结果。

Kirchhoff 积分法叠前深度偏移依据于波动方程的积分解[1]，其解的形式被表述为在已知的地震观察体上的面积分。依据格林函数的 WKBJ 近似成声波波动方程 Kirchhoff 积分解的形式，面积分可以表述为一单个炮积分的偏移，其具体的表达形式为

$$R(x,x_s)=\int_{\sum} n\cdot\nabla\tau_r(x_r,x)A(x_r,x,x_s)u^m[x_r,\tau_s(x,x_s)+\tau_r(x_r,x),x_s]\mathrm{d}x_r \tag{2.1.1}$$

式中，$\sum$为记录面；τ_s 表示从震源点 x_s 到地下成像点 x 的旅行时；τ_r 表示从地下成像点 x 到接收点 x_r 的旅行时；n 表示记录面的外法线方向；u 表示记录波场，而 u^m 表示记录波场对时间的导数；A 表示几何扩散因子（振幅加权因子），它可以作为速度、旅行距离，以及记录表面入射角的函数被分析出来。因此，在 Kirchhoff 积分法叠前深度偏移中，旅行时的计算起着非常关键的作用。

在 Kirchhoff 积分法叠前深度偏移中，主要有三个核心问题：一是走时计算方法问题；二是反假频问题；三是偏移孔径优化问题。

Kirchhoff 积分法深度偏移的关键是绕射旅行时的计算，常用的计算方法主要有射线追踪法和有限差分法（Schneider，1995）[7]。传统的射线追踪法存在一定的缺陷：一是解析法只能在速度不太复杂时实现射线追踪，因此该方法的适用范围小；二是打靶法有时会导致盲区，而如果存在盲区的话打靶就会失效；三是扰动法虽然不会出现盲区，但是在速度结构比较复杂和距离较远的情况下难以取得良好效果；四是在速度结构复杂的情况下往往会存在多解性的问题。因此，地球物理界针对有限差分旅行时计算方法开展了很多研究工作。有限差分绕射旅行时计算基于费马原理，既可以在直角坐标系也可以在球坐标系中实现，如 Vidale 提出了笛卡尔坐标系下利用有限差分法求解程函方程的走时计算方法[8]。该方法能用于非光滑的速度模型。近几年来，在旅行时计算方面，国外主要应用波前重建方法来进行射线追踪，而国内针对程函方程基础上的快速步进旅行时计算方法开展了研究，不断提高旅行时计算的精度和效率。

在 Kirchhoff 积分法深度偏移过程中会产生数据假频、算子假频和成像假频，但它们是相互独立、各不相同的，其中数据假频和成像假频可以通过减小采样间隔来消除。而利用绕射面对数据进行偏移成像，一般没有考虑到数据频率成分，必然就会出现算子假频。Kirchhoff 积分法叠前深度偏移假频产生的条件为：存在陡倾角算子轨迹、大幅值高频能量，以及稀疏空间采样。目前常用的反假频方法主要有三角形、矩形和多带通滤波等，三种反假频方

法（三角形、矩形、多带通滤波）的计算速度依次加快，但矩形算子对高频成分的压制能力不如三角形算子强，而多带通滤波算子相当于几个固定矩形函数，由个人选定的频带确定。实验表明，三角形反假频算子效果最好，但其计算量最大。

在 Kirchhoff 型保幅偏移研究方面，主要出现过三种不同的理论方法：第一种是对典型的 Kirchhoff 偏移理论进行延伸，基于波场的概念并且给出共炮点和共接收点的测量装置，其权函数由 WKBJ 射线理论的格林函数给出；第二种方法由 Bleistein 提出，其权函数基于 Beylkin 的行列式得出；第三种方法是由 Cerveny 和 Castro 提出的，他们把 Beylkin 行列式同向量联系起来，利用动力学射线追踪方法进行计算。目前，针对 Kirchhoff 型保幅偏移的理论方法很多，但均要求算法本身具有较好的计算精度和较高的计算效率，并且权函数能够较好地消除地震波的传播损失。

2.2 保幅傅里叶有限差分叠前深度偏移方法

鉴于 Kirchhoff 积分法叠前深度偏移的一些固有缺陷，发展起了单程波叠前深度偏移方法。其中，Zhang Yu 等人提出了真振幅单程波叠前深度偏移方法[9~11]。与 Kirchhoff 积分偏移方法相比，单程波叠前深度偏移方法可以有效解决存在剧烈横向变速的复杂构造区成像问题，尤其是基于单程波方程的傅里叶有限差分方法[12]。该方法基于速度场分裂的思想，把整个速度场视为常速背景和变速扰动的叠加。傅里叶有限差分叠前深度偏移是一种双域延拓算法：第一步是在频率—波数域针对背景慢度的相移处理；第二步是在频率—空间域针对变速扰动的时移处理；第三步是针对二阶以上速度扰动进行有限差分补偿项的计算。该方法兼有相移法和有限差分方法的优点，对地下横向剧烈变速具有很强的适应能力。

岩性分析对地震偏移成像结果的保幅性提出了很高的要求[13]，但是传统傅里叶有限差分叠前深度偏移方法主要以地下构造成像为目标，不能提供准确的振幅信息，无法满足岩性分析的要求[10,11]，而且传统傅里叶有限差分方法不满足球面扩散原理，无法有效补偿地震波传播过程中的能量损失，也不利于复杂区的构造成像，因此需要在传统偏移方法的基础上通过增加振幅恢复项以及改变成像条件来实现保幅偏移。下面分别介绍保幅傅里叶有限差分叠前深度偏移的延拓算子及其成像条件[14~16]。

傅里叶有限差分保幅延拓算子的具体实现过程如下：

常密度介质中压缩波传播的二维标量波动方程为

$$\left(\frac{\partial^2}{\partial x^2}+\frac{\partial^2}{\partial z^2}-\frac{1}{v^2}\frac{\partial^2}{\partial t^2}\right)\widetilde{P}(x,z,t)=0 \tag{2.2.1}$$

为了满足球面扩散原理，需要通过下式将单程波场转化为声压波场，即

$$\vec{P}(x,z,\omega)=\Lambda^{-1}\widetilde{P}(x,z,\omega) \tag{2.2.2}$$

其中

$$\Lambda=\frac{\mathrm{i}\omega}{v}\sqrt{1+\frac{v^2}{\omega^2}\frac{\partial^2}{\partial x^2}} \tag{2.2.3}$$

式中，x 为水平空间轴；z 为深度轴；t 为时间；ω 为圆频率；$\widetilde{P}(x,z,t)$ 为单程波场；

$\vec{P}(x,z,\omega)$ 为声压波场；v 为地下介质的速度。将单程波场转化为声压波场后，傅里叶有限差分保幅延拓算子分以下三步完成［这里以下行压力波场 $\vec{P}_D(x,z,\omega)$ 为例进行说明］：

（1）针对背景速度的相移及振幅恢复项。

针对背景速度的相移项为

$$\vec{P}_D(k_x,z+\Delta z,\omega)=\vec{P}_D(k_x,z,\omega)\mathrm{e}^{\mathrm{i}k_z\Delta z} \tag{2.2.4}$$

式中，k_x，k_z 分别为水平方向和垂直方向的波数。

而振幅恢复项为

$$\vec{P}_D(k_x,z+\Delta z,\omega)=\sqrt{\frac{c(z+\Delta z)\sqrt{1-\frac{c^2(z)}{\omega^2}k_x^2}}{c(z)\sqrt{1-\frac{c^2(z+\Delta z)}{\omega^2}k_x^2}}}\vec{P}_D(k_x,z,\omega) \tag{2.2.5}$$

式中，c 为地下背景速度，通过方程（2.2.4）和（2.2.5）就得到了针对地下背景速度延拓的真实走时信息和振幅信息。

（2）针对变速扰动的时移及振幅恢复项。

针对变速扰动的时移项为

$$\vec{P}_D(x,z+\Delta z,\omega)=\mathrm{e}^{\mathrm{i}\omega\left[\frac{1}{v(x,z)}-\frac{1}{c(z)}\right]\Delta z}\vec{P}_D(x,z,\omega) \tag{2.2.6}$$

而针对变速扰动的振幅恢复项为

$$\vec{P}_D(x,z+\Delta z,\omega)=\sqrt{\frac{c(z)v(x,z+\Delta z)}{c(z+\Delta z)v(x,z)}}\vec{P}_D(x,z,\omega) \tag{2.2.7}$$

（3）频率—空间域有限差分补偿项处理及振幅恢复项。

传统有限差分补偿项为

$$[I-(\alpha+\beta_{1x}-\mathrm{i}\beta_{2x})T_x]\vec{P}_{Di}^{m+1}=[I-(\alpha+\beta_{1x}+\mathrm{i}\beta_{2x})T_x]\vec{P}_{Di}^{m} \tag{2.2.8}$$

其中算子

$$I=(0,1,0),\ \alpha=\frac{1}{6},\ T_x=(-1,2,-1)$$

并且有

$$\beta_{1x}=\frac{bv^2}{a\omega^2\Delta x^2},\ \beta_{2x}=\frac{\left(1-\frac{c}{v}\right)v\Delta z}{2a\omega\Delta x^2}$$

其中

$$a=2.0,\ b=0.5(\zeta^2+\zeta+1),\ \zeta=\frac{c}{v}$$

而有限差分补偿的振幅恢复项的隐式格式为

$$\left[1+\frac{c^2(z)+v^2(x,z+\Delta z)}{4\omega^2}\frac{\partial^2}{\partial x^2}\right]\vec{P}_D(x,z+\Delta z,\omega)$$

$$= \left[1 + \frac{c^2(z+\Delta z) + v^2(x,z)}{4\omega^2} \frac{\partial^2}{\partial x^2}\right]\vec{P}_D(x,z,\omega) \tag{2.2.9}$$

在空间方向上利用上式进行有限差分离散即可实现振幅恢复。

以上就是傅里叶有限差分保幅延拓算子的具体实现过程，但延拓算子只是叠前偏移的一部分，边界条件和成像条件同样非常重要。

在保幅偏移成像的边界条件中，上行压力分量的边界条件与传统方法一致，即

$$\vec{P}_U(x,z=0,\omega) = Q(x,\omega) \tag{2.2.10}$$

式中，$Q(x,\omega)$ 为地面接收到的共炮数据，而下行压力分量的边界条件需要修改为

$$\vec{P}_D(x,z=0,\omega) = \frac{1}{2}\Lambda^{-1}\delta(x-x_s) \tag{2.2.11}$$

式中，x_s 为炮点位置。

对传统动力学成像条件进行修改，即可得到保幅偏移成像条件，即

$$R(x,z) = \frac{1}{2\pi}\int \frac{\vec{P}_U(x,z,\omega)}{\vec{P}_D(x,z,\omega)} \mathrm{d}\omega \tag{2.2.12}$$

利用以上保真振幅傅里叶有限差分延拓算法就可以得到地下相对真实的走时信息和振幅信息。为了验证给出的保真振幅傅里叶有限差分延拓算法的正确性和有效性，我们选取了目前国际上常用的 Marmousi 模型数据进行了数值试验。图 2.2.1a 和图 2.2.1b 是分别基于传统傅里叶有限差分延拓算法和保真振幅傅里叶有限差分延拓算法得到的 CDP 位于 280 处的单炮照明结果。而图 2.2.2a 和图 2.2.2b 为所有 240 个单炮照明累加结果的对比。从两种照明分析结果的对比中可以看到基于保真振幅傅里叶有限差分延拓算法得到的照明结果沿不同方向的传播能量比较一致，能够对构造变化有一定的反映，并且表现出了波场随速度模型变化的很多细节。另外图 2.2.3 中分别是利用传统傅里叶有限差分延拓算法和保真振幅傅里叶

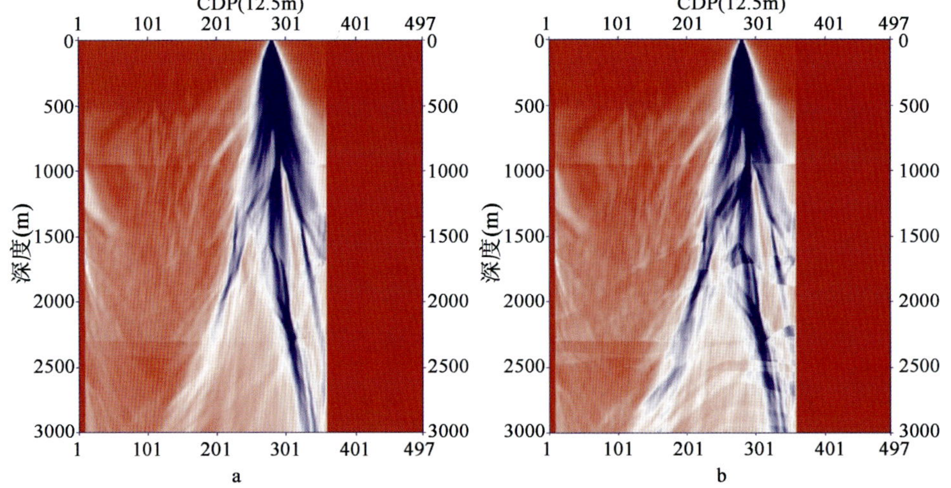

图 2.2.1　Marmousi 模型单炮照明分析结果

a—基于传统傅里叶有限差分算子；b—基于保真振幅傅里叶有限差分算子

有限差分延拓算法得到的所有单炮的偏移叠加结果，可以看到利用保真振幅傅里叶有限差分延拓算法得到的偏移结果整体成像质量有所改善，中深层成像能量得到一定程度加强，尤其是深层的背斜构造和嵌入其中的低速侵入盐体目标区的成像效果改进更加明显。以上照明分析和偏移结果的对比都表明了保真振幅傅里叶有限差分延拓算法的有效性。

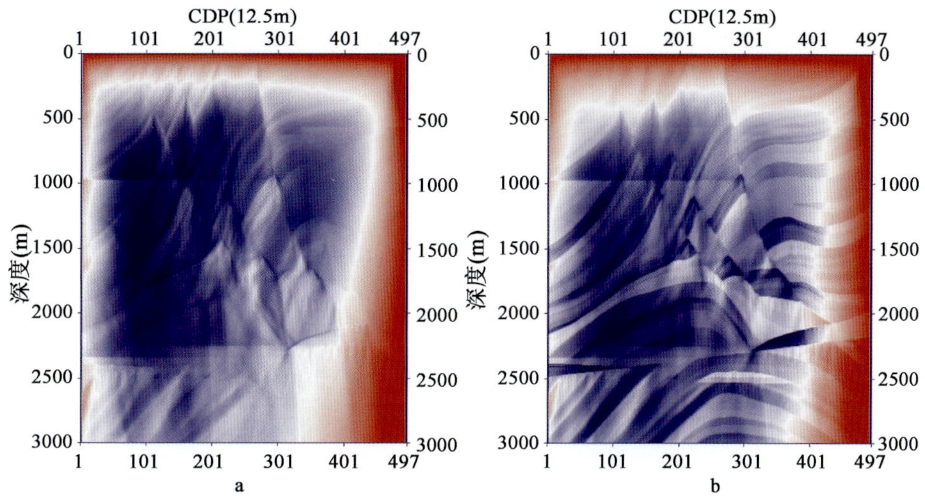

图 2.2.2 Marmousi 模型所有炮点照明对比结果

a—基于传统傅里叶有限差分方法；b—基于保幅傅里叶有限差分方法

利用上述保真振幅傅里叶有限差分叠前深度偏移方法有利于逆掩复杂构造区的构造和岩性成像。从图 2.2.4 中针对吐哈山前带地区模型数据的试验结果可以看出保幅傅里叶有限差分叠前深度偏移结果与传统 Kirchhoff 积分法的结果相比，对逆掩下伏构造成像的改善比较明显。而从图 2.2.5 中实际地震资料处理结果的对比中也可以看出：利用保幅傅里叶有限差分叠前深度偏移得到的结果与传统 Kirchhoff 积分偏移结果相比，逆掩下伏构造断点和断裂更加清晰。

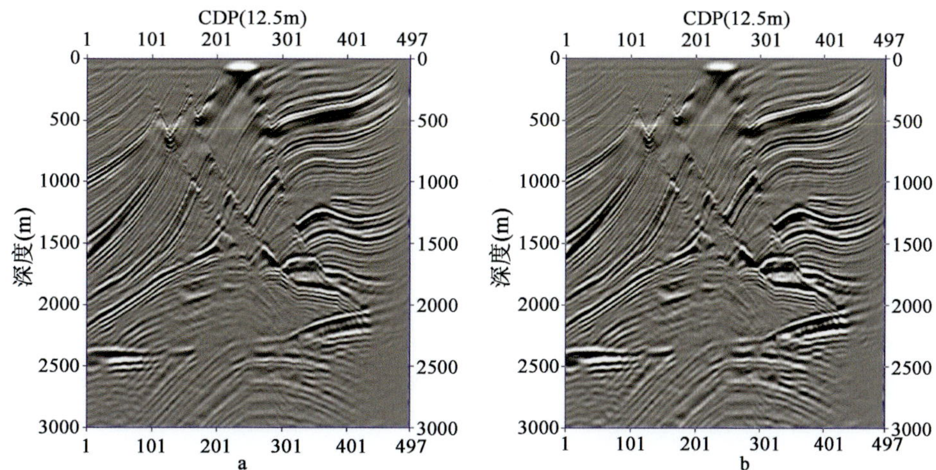

图 2.2.3 Marmousi 模型所有炮记录偏移结果对比

a—基于传统傅里叶有限差分方法；b—基于保真振幅傅里叶有限差分方法

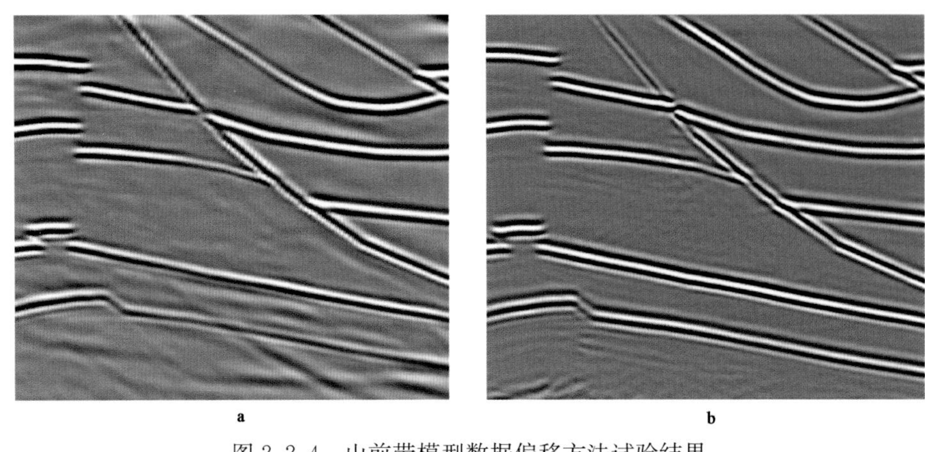

图 2.2.4　山前带模型数据偏移方法试验结果
a—Kirchhoff 积分法；b—保幅傅里叶有限差分法

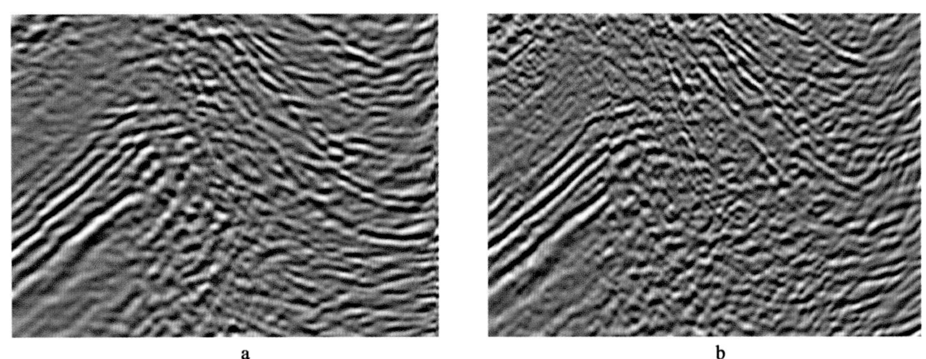

图 2.2.5　山前带实际地震资料偏移方法试验结果
a—Kirchhoff 积分法；b—保幅傅里叶有限差分法

2.3　逆时偏移

2.3.1　各向同性逆时偏移

2.3.1.1　逆时偏移成像条件

成像条件是逆时偏移的重要研究内容，对逆时偏移剖面成像效果有重要影响。目前常用的成像条件主要包括激发时间成像条件和互相关成像条件等两大类。

激发时间成像条件基于时间一致性准则，即上行波的产生时间等于下行波的到达时间，可以通过计算地下各成像点处直达波的初至走时来实现。地震波初至走时的计算方法可分为射线追踪法和有限差分法两大类，射线追踪法简单易算、方便快捷，但存在多值走时、焦散区、阴影区等问题，在处理剧烈速度变化问题时往往效果不佳；有限差分法通过差分求解程函方程计算地下各点的初至波旅行时，其中基于矩形网格的有限差分算法和基于扩展波阵面的有限差分算法是较为常用的两种方法。这两类方法求出的是初至波的旅行时，而当模型比较复杂时，地表接收到的反射波可能不是下行初至波的反射，而是具有最大下行能量的续至波的反射，此时采用上述两类方法实现逆时偏移的成像条件显然不合理，而采用下行波最大能量法成像条件能克服这一不足，得到更为精确的走时信息。地下成像点的下行波最大能量时刻可以通过波动方程正演得到，正演算法可以采用有限差分法、有限元法、伪谱法等。

互相关成像条件是目前最常用的成像条件，最早由 Claerbout（1971）[17]提出，其原理可概括为

$$Image(x,z)=\sum_{t=0}^{t_{\max}}u_{x,z}^{t}\xi_{x,z}^{t} \tag{2.3.1}$$

式中，x、z 为空间坐标；u 为检波点逆时延拓地震波场；$Image(x,z)$ 表示逆时偏移成像结果；t 为时间，$t_{\max}$ 为最大记录长度，ξ 为震源正向延拓地震波场。

上式实质上是震源正向延拓波场与检波点逆时延拓波场的互相关运算，对于深部地层来说，由于检波点波场逆时延拓过程中同样存在能量的衰减，但这种衰减不是由介质的弹性参数引起的，而是由逆时延拓算法本身引起的，其本质是一种误差，且深度越大，这种误差对偏移结果的影响也越大。为克服这一局限，Kaelin 和 Guitton（2006）利用炮点波场值对（2.3.1）式进行归一，得到新的成像条件[18]，即

$$Image(x,z)=\frac{\sum_{t=0}^{t_{\max}}u_{x,z}^{t}\xi_{x,z}^{t}}{\sum_{t=0}^{t_{\max}}(\xi_{x,z}^{t})^{2}} \tag{2.3.2}$$

式（2.3.2）称为归一化互相关成像条件，Chattopadhyay 和 McMechan（2008）的研究结果表明[19]：在其他条件相同的情况下，应用归一化互相关成像条件能得到更保真的偏移结果。

2.3.1.2 逆时偏移低频噪声的产生与压制

2.3.1.2.1 逆时偏移低频噪声产生原因分析

从成像条件上看，用单程波外推算子进行波场外推，可以认为是对观测波场做了一种滤波，仅仅对上行波进行了向下外推，其中的下行波被过滤掉。而对震源波场用下行波算子外推则仅仅包含了下行波，其中的上行波被过滤掉。对于较平缓的反射界面，这样的震源下行波场与外推后的检波点上行波场相关，就相当于在反射点处将入射波场和反射波场进行相关。单程波成像满足了（2.3.1）式定义的成像条件，不会产生低频成像噪声。

但是，用双程波进行逆时偏移成像时，外推的震源波场和检波点波场中均是既有上行波、又有下行波。用（2.3.1）式定义的成像条件来成像就必须把反射点处的入射波场和出射波场分离出来后再进行成像，就是用反射界面上某成像点处与法线方向对称的波矢量定义的波场进行相关成像。找到这样的波矢量对应的波场的过程实际上也是对外推波场的一种滤波过程。但是，找到这样的波矢量对应的波场需要付出极大的代价，目前还没有高效率的实现方法，这是逆时偏移成像仍然尚需解决的问题。如果仅仅把逆时外推后的波场在成像点处用（2.3.1）式定义的成像条件进行成像，成像结果中就包含严重的低频噪声。

Liu 等[20]给出的解释是：低频噪声的产生是因为震源和检波点波场的延拓都应用了全声波方程，根据互换原理，这两个波场具有完全相同的传播路径，因此，他们将会沿着整个地

震波传播路径进行互相关计算，从而在整个路径上都会产生非零相关系数。从逆时偏移成像的过程来看，事实的确如此。检波点波场可以逆时外推到零时刻，恢复此时的震源子波。用此震源子波与给定的震源子波同时激发并向前传播，在任意时刻用（2.3.1）式进行相关成像，就应该得到逆时偏移成像结果。这个过程非常类似于地震波照明过程，低频噪声的产生就是理所当然的。

2.3.1.2.2 逆时偏移低频噪声压制方法

目前，逆时偏移低频噪声的压制方法主要包括以下几种：无反射波动方程法、修改成像条件法、成像后去噪法和波场分解互相关成像法等。

无反射波动方程法假设地下波阻抗为常数，通过削弱地震波的反射来压制对震源波场和检波点波场进行互相关成像时所产生的低频噪声。这一方法的理论基础是由 Baysal 等[21]提出的无反射波动方程，如式（2.3.3）所示，即

$$\frac{\partial^2 u}{\partial t^2}=v^2[\nabla^2 u]+v[\nabla u\cdot\nabla v] \tag{2.3.3}$$

式中，$u=u(x,y,z)$ 为声波场；$v=v(x,y,z)$ 为介质的声波速度；t 为时间；∇^2 为拉普拉斯算子。

随后，Etgen 等[22]将上述方程成功地应用于逆时偏移处理中，能够在一定程度上对低频噪声进行压制。但是由于该方程描述的是当地下介质波阻抗恒定时的地震波传播规律，只有当入射波垂直入射界面时，其反射系数才为零，而当入射角度逐渐增大时，其反射系数也逐渐增大，所以方程（2.3.3）只是近似的无反射声波方程。为此，Fletcher 等[23]引入了一个方向衰减项添加到无反射波动方程中，改进后的波动方程可以表示为

$$\frac{\partial^2 u}{\partial t^2}=v^2[\nabla^2 u]+v[\nabla u\cdot\nabla v]-\varepsilon L(\eta)u \tag{2.3.4}$$

式中，$L(\eta)=(\partial u/\partial t)+v(\nabla u\cdot\eta)$ 为线性微分算子；ε 为阻尼系数。Fletcher 等[23]通过数值试验证明采用增加了方向衰减因子的无反射声波方程能进一步消除地震波的反射能量，提高低频噪声的压制效果。

修改成像条件法通过直接对互相关成像条件进行改造或选取新的成像条件消除反射波能量，压制低频噪声。式（2.3.2）所示的归一化互相关成像条件就是一种经过改造之后的成像条件，这种方法借助检波照明改善成像条件，简单易行，且不增加计算量，可以衰减浅层，特别是来自检波点的噪声，并能补偿深层能量，改善成像效果。Poynting 矢量成像条件由 Yoon 和 Marfurt 提出[24]，通过增加一个角度判别因子并设置加权比，然后使用归一化互相关成像条件可以进一步有效压制低频噪声。Costa[25]提出一种新的带倾斜度校正的成像条件，在 Poynting 矢量成像条件上附加照明补偿，衰减逆散射和人为噪声，提高照明均衡度，改善了逆时偏移的成像效果。

成像后去噪法是在逆时偏移后对每一炮逆时偏移结果或逆时偏移叠加成像结果进行去噪的方法，常用的方法有高通滤波法和 Laplacian 滤波法。高通滤波法是利用逆时偏移结果中产生的噪声具有空间低频的性质，能够有效压制低频噪声，但并不是所有的噪声都能在空间—频率域与有效波完全地分开，因而去噪的同时往往对偏移剖面中的有效信号也会造成破坏。因此高通滤波处理只能在一定程度上消除噪声，它有适用的前提条件。Laplacian 滤波

法是另一种较为有效的去噪方法，其滤波原理相当于角度衰减，可以有效压制低频噪声，又能保留部分有用的成像结果，在实际处理中经常采用。

波场分解互相关成像法最先由 Liu 等[20]提出，该方法通过将全波场分解为单程分量，然后对波场分量有选择性地进行互相关运算，最终能够实现对所有有效路径成像，并消除低频成像噪声。以 z 方向上、下行波场分解为例，震源波场和检波点波场可以表示为

$$S(t,X)=S_{z^+}(t,X)+S_{z^-}(t,X) \tag{2.3.5}$$

$$R(t,X)=R_{z^+}(t,X)+R_{z^-}(t,X) \tag{2.3.6}$$

式中，$S_{z^+}(t,X)$、$S_{z^-}(t,X)$ 和 $R_{z^+}(t,X)$、$R_{z^-}(t,X)$ 分别表示震源波场和检波点波场的下行分量和上行分量（假定下行方向为正），则互相关成像条件可以表示为

$$\begin{aligned} I(X)=&\int_0^{T_{\max}}S_{z^+}(t,X)R_{z^-}(t,X)\mathrm{d}t+\int_0^{T_{\max}}S_{z^-}(t,X)R_{z+}(t,X)\mathrm{d}t \\ &\int_0^{T_{\max}}S_{z^+}(t,X)R_{z^+}(t,X)\mathrm{d}t+\int_0^{T_{\max}}S_{z^-}(t,X)R_{z^-}(t,X)\mathrm{d}t \\ =&I_{z1}+I_{z2}+I_{z3}+I_{z4} \end{aligned} \tag{2.3.7}$$

式中，I_{z1} 为下行震源波场和上行检波点波场的互相关，等价于单程波偏移；I_{z2} 为上行震源波场和下行检波点波场的互相关；I_{z3} 为下行震源波场和下行检波点波场的互相关；I_{z4} 为上行震源波场和下行检波点波场的互相关。其中，前两项所代表的互相关运算只在反射界面处进行，而后两项不但在反射界面处进行，还将会沿着整个射线路径进行计算，于是就产生了偏移剖面上的低频噪声。为了消除这些噪声，我们只选取前两项进行互相关运算，就能从成因上消除低频噪声。根据 Suh 和 Cai[26]的解释，在 z 方向可将波场分解为上行和下行波场，利用的是垂直方向的波场，主要对水平和小倾角地层成像，称为垂向成像条件；在 x 方向可将波场分解为左行和右行波场，利用的是水平方向的波场，主要对陡倾角地层成像，称为横向成像条件。通过应用垂向和横向成像条件，即可对全部路径准确成像并有效地消除低频噪声。

2.3.1.3 边界条件

2.3.1.3.1 PML 吸收边界条件

逆时偏移需要通过数值模拟方法对震源波场和检波点波场进行外推，在数值模拟过程中，当地震波传播到人为边界时会产生无实际意义的人为边界反射，使选定区域内的正常波场受到严重干扰，这是由于地震波在地下传播的无限性和数值模拟计算区域的有限性所造成的。因此，需要在选定区域的边界处引入吸收边界条件，使人为边界反射得到最大限度的衰减和吸收，从而减小对正常波场的干扰，提高模拟结果的稳定性和准确性。

为了解决人为边界反射问题，人们提出了多种方法来削弱和压制边界反射。Clayton 和 Engquist 于 1977 年提出了旁轴近似边界[27]，这种边界条件能完全吸收垂直入射时的反射波，且二阶以上的 Clayton—Engquist 边界条件能较好吸收入射角在一定范围内的反射波，但当波的入射角较大时，仍将在所给边界处产生很强的反射。其他边界条件还包括多次透射（MTF）边界[28]、Higdon 人工边界[29]等，但上述这些方法都不能在任意入射角度和频率范围内达到较好的吸收效果。Berenger（1994）针对电磁波传播情况提出了一种高效的完全匹配层（Perfect Matched Layer，简称 PML）吸收边界条件（国内也有学者翻译成“完美匹

配层”或“理想匹配层”），并在理论上证明了该方法可以完全吸收以任意角度、任意频率入射的波，而不产生任何反射[30]。目前PML吸收边界条件已成功应用于其他领域，在声波和弹性波方程数值模拟中也已开始应用。

PML吸收边界条件可应用于一阶或二阶偏微分方程，目前更多地应用于一阶偏微分方程，即速度—应力方程。PML边界条件的应用，实际上是将地震波动方程的变量场（速度场、应力场）做了场变量分离，使每个场变量都分解为垂直于透射边界和平行于透射边界的两个分量，分别进行吸收衰减。本文以二维声波方程的一阶应力—速度方程形式为例，给出该方程的吸收层边界方程及完全匹配层的构造方式。

二维声波方程的一阶应力—速度方程形式为

$$\frac{\partial P}{\partial t}=-K\left(\frac{\partial v_x}{\partial x}+\frac{\partial v_z}{\partial z}\right)$$

$$\frac{\partial v_x}{\partial t}=-\frac{1}{\rho}\frac{\partial P}{\partial x}$$

$$\frac{\partial v_z}{\partial t}=-\frac{1}{\rho}\frac{\partial P}{\partial z} \tag{2.3.8}$$

式中，$P=P(x,z,t)$为声波场；$K=\rho v^2$为弹性模量；v为介质的纵波速度；ρ为介质的密度；v_x、v_z分别为x、z方向的质点速度；t为时间。该方程的吸收层边界方程为

$$P=P^x+P^z$$

$$\frac{\partial P^x}{\partial t}+d(x)P^x=-K\frac{\partial v_x}{\partial x}$$

$$\frac{\partial P^z}{\partial t}+d(z)P^z=-K\frac{\partial v_z}{\partial z}$$

$$\frac{\partial v_x}{\partial t}+d(x)v_x=-\frac{1}{\rho}\frac{\partial P}{\partial x}$$

$$\frac{\partial v_z}{\partial t}+d(z)v_z=-\frac{1}{\rho}\frac{\partial P}{\partial z} \tag{2.3.9}$$

式中，P^x、P^z分别为P在x方向和z方向上的分量；$d(x)$、$d(z)$分别为x方向和z方向上的阻尼因子。对于阻尼因子的定义，本文采用Collino等[31]提出的一种随内域截断边界与PML界面的距离呈指数关系衰减的函数：$d(x)=d(z)=\log\left(\frac{1}{R}\right)\frac{3v}{2\delta}\left(\frac{h}{\delta}\right)^4$。式中，$R$是理论反射系数；$\delta$是PML的厚度；$v$是匹配层中地震波的传播速度；$h$是PML的深度，即匹配层所在位置与内域截断边界的距离。

对于完全匹配层的构造可以用图2.3.1来表示，区域$ABCD$为所要研究的区域。在该区域的周围加上完全匹配层，在区域1中，令$d(x)\neq0$，$d(z)\neq0$，速度v等于角点速度。在区域2中，令$d(x)=0$，$d(z)\neq0$，速度v等于边界速度。在区域3中，令$d(x)\neq0$，$d(z)=0$，速度v等于边界速度。

2.3.1.3.2 随机边界条件

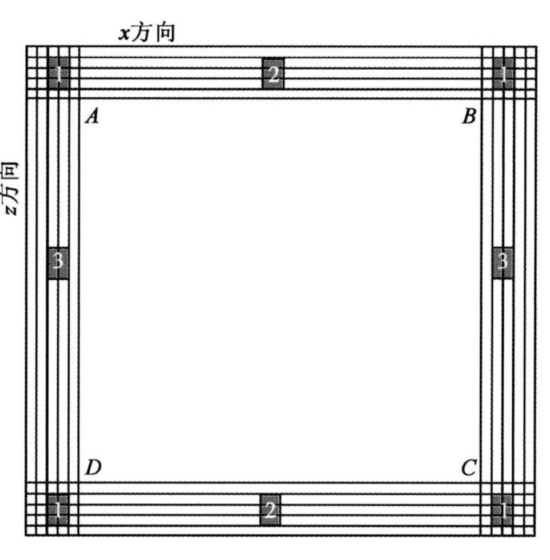

图 2.3.1 完全匹配层吸收边界示意图

吸收边界条件是逆时偏移成像波场外推时的当然选择。但是，吸收边界条件的差分计算与内部波场方程的差分计算存在很大差异，这非常不利于在GPU/CPU异构的高性能计算平台上实现三维逆时偏移算法并得到很高的计算效率。随机边界就是让边界处的速度场随机扰动，地震波传播到此区域产生漫反射，这样的漫反射影响地震波正演结果的质量，但是对于地震波偏移成像却影响很小。这种仅仅变化边界处介质速度分布的方法，使波场外推过程不用考虑吸收边界条件，保持了内部波场计算所具有的良好并行特征，非常适合在GPU/CPU异构平台上进行。

在速度模型边界区域设置随机变化的速度场构成随机边界条件，设置随机边界的方法如下式所示，即

$$v(\vec{x}_B)=\bar{v}(\vec{x}_B)+[Ran(Idum)-0.5]\times\frac{|\vec{r}|}{R}\times\alpha \tag{2.3.10}$$

式中，α 为与速度有关的量，并与速度具有相同的量纲；R 代表随机边界区域的厚度；$|\vec{r}|$ 代表随机边界区域中的点距边界的距离；$Ran(Idum)$ 代表有种子数 $Idum$ 产生的随机数，$Ran(Idum)\in(0,1)$；$\vec{x}_B$ 代表随机边界中的点；$v(\vec{x}_B)$ 代表随机边界中点 $\vec{x}_B$ 处的随机速度值；$\bar{v}(\vec{x}_B)$ 代表随机边界外一点的速度值，由它产生随机边界中各点随机速度值。通过调节 α 和 R 可以得到合适的成像结果。

2.3.1.4 逆时偏移实现流程

逆时偏移主要包括震源波场的正向延拓、检波点波场的逆时延拓、成像条件的计算和应用三大部分。逆时延拓是地震波数值模拟的反问题，这时已知的是地表各接收点的波场值，通过逆时延拓来求取地下各点的波场值，可以将波场的逆时延拓表示为式（2.3.11）所示的边值问题，即

$$\begin{cases}\boldsymbol{U}(x,z)=0 & t>t_L\\ \boldsymbol{U}(x,z)\big|_{z=0}=\boldsymbol{f}(x,t) & t\leqslant t_L\end{cases} \tag{2.3.11}$$

式中，$\boldsymbol{U}(x,z)$ 为空间各点的波场矢量；$\boldsymbol{f}(x,t)$ 为地表各接收点的波场值；t_L 为地表各接收点的最大记录时间；x、z 分别为水平距离和垂直深度，$z=0$ 表示地表。逆时延拓要求取的是 $t\leqslant t_L$ 时的地下各点的波场值 $\boldsymbol{U}(x,z)$，由求取的 $\boldsymbol{U}(x,z)$ 通过合适的成像条件可以求取地下的成像点位置，得到正确的地下构造模型。波场的逆时延拓可以采用有限差分法、有限元法、伪谱法等方法来实现，目前广泛应用的是交错网格高阶有限差分法，这种方法可以得到高精度的地震波场，而这正是逆时偏移能得到准确成像结果的一个必要条件。

由于逆时偏移的成像条件可分为激发时间成像条件和互相关成像条件两大类，所以叠前

逆时偏移也有两种相对应的实现流程，图 2.3.2 为应用激发时间成像条件的流程图，图 2.3.3 为应用互相关成像条件的流程图。

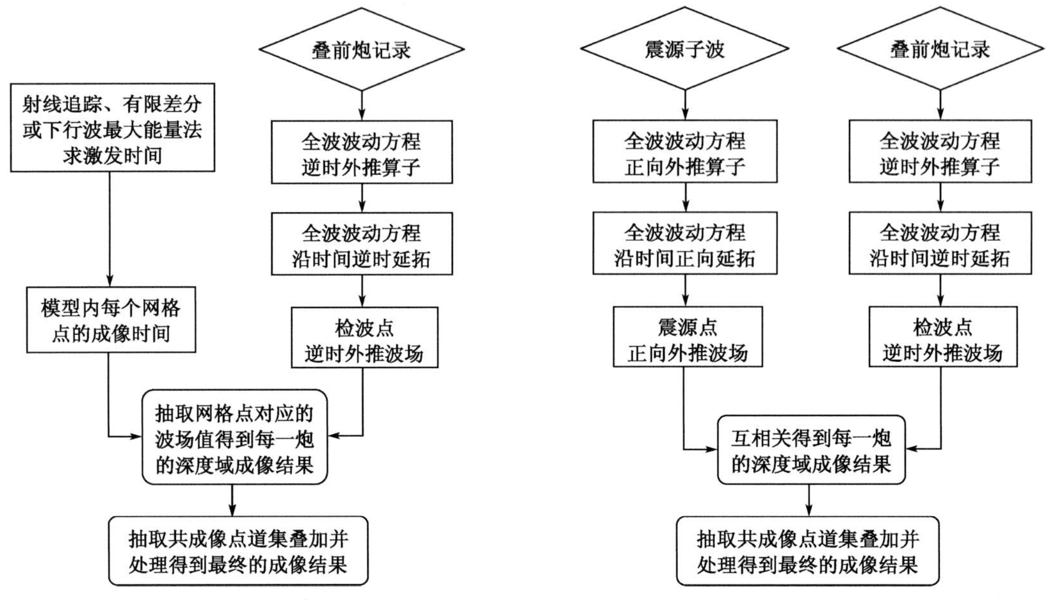

图 2.3.2　激发时间成像条件流程图　　　图 2.3.3　互相关成像条件流程图

2.3.1.5　理论模型算例

2.3.1.5.1　NWGI 模型

NWGI 模型如图 2.3.4 所示，逆时偏移所用的地震记录按以下观测系统通过正演数值模拟获得：纵波源激发，震源子波为主频 40Hz 的 Ricker 子波，共 250 炮，炮间距 40m，第一炮位于横向位置 1000m 处，检波点分布在横向位置 0～10990m 范围，最大偏移距为 [−6000，6000] m。记录道长 2.5s，采样间隔 4ms，网格间距 dx=5m，dz=10m。

图 2.3.4　NWGI 速度模型

采用二维声波方程逆时偏移算法对正演模拟得到的叠前炮记录进行逆时偏移运算，得到的偏移结果如图 2.3.5 所示。从图中可以看到，逆时偏移对陡倾角地层和直立地层有良好的成像能力。

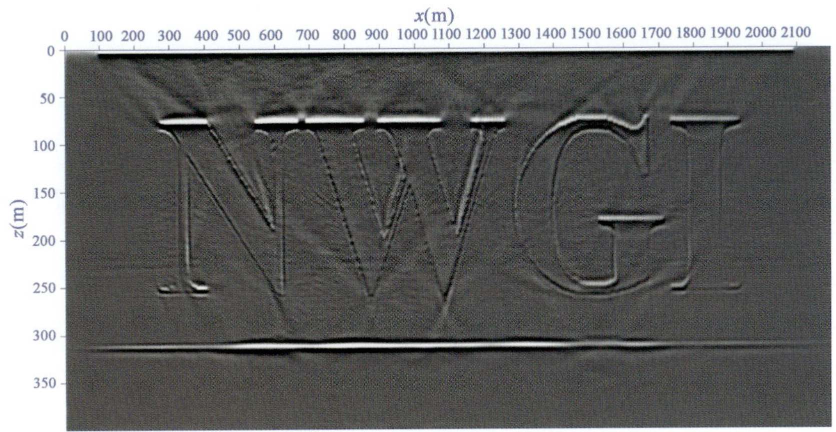

图 2.3.5 NWGI 模型逆时偏移结果

2.3.1.5.2 Marmousi 模型

Marmousi 模型是由法国石油研究院（IFP）设计的复杂地质模型，如图 2.3.6 所示，在这个模型中含有 3 条大断裂，在断裂的底部是包含灰岩层的背斜，在深层两侧被盐丘高速体所分割，最底部是含有油气储层的背斜。Marmousi 模型既包含中部复杂的构造，也包含两侧的近乎水平层状的简单构造。

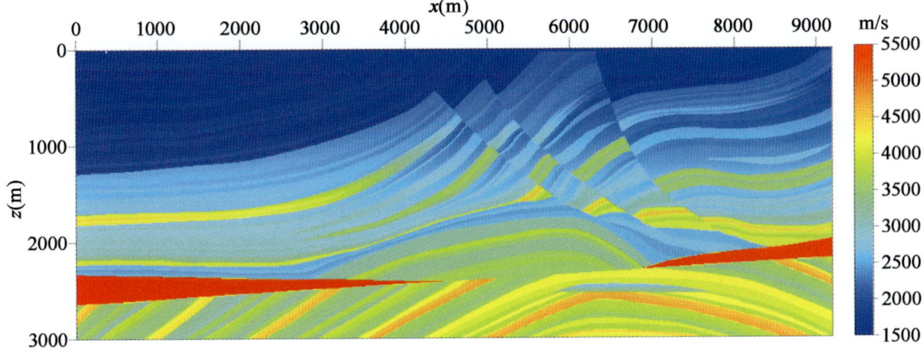

图 2.3.6 Marmousi 速度模型

逆时偏移所用的地震记录按以下观测系统通过正演数值模拟获得：纵波源激发，震源子波为主频 40Hz 的 Ricker 子波，炮点埋深 4m，800 道接收，道间距 4m，炮间距 40m，从模型左端开始放炮，当炮点位于模型左端 1600m 范围内时，模型左端 800 道接收，当炮点位于中间 6000m 范围内时，炮点两侧各 400 道接收，当炮点位于模型右端 1600m 范围内时，模型右端 800 道接收，记录长度 3.15s，共有 231 炮合成记录。采用二维声波方程逆时偏移算法对这些炮集进行偏移成像，得到的偏移结果如图 2.3.7 所示。从图中可以看到，逆时偏移不仅对模型两侧的简单构造成像准确，而且对模型中部的复杂构造，包括断层、背斜、深部高速体等构造也都能准确成像，说明逆时偏移能处理剧烈横向速度变化和陡倾角地层的偏移成像问题，对复杂模型具有良好的成像能力。

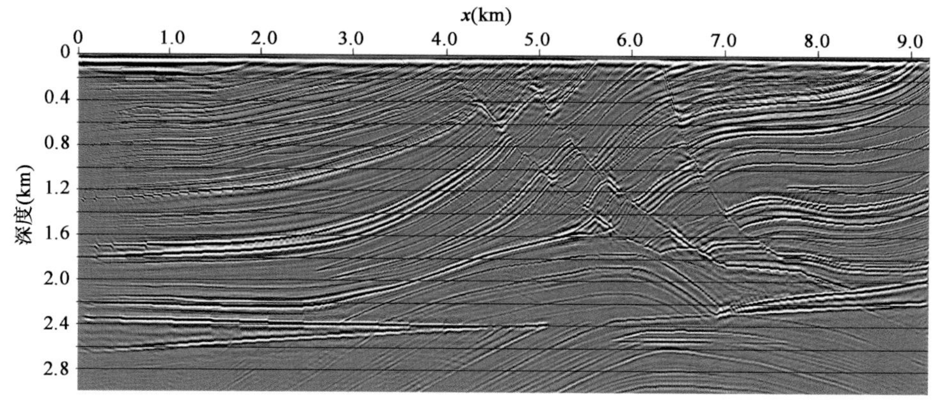

图 2.3.7　Marmousi 模型逆时偏移结果

2.3.2　VTI 介质各向异性逆时偏移

逆时偏移从 20 世纪 80 年代初提出以来，经过 30 年的发展，目前基于各向同性理论的双程声波方程逆时偏移已经在工业生产中得到越来越多的应用，并在复杂构造地区地震成像中逐渐体现出明显的优势。基于各向同性理论的双程弹性波方程逆时偏移在逆时延拓算法和成像条件计算方法上也已基本成熟，阻碍其工业化应用的主要原因是该方法需要庞大的计算量和计算机内存，计算效率还难以达到工业需求。

对于各向同性介质逆时偏移，目前国内外的研究主要集中在偏移噪声的压制与偏移结果的保真性方面。然而由于实际地下介质中普遍存在着各向异性，采用基于各向同性理论的偏移方法不能有效解决各向异性介质中地震波的偏移归位问题，成像精度难以保证，因此有必要发展基于各向异性理论的偏移方法。由于逆时偏移相对于其他偏移方法的优越性，地球物理学家对基于各向异性理论的逆时偏移开展了大量研究工作。但是在各向异性介质中，纵、横波是耦合在一起传播的，并且其弹性波方程也非常复杂，不具备解耦现象，无法从弹性波方程分离出准确的纵、横波方程。对于各向异性介质的逆时偏移算法，最初的思路是：以各向异性介质中的弹性波方程为理论出发点，通过对地面记录的三分量地震波场的逆时延拓并成像实现地震波场的偏移归位。这种思路的主要优点在于理论严谨，将多分量数据看成矢量波场并同时处理纵、横波资料。其缺陷为：(1) 对输入数据要求过于严格，它要求输入数据必须为三分量数据，对于未进行多波采集的工区，这种方法失效；(2) 偏移所需的速度模型极难获得，以二维 VTI 介质为例，它要求至少已知地下各点的四个弹性常数和密度信息，而弹性常数目前在实际生产中还很难得到；(3) 效率较低，弹性波方程包含多个分量，这些分量都需要占用计算机内存，同时，由于横波速度小于纵波速度，而剖分离散的时间和空间步长主要受地震波最小速度控制，为保证计算稳定，必须减小时间和空间步长，这会增加时间采样点数和空间网格数，导致计算速度减慢。

Alkhalifah 于 2000 年提出声学近似假设条件，令垂向横波速度等于零，推导得出了 VTI 介质中的双程准 P 波方程[32]，该方程的导出为只利用纵波资料进行各向异性逆时偏移提供了理论基础。利用该方程进行逆时偏移的优势主要表现在：(1) 对只有纵波资料的工区可以应用该方程的逆时偏移算法实现对纯纵波数据的偏移归位。(2) 偏移所需的速度模型较易获得。以二维 VTI 介质为例，它只需要已知动校正速度、各向异性参数 η 和密度信息，动校正速度信息和 η 模型可通过纵波非双曲时差速度分析技术和旅行时反演等方法得到。对于密度模型，有井情况下可利用井资料初步建立，并依据地质或其他先验信息对其进一步修正，无井情况下可将密度模型假定为常数。相关研究成果和模型试算表明[33]，将密度模型设定为常数可能会对偏移结果的保真性产生影响，但不会影响构造的成像效果。(3) 与弹性波方程相比，具有更高的计算效率，由于方程中没有横波速度参数，可以采用相对较大的时间和空间步长进行逆时延拓，提高计算效率。

Alkhalifah 推导出 VTI 介质中的准 P 波方程之后，立即引起了许多学者的重视，并从不同角度对其展开研究。但到目前为止，相关研究工作主要集中在方程优化[34]、数值模拟[35]和假波去除[36]等方面，而关于该方程逆时偏移算法的研究还鲜有报道。在此，从 VTI 介质中的一阶准 P 波方程出发，在交错网格空间中推导了该方程逆时延拓的高阶有限差分格式，给出了差分算法的稳定性条件，采用 PML 吸收边界条件的原理导出了其吸收层边界方程，并引入常规逆时偏移中的下行波最大能量法和归一化互相关成像条件实现了 VTI 介质中准 P 波方程的叠前逆时深度偏移。各向异性 Marmousi 模型的试算结果表明该算法不受地下构造倾角和介质横向速度变化的限制，对复杂模型具有良好的成像能力，相同条件下，采用各向异性偏移算法得到的成像结果优于各向同性算法结果。

2.3.2.1 VTI 介质中的准 P 波方程

2.3.2.1.1 四阶准 P 波方程

Alkhalifah 导出的三维 VTI 介质中的准 P（qP）波方程为

$$\frac{\partial^4 F}{\partial t^4}-(1+2\eta)v^2\left(\frac{\partial^4 F}{\partial x^2\partial t^2}+\frac{\partial^4 F}{\partial y^2\partial t^2}\right)=v_v^2\frac{\partial^4 F}{\partial z^2\partial t^2}-2\eta v^2 v_v^2\left(\frac{\partial^4 F}{\partial x^2\partial z^2}+\frac{\partial^4 F}{\partial y^2\partial z^2}\right) \tag{2.3.12}$$

式中，$F=F(x,y,z,t)$ 为波场函数，它是一个与位移有关的量；t 为时间；x、y、z 为三维空间坐标；v、v_v 分别为 qP 波的动校正速度和垂向速度；η 为各向异性参数，代表介质的各向异性强度，且有

$$v=v_v\sqrt{1+2\delta},v_h=v_v\sqrt{1+2\varepsilon},\eta\equiv 0.5\left(\frac{v_h^2}{v^2}-1\right)=\frac{\varepsilon-\delta}{1+2\delta} \tag{2.3.13}$$

式中，v_h 为 qP 波的水平速度；ε、δ 为 Thomsen 参数[37]。

由式（2.3.12）易得二维 VTI 介质中的准 P 波方程，即

$$\frac{\partial^4 F}{\partial t^4}-(1+2\eta)v^2\frac{\partial^4 F}{\partial x^2\partial t^2}=v_v^2\frac{\partial^4 F}{\partial z^2\partial t^2}-2\eta v^2 v_v^2\frac{\partial^4 F}{\partial x^2\partial z^2} \tag{2.3.14}$$

式（2.3.14）的两组解为

$$F_1(x,z,t)=\mathrm{e}^{\pm\sqrt{a_1 t/2}}\mathrm{e}^{\mathrm{i}(k_x x+k_z z)} \tag{2.3.15}$$

$$F_2(x,z,t)=\mathrm{e}^{\pm\sqrt{a_2 t/2}}\mathrm{e}^{\mathrm{i}(k_x x+k_z z)} \tag{2.3.16}$$

式中，k_x、k_z 分别为 x、z 方向的波数；$\mathrm{i}=\sqrt{-1}$；且有

$$a_1=-(1+2\eta)v^2k_x^2-k_z^2v_v^2-\sqrt{-8v^2\eta k_x^2k_z^2v_v^2+(v^2k_x^2+2v^2\eta k_x^2+k_z^2v_v^2)^2} \quad (2.3.17)$$

$$a_2=-(1+2\eta)v^2k_x^2-k_z^2v_v^2+\sqrt{-8v^2\eta k_x^2k_z^2v_v^2+(v^2k_x^2+2v^2\eta k_x^2+k_z^2v_v^2)^2} \quad (2.3.18)$$

Alkhalifah 的研究表明[32]：式（2.3.15）对应的解为 qP 波，其指数项里的正负号分别代表外行波与内行波；式（2.3.16）对应的解是在计算式（2.3.14）的过程中引入的误差解，是一组“人造的”地震波，实际上并不存在，它的传播速度比 qP 波慢，但当 $\eta<0$ 时，它呈指数增长，导致数值计算产生严重的不稳定性问题。为叙述方便，在下文中，将式（2.3.16）对应的波称为 P_2 波。当 $\eta=0$，$v=v_v$ 时，式（2.3.14）变为各向同性介质中的纵波方程，此时式（2.3.16）变为一个与时间无关的函数，表明该波不会在各向同性介质中传播。因此，实际计算中只需将震源置于各向同性介质中，即可消除该波的影响。

2.3.2.1.2　一阶准 P 波方程

直接求解式（2.3.14）会耗费大量的内存和机时，Alkhalifah[32]将式（2.3.14）变换为

$$\begin{cases} P=\dfrac{\partial^2 F}{\partial t^2} \\ \dfrac{\partial^2 P}{\partial t^2}=(1+2\eta)v^2\dfrac{\partial^2 P}{\partial x^2}+v_v^2\dfrac{\partial^2 P}{\partial z^2}-2\eta v^2v_v^2\dfrac{\partial^4 F}{\partial x^2\,\partial z^2}+f(x,z,t) \end{cases} \quad (2.3.19)$$

式中，$P=P(x,y,z)$ 为应力；$f(x,z,t)$ 为震源分布函数。何兵寿[35]采用高阶有限差法求解式（2.3.19），实现了二维 VTI 介质中准 P 波方程的正演模拟。但式（2.3.19）中含有四阶偏微分和二阶偏微分，采用常规矩形网格对其差分离散会带来较严重的数值频散，同时其边界反射问题也难以有效解决。地震波动方程正演领域的相关研究成果表明采用基于一阶应力—速度方程的交错网格技术可有效解决上述问题。Hestholm[34]根据式（2.3.19）推导得出了二维 VTI 介质中准 P 波方程的一阶应力—速度方程形式，如式（2.3.20）所示，即

$$\frac{\partial v_x}{\partial t}=-\frac{1}{\rho}\frac{\partial P}{\partial x} \quad (2.3.20a)$$

$$\frac{\partial v_z}{\partial t}=-\frac{1}{\rho}\frac{\partial P}{\partial z} \quad (2.3.20b)$$

$$\kappa=-\rho\frac{\partial v_x}{\partial x} \quad (2.3.20c)$$

$$\frac{\partial \psi}{\partial t}=\frac{\partial \kappa}{\partial z} \quad (2.3.20d)$$

$$\frac{\partial \zeta}{\partial t}=\psi \quad (2.3.20e)$$

$$\frac{\partial P}{\partial t}=(1+2\eta)v^2\kappa-v_v^2\rho\frac{\partial v_z}{\partial z}-2\eta v^2v_v^2\frac{\partial \zeta}{\partial z} \quad (2.3.20f)$$

式中，ρ 为密度；v_x、v_z 分别为 x、z 方向的质点速度；κ、ψ、ζ 为计算过程中的中间变量。

2.3.2.2 VTI 介质中一阶准 P 波方程逆时延拓的高阶差分格式

采用交错网格（图 2.3.8）对式（2.3.20）进行差分离散，相应的准 P 波波场分量和弹性参数的空间位置见表 2.3.1。

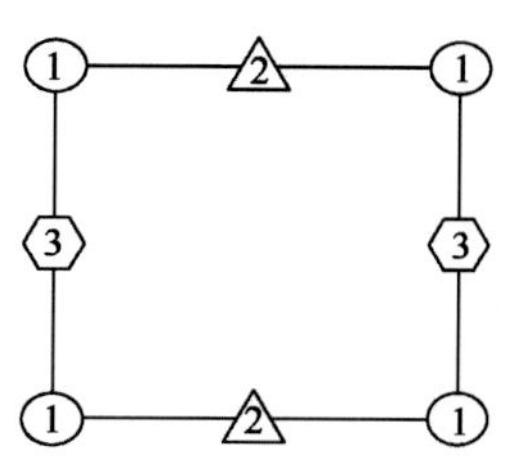

图 2.3.8 交错网格示意图

表 2.3.1 准 P 波波场分量和弹性参数的空间位置表

网格点	1	2	3
波场分量和弹性参数	P，κ，η，v，v_v	v_x，ρ	v_z，ψ，ζ，ρ

经差分离散后可得到二维 VTI 介质中一阶准 P 波方程逆时延拓的高阶差分格式，如式（2.3.21）所示，即

$$v_x^{n-\frac{1}{2}}\left(i+\frac{1}{2},j\right)=v_x^{n+\frac{1}{2}}\left(i+\frac{1}{2},j\right)+\frac{1}{\rho\left(i+\frac{1}{2},j\right)}\frac{\Delta t}{\Delta x}\sum_{m=1}^{N}a_m^N[P^n(i+m,j)-P^n(i-m+1,j)] \tag{2.3.21a}$$

$$v_z^{n-\frac{1}{2}}\left(i,j+\frac{1}{2}\right)=v_z^{n+\frac{1}{2}}\left(i,j+\frac{1}{2}\right)+\frac{1}{\rho\left(i,j+\frac{1}{2}\right)}\frac{\Delta t}{\Delta z}\sum_{m=1}^{N}a_m^N[P^n(i,j+m)-P^n(i,j-m+1)] \tag{2.3.21b}$$

$$\kappa^{n-\frac{1}{2}}(i,j)=-\frac{\rho(i,j)}{\Delta x}\sum_{m=1}^{N}a_m^N\left[v_x^{n-\frac{1}{2}}\left(i+m-\frac{1}{2},j\right)-v_x^{n-\frac{1}{2}}\left(i-m+\frac{1}{2},j\right)\right] \tag{2.3.21c}$$

$$\psi^{n-1}\left(i,j+\frac{1}{2}\right)=\psi^n\left(i,j+\frac{1}{2}\right)-\frac{\Delta t}{\Delta z}\sum_{m=1}^{N}a_m^N[\kappa^{n-\frac{1}{2}}(i,j+m)-\kappa^{n-\frac{1}{2}}(i,j-m+1)] \tag{2.3.21d}$$

$$\zeta^{n-\frac{3}{2}}\left(i,j+\frac{1}{2}\right)=\zeta^{n-\frac{1}{2}}\left(i,j+\frac{1}{2}\right)-\Delta t\psi^{n-1}\left(i,j+\frac{1}{2}\right) \tag{2.3.21e}$$

$$\begin{aligned}P^{n-1}(i,j)=&P^n(i,j)-\Delta t[1+2\eta(i,j)]v^2(i,j)\kappa^{n-\frac{1}{2}}(i,j)\\&+v_v^2(i,j)\rho(i,j)\frac{\Delta t}{\Delta z}\sum_{m=1}^{N}a_m^N\left[v_z^{n-\frac{1}{2}}\left(i,j+m-\frac{1}{2}\right)-v_z^{n-\frac{1}{2}}\left(i,j-m+\frac{1}{2}\right)\right]\\&+2\eta(i,j)v^2(i,j)v_v^2(i,j)\frac{\Delta t}{\Delta z}\sum_{m=1}^{N}a_m^N\left[\zeta^{n-\frac{1}{2}}\left(i,j+m-\frac{1}{2}\right)-\zeta^{n-\frac{1}{2}}\left(i,j-m+\frac{1}{2}\right)\right]\end{aligned} \tag{2.3.21f}$$

式中，Δx、Δz 为空间离散步长；Δt 为时间离散步长；i、j 为空间离散点序号；n 为时间离散点序号；$P^n(i,j)$ 表示 n 时刻的 $P(i,j)$；N 为差分阶数的一半；a_m^N 为差分系数，表示阶数 $m=1$，2，…，N 时的差分系数。编写程序时，以 n 代替 $n+\frac{1}{2}$，$n-1$ 代替 $n-\frac{1}{2}$，i 代替 $i+\frac{1}{2}$，$i-1$ 代替 $i-\frac{1}{2}$，j 代替 $j+\frac{1}{2}$，$j-1$ 代替 $j-\frac{1}{2}$。

2.3.2.3 稳定性条件

采用 Virieux（1986）的推导方法[38]，可得到二维 VTI 介质中一阶准 P 波方程二阶时间差分精度、$2N$ 阶空间差分精度有限差分格式的稳定性条件，即

$$\Delta t \max[v(x,z), v_v(x,z)]\sqrt{\frac{1}{\Delta x^2}+\frac{1}{\Delta z^2}} \leqslant \frac{1}{\sum_{m=1}^{N}|a_m^N|} \tag{2.3.22}$$

式中，$\max[v(x, z), v_v(x, z)]$ 表示模型内 v 和 v_v 的最大值。

2.3.2.4 吸收边界条件

依据 PML 的基本原理可以导出式（2.3.20）沿 x 和 z 方向上的吸收层边界方程，如式（2.3.23）所示，即

$$\frac{\partial v_x}{\partial t}+d(x)v_x = -\frac{1}{\rho}\frac{\partial P}{\partial x} \tag{2.3.23a}$$

$$\frac{\partial v_z}{\partial t}+d(z)v_z = -\frac{1}{\rho}\frac{\partial P}{\partial z} \tag{2.3.23b}$$

$$\kappa = -\rho\frac{\partial v_x}{\partial x} \tag{2.3.23c}$$

$$\frac{\partial \psi}{\partial t}+d(z)\psi = \frac{\partial \kappa}{\partial z} \tag{2.3.23d}$$

$$\frac{\partial \zeta}{\partial t}+d(x)\zeta = \psi \tag{2.3.23e}$$

$$\frac{\partial \zeta}{\partial t}+d(z)\zeta = \psi \tag{2.3.23f}$$

$$P = P^x + P^z \tag{2.3.23g}$$

$$\frac{\partial P^x}{\partial t}+d(x)P^x = (1+2\eta)v^2\kappa \tag{2.3.23h}$$

$$\frac{\partial P^z}{\partial t}+d(z)P^z = -v_v^2\rho\frac{\partial v_z}{\partial z}-2\eta v^2 v_v^2\frac{\partial \zeta}{\partial z} \tag{2.3.23i}$$

其中，式（2.3.23e）和（2.3.23f）分别对应于 x 方向和 z 方向，其余各式在 x 方向和 z 方向均可使用；P^x、P^z 分别为 P 在 x 方向和 z 方向上的分量，$d(x)$、$d(z)$ 分别为 x 方向和 z 方向上的阻尼因子。完全匹配层的构造和各向同性介质声波方程正演模拟时使用的模型一致，如图 2.3.1 所示。

对式（2.3.23）进行差分离散，可以得到适用于 PML 吸收层边界方程逆时延拓的高阶差分格式，如式（2.3.24）所示，即

$$\begin{aligned} v_x^{n-\frac{1}{2}}\left(i+\frac{1}{2},j\right) = & \frac{1}{1+0.5\Delta t d(x)}\{[1-0.5\Delta t d(x)]v_x^{n+\frac{1}{2}}(i+\frac{1}{2},j) \\ & +\frac{1}{\rho\left(i+\frac{1}{2},j\right)}\frac{\Delta t}{\Delta x}\sum_{m=1}^{N}a_m^N[P^n(i+m,j)-P^n(i-m+1,j)]\} \end{aligned} \tag{2.3.24a}$$

$$v_z^{n-\frac{1}{2}}\left(i,j+\frac{1}{2}\right)=\frac{1}{1+0.5\Delta td(z)}\{[1-0.5\Delta td(z)]v_z^{n+\frac{1}{2}}\left(i,j+\frac{1}{2}\right)$$

$$+\frac{1}{\rho\left(i,j+\frac{1}{2}\right)}\frac{\Delta t}{\Delta z}\sum_{m=1}^{N}a_m^N[P^n(i,j+m)-P^n(i,j-m+1)]\} \tag{2.3.24b}$$

$$\kappa^{n-\frac{1}{2}}(i,j)=-\frac{\rho(i,j)}{\Delta x}\sum_{m=1}^{N}a_m^N\left[v_x^{n-\frac{1}{2}}\left(i+m-\frac{1}{2},j\right)-v_x^{n-\frac{1}{2}}\left(i-m+\frac{1}{2},j\right)\right] \tag{2.3.24c}$$

$$\psi^{n-1}\left(i,j+\frac{1}{2}\right)=\frac{1}{1+0.5\Delta td(z)}\left\{[1-0.5\Delta td(z)]\psi^n\left(i,j+\frac{1}{2}\right)\right.$$

$$\left.-\frac{\Delta t}{\Delta z}\sum_{m=1}^{N}a_m^N[\kappa^{n-\frac{1}{2}}(i,j+m)-\kappa^{n-\frac{1}{2}}(i,j-m+1)]\right\} \tag{2.3.24d}$$

$$\zeta^{n-\frac{3}{2}}\left(i,j+\frac{1}{2}\right)=\frac{1}{1+0.5\Delta td(x)}\left\{[1-0.5\Delta td(x)]\zeta^{n-\frac{1}{2}}\left(i,j+\frac{1}{2}\right)-\Delta t\psi^{n-1}\left(i,j+\frac{1}{2}\right)\right\} \tag{2.3.24e}$$

$$\zeta^{n-\frac{3}{2}}\left(i,j+\frac{1}{2}\right)=\frac{1}{1+0.5\Delta td(z)}\left\{[1-0.5\Delta td(z)]\zeta^{n-\frac{1}{2}}\left(i,j+\frac{1}{2}\right)-\Delta t\psi^{n-1}\left(i,j+\frac{1}{2}\right)\right\} \tag{2.3.24f}$$

$$P^{n-1}(i,j)=(P^x)^{n-1}(i,j)+(P^z)^{n-1}(i,j) \tag{2.3.24g}$$

$$(P^x)^{n-1}(i,j)=\frac{1}{1+0.5\Delta td(x)}\{[1-0.5\Delta td(x)](P^x)^n(i,j)$$

$$-\Delta t[1+2\eta(i,j)]v^2(i,j)\kappa^{n-\frac{1}{2}}(i,j)\} \tag{2.3.24h}$$

$$(P^z)^{n-1}(i,j)=\frac{1}{1+0.5\Delta td(z)}\left\{[1-0.5\Delta td(z)](P^z)^n(i,j)\right.$$

$$+v_v^2(i,j)\rho(i,j)\frac{\Delta t}{\Delta z}\sum_{m=1}^{N}a_m^N\left[v_z^{n-\frac{1}{2}}\left(i,j+m-\frac{1}{2}\right)-v_z^{n-\frac{1}{2}}\left(i,j-m+\frac{1}{2}\right)\right]$$

$$\left.+2\eta(i,j)v^2(i,j)v_v^2(i,j)\frac{\Delta t}{\Delta z}\sum_{m=1}^{N}a_m^N\left[\zeta^{n-\frac{1}{2}}\left(i,j+m-\frac{1}{2}\right)-\zeta^{n-\frac{1}{2}}\left(i,j-m+\frac{1}{2}\right)\right]\right\} \tag{2.3.24i}$$

2.3.2.5 脉冲响应数值试验

设定均匀介质模型的大小为 2000m×2000m，模型参数 η、v、v_v、ρ 分别为：0.2、3500m/s、3000m/s、2500kg/m^3，脉冲主频为 40Hz 且各脉冲能量相同，如图 2.3.9 所示。

图 2.3.10 至图 2.3.12 分别为采用下行波最大能量法成像条件、互相关成像条件和归一化互相关成像条件得到的 VTI 介质中一阶准 P 波方程逆时偏移的脉冲响应。可见图中出现了 P_2 波产生的干扰，这是由于震源位于各向异性介质中产生的。从图中可以看出，各脉冲

的响应在不同角度的能量基本相同，表明逆时偏移具有良好的倾角适应性。由图 2.3.11 可看出互相关成像条件存在一个主要缺陷：深层成像结果中地震波振幅衰减严重。这是因为地震波在正向传播时由于球面扩散效应会产生能量的衰减，而利用双程波动方程进行逆时延拓时，地震波的能量会再一次衰减，因此直接对炮点正向传播波场和检波点逆时延拓波场进行互相关运算会导致深层成像结果的能量严重衰减。图 2.3.10 为采用下行波最大能量法成像条件得到的脉冲响应，该方法不需计算炮点正向传播时的波场，只会在逆时延拓时产生能量的衰减，因此其深层能量的衰减程度相对于互相关成像条件要弱。归一化互相关成像条件可以有效补偿地震波在逆时延拓过程中产生的能量损失，如图 2.3.12 所示。由于采用了归一化，各脉冲的响应在能量上保持一致，深层成像结果的能量得到了有效补偿。

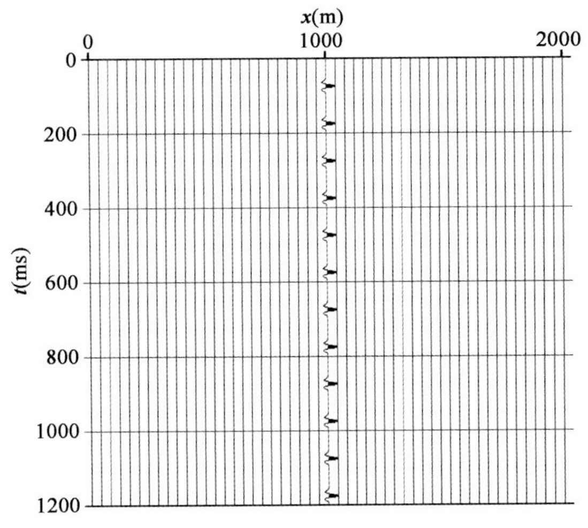

图 2.3.9　脉冲响应实验数据

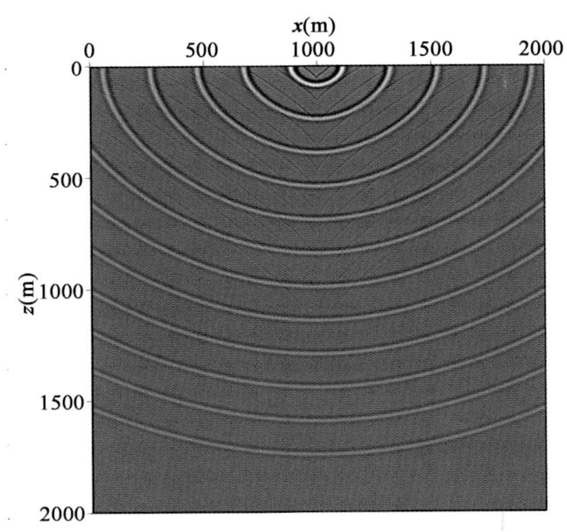

图 2.3.10　基于下行波最大能量法成像条件的脉冲响应

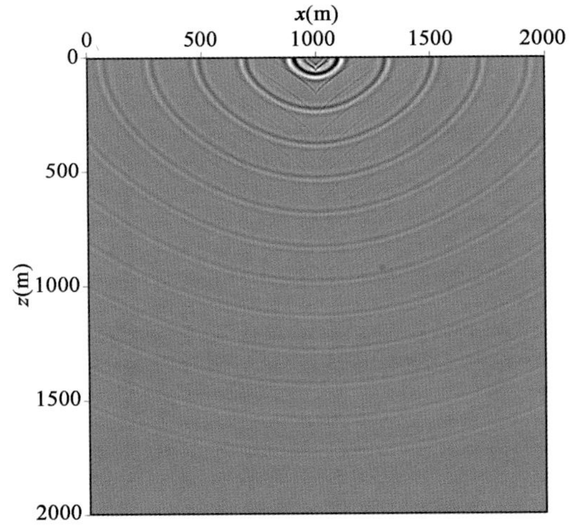

图 2.3.11　基于互相关成像条件的脉冲响应

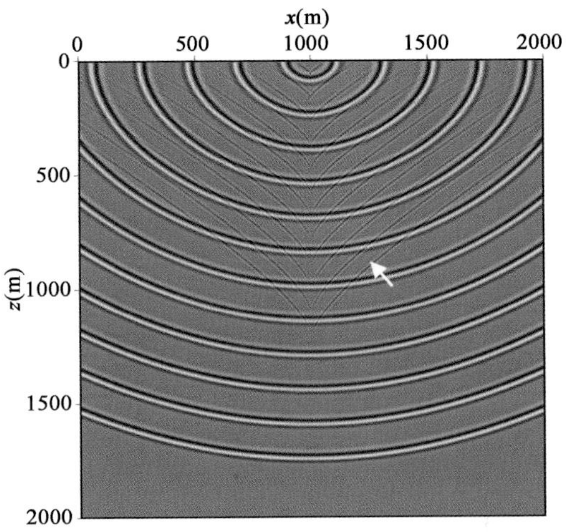

图 2.3.12　基于归一化互相关成像条件的脉冲响应

2.3.2.6 模型算例

2.3.2.6.1 水平层状介质模型

水平层状介质模型如图 2.3.13a 所示，设计如下观测系统进行正演模拟：中间放炮格式，201 道接收，炮点位置为（1000m，0m），道间距 10m，采样间隔 1ms，激发源子波为主频 30Hz 的 Ricker 子波，图 2.3.13b 为切除了直达波之后的合成记录隔 4 道显示，图 2.3.14 为应用不同成像条件得到的逆时偏移结果。

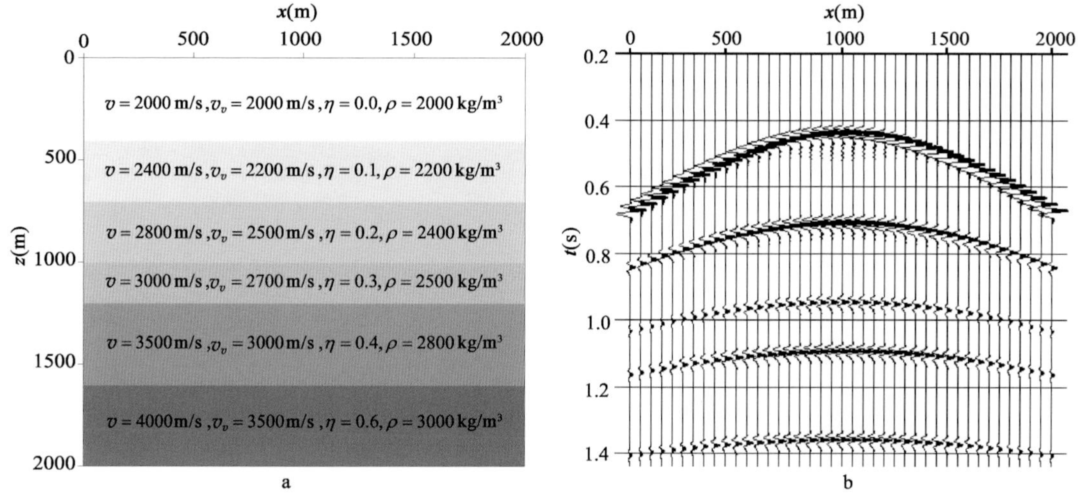

图 2.3.13 水平层状介质模型及合成记录

a—水平层状介质模型；b—图 a 模型的合成记录隔 4 道显示

分析图 2.3.14 可得到以下结论：简单模型下，两种成像条件都能得到较好的成像结果，相对于下行波最大能量法，归一化互相关成像条件能在一定程度上补偿深层反射波能量，改善深部地层成像效果。

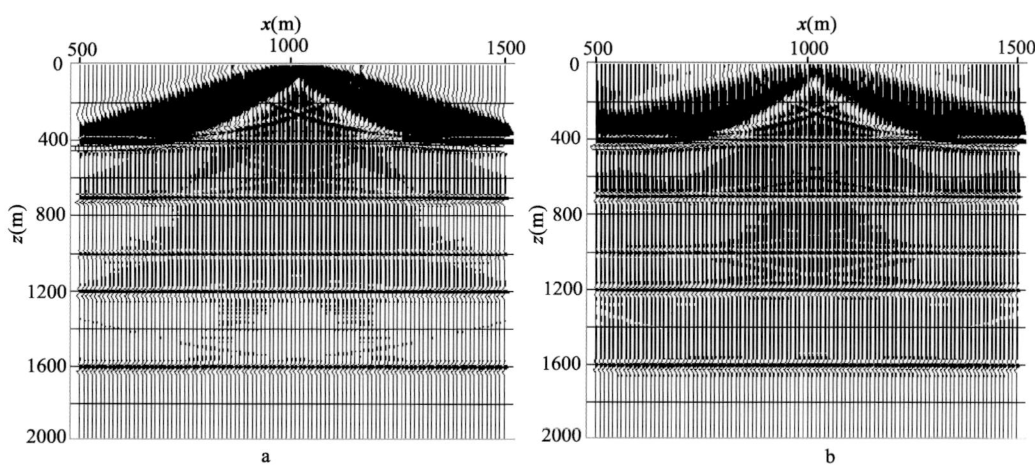

图 2.3.14 两种成像条件下的偏移结果

a—下行波最大能量法成像条件偏移结果；b—归一化互相关成像条件偏移结果

2.3.2.6.2 各向异性 Marmousi 模型

利用二维各向异性 Marmousi 模型来检验 VTI 介质中准 P 波方程逆时偏移算法对复杂模型的成像效果。二维各向异性 Marmousi 纵波速度模型如图 2.3.6 所示。图 2.3.15 是根据 Alkhalifah 的方法[39]得到的 η 模型，可以看出模型的左上部各向异性最强，右上部各向异性较弱，底部无各向异性。动校正速度 v 取为 Marmousi 纵波速度模型数据，垂向速度 $v_v=v$，密度取为常数。模型浅层为厚度 24m 的各向同性介质，将震源放在该层介质内可消除 P_2 波的影响。

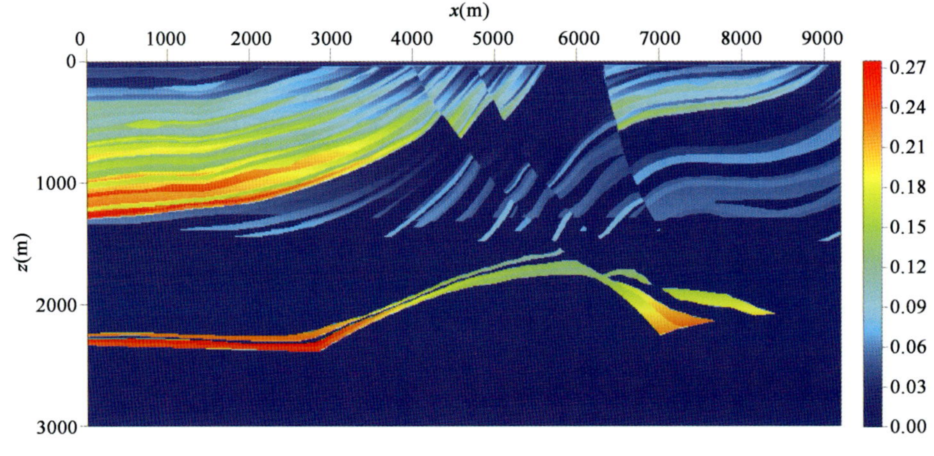

图 2.3.15 η 模型

逆时偏移所用的地震记录按以下观测系统通过正演模拟获得：纵波源激发，震源子波为主频 50Hz 的 Ricker 子波，炮点埋深 4m，800 道接收，道间距 4m，炮间距 40m，从模型左端开始放炮，当炮点位于模型左端 1600m 范围内时，模型左端 800 道接收，当炮点位于中间 6000m 范围内时，炮点两侧各 400 道接收，当炮点位于模型右端 1600m 范围内时，模型右端 800 道接收，记录长度 3.15s，共得 231 炮合成记录。

分别基于下行波最大能量法成像条件和归一化互相关成像条件，应用 VTI 介质一阶准 P 波方程逆时偏移算法对去除直达波之后的所有炮集进行偏移成像可得到两种成像条件的偏移剖面（图 2.3.16）。图 2.3.17 是 Kirchhoff 叠前时间偏偏移结果（引自 Alkhalifah，1998）[40]，图 2.3.18 是显式有限差分法叠前深度偏移结果（引自 Ren，2005）[41]，图 2.3.19 是截取图 2.3.16b 右侧 3.0～9.0km 得到的结果。对比图 2.3.17 至图 2.3.19 可看到，Kirchhoff 叠前时间偏移对模型浅部地层的成像效果较好，但对模型深部的背斜构造不能正确成像（图 2.3.17 中白色椭圆内区域），位于背斜顶部的油气储层无法得到正确成像；显式有限差分法叠前深度偏移对深部地层的成像效果有所改善，但对模型的成像精度不高，部分层位模糊不清（如图 2.3.18 中箭头所指处）；采用逆时偏移得到的偏移结果中模型的层位成像准确，三条断层、断块、深部高速体、背斜构造、油气储层（图 2.3.19 中箭头所指处）以及模型的细节特征在偏移剖面上都得到了较好的反映，说明该方法能处理强烈横向速度变化和陡倾角地层的偏移成像问题，对复杂模型具有良好的成像能力。

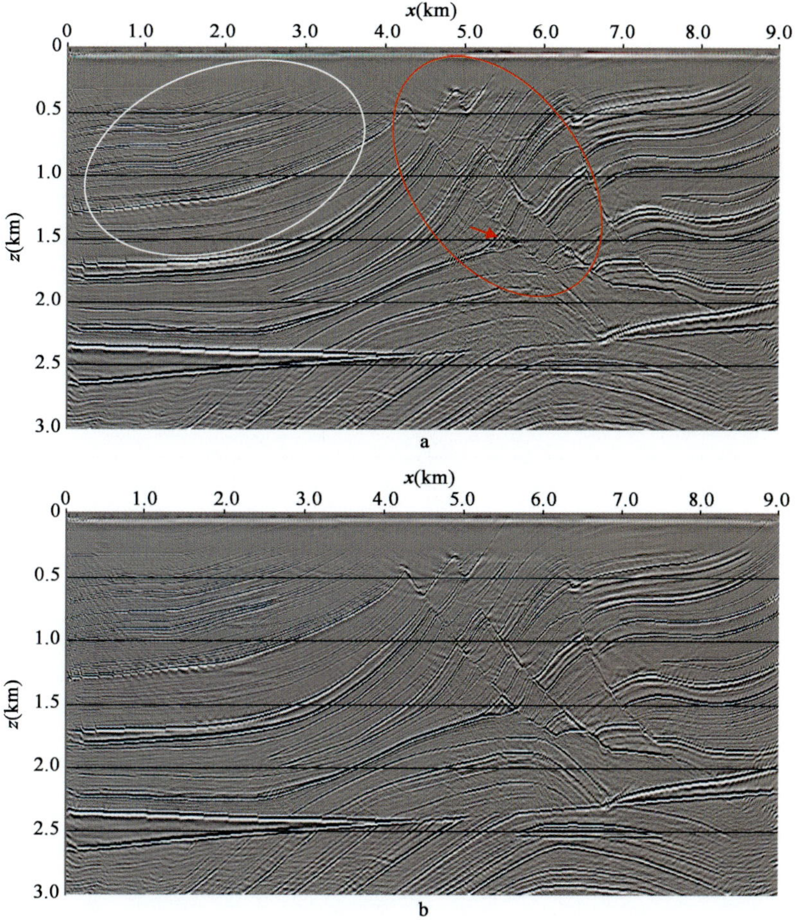

图 2.3.16　VTI 介质准 P 波方程逆时偏移剖面

a—下行波最大能量法成像条件偏移剖面；b—归一化互相关成像条件偏移剖面

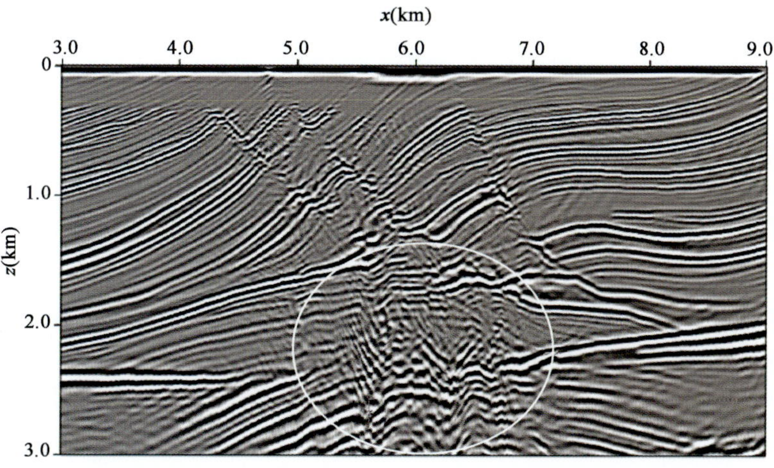

图 2.3.17　Kirchhoff 叠前时间偏移剖面（引自 Alkhalifah，1998）

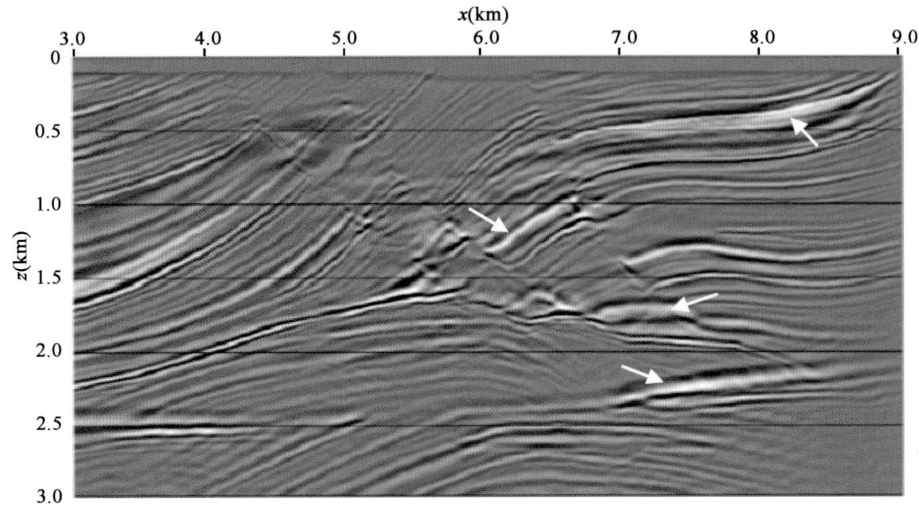

图 2.3.18　显式有限差分法叠前深度偏移剖面（引自 Ren，2005）

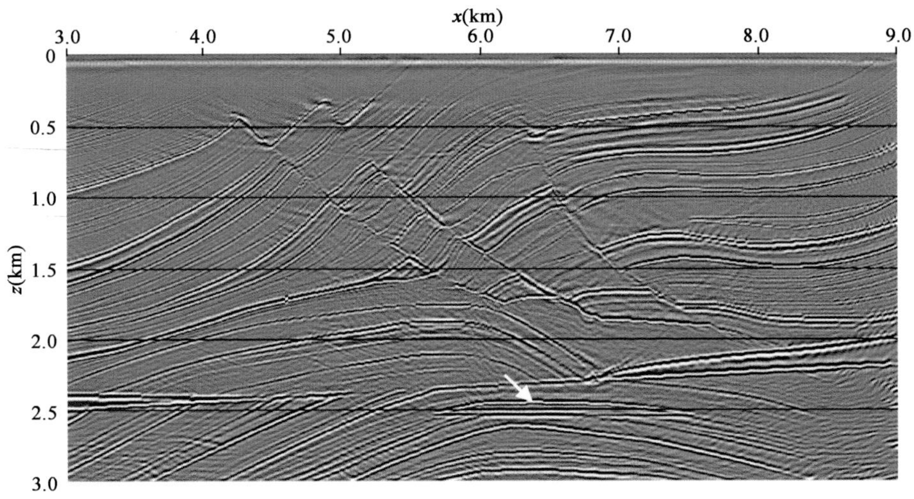

图 2.3.19　叠前逆时深度偏移剖面

通过分析图 2.3.16 还可得到以下认识：(1) 下行波最大能量法成像条件和归一化互相关成像条件都能得到较好的偏移结果，后者对深层能量具有良好的补偿作用，对深部地层的成像效果明显提高；(2) 偏移剖面中浅层出现的成像模糊带是由于逆时偏移过程中产生的低频噪声造成的，这是基于双程波方程的逆时偏移本身存在的难以克服的缺陷，其压制方法需进一步研究。

为了分析各向异性对偏移效果的影响，采用各向同性介质声波方程逆时偏移算法对上述地震记录进行偏移成像，使用的成像条件为下行波最大能量法成像条件，得到的偏移剖面如图 2.3.20 所示。对比图 2.3.20 和图 2.3.16a 可看到，采用各向同性偏移算法得到的偏移结果，其效果明显不如采用各向异性偏移算法得到的偏移结果，主要表现在：(1) 前者存在较严重的干扰现象（如图 2.3.20 中白色箭头所指处），且部分层位模糊不清，连续性变差（如图 2.3.20 中黑色箭头所指处），成像精度明显低于后者，在模型左上部各向异性较强的区域这种现象尤为突出（图中白色椭圆内区域）；（2）模型中部复杂构造区成像效果变差（图中红色椭圆内区域），陡倾角地层和断层面的连续性变差，精度降低，甚至出现失真现象（如图 2.3.20 中红色箭头所指处）。由上述分析可知，对地震资料的偏移处理不能忽略介质各向异性的影响，在各向异性地区采集的纵波数据用基于各向异性理论的偏移方法能得到更好的成像效果。

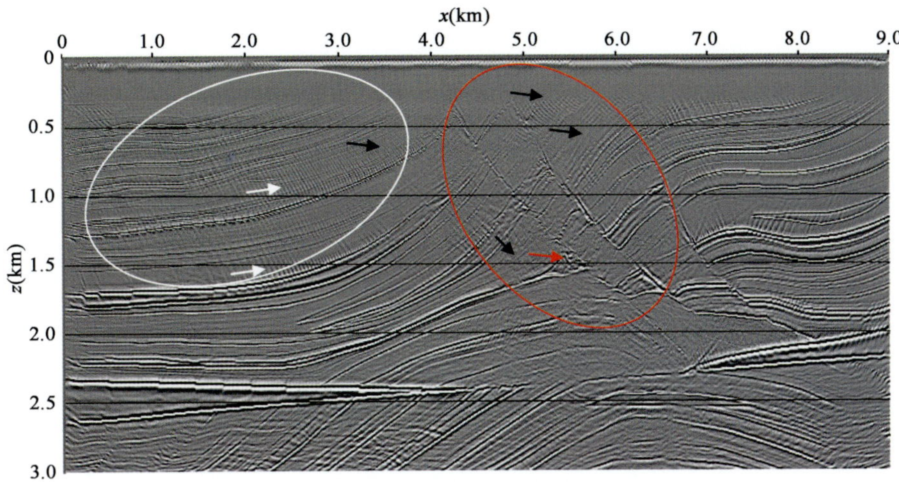

图 2.3.20　各向同性介质声波方程逆时偏移剖面

参 考 文 献

[1] Schneider W A. Integral formulation for migration in two and three dimensions. Geophysics，1978，43：49～76

[2] Bleistein N. On imaging of reflectors in the earth. Geophysics，1987，52：931～942

[3] Gray S H. Frequency-selective design of Kirchhoff migration operator. Geophysical Prospecting，1992，40：564～571

[4] Lumley D，et a1. Anti-aliased Kirchhoff 3-D migration. 62nd Annual International Meeting，SEG，Expanded Abstracts，1992，1282～1285

[5] Hill N R. Gaussian-beam migration. Geophysics. 1990，55：1416～1428

[6] Hill N R. Pre-stack Gaussian-beam depth migration. Geophysics，2001，66：1240～1250

[7] Schneider W A. Robust and efficient upwind finite-difference traveltime calculations in three dimensions. Geophysics，1995，60：1108～1117

[8] Vidale J. Finite-difference calculation of traveltimes in three dimensions. Geophysics，1990，55：521～526

[9] Zhang Y，Zhang G，Bleistein N. True amplitude wave equation migration arising from true amplitude one-way equations. Inverse Problems，2003，19：1113～1138

[10] Zhang Y，Zhang G，Bleistein N. Theory of true amplitude one-way wave equations and true amplitude common shot migration. Geophysics，2005，70：E1～E10

[11] 张宇．振幅保真的单程波方程偏移理论．地球物理学报，2006，49：1410～1430

[12] Ristow D and Ruth T. Fourier finite-difference migration. Geophysics，1994，59：1882～1893

[13] 王西文，赵邦六，吕焕通等．地震资料相对保真处理方法研究．石油物探，2009，48：319～331

[14] 吕彬，王西文，王宇超等．基于保真振幅单程波方程的叠前 AVP 成像方法．地球物理学报，2009，52：2119～2127

[15] 吕彬，王西文，王宇超等．山前带逆掩构造保幅 FFD 叠前深度偏移．石油地球物理勘探，2011，46：720～724

[16] 刘东奇，崔兴福，张关泉．波动方程混合法真振幅偏移．石油地球物理勘探，2004，39：283～286

[17] Claerbout J F. Toward a unified theory of reflector mapping. Geophysics，1971，36 (3)：467～481

[18] Kaelin B，Guitton A. Imaging condition for reverse time migration. 76th Annual International Meeting，SEG，Expanded Abstracts，2006：2594～2598

[19] Chattopadhyay S，McMechan G A. Imaging conditions for prestack reverse-time migration. Geophysics，2008，73 (3)：S81～S89

[20] Liu F Q，Zhang G Q，Morton S A，et al. Reverse time migration using one-way wavefield imaging condition. 77th Annual International Meeting，SEG，Expanded Abstracts，2007，2170～2174

[21] Baysal E，Kosloff D D，and Sherwood J W C. A two-way nonreflecting wave equation. Geophysics，1984，49 (2)：132～141

[22] Etgen J T. Prestack reverse time migration of shot profiles. Stanford Exploration Project，1986，50：151～169

[23] Fletcher R P，Fowler P J，Kitchenside P，et al. Suppressing unwanted internal reflections in pre-stack reverse-time migration. Geophysics，2006，71 (6)：79～82

[24] Yoon K，Marfurt K J. Reverse time migration using the Poynting vector. Exploration Geophysics，2006，37 (1)：102～107

[25] Costa J C，Silva Neto F A，Alcantara M R M，et al. Obliquity correction imaging condition for reverse time migration. Geophysics，2009，74 (3)：S57～S66

[26] Suh Y，Cai J. Reverse time migration by fan filtering plus wavefield decomposition. 79th Annual International Meeting，SEG，Expanded Abstracts，2009，2804～2809

[27] Clayton R，Engquist B. Absorbing boundary conditions for acoustic and elastic wave equations. Bull. Seism. Soc. Am.，1977，67 (6)：1529～1540

[28] Liao Z P，Wong H L，Yang B P，et al. A transmitting boundary for transient wave analyses. Scientia Sinica (Series A)，1984，XXVII (10)：1063～1076

[29] Higdon R L. Absorbing boundary conditions for elastic waves. Geophysics，1991，56 (2)：231～241

[30] Berenger J P. A perfectly matched layer for the absorption of electro-magnetics waves. J. Comput. Phys.，1994，114 (2)：185～200

[31] Collino F，Tsogka C. Application o f the perfectly matched absorbing layer model to the linear elastodynamic problem in anisotropic heterogeneous media. Geophysics，2001，66 (1)：294～307

[32] Alkhalifah T. An acoustic wave equation for anisotropic media. Geophysics，2000，65 (4)：1239～1250

[33] Chang W F，McMechan G A. Elastic reverse-time migration. Geophysics，1987，52 (10)：1367—1375

[34] Hestholm S. Acoustic VTI modeling using high-order finite differences. Geophysics，2009，74 (5)：T67～T73

[35] 何兵寿，张会星．VTI 介质中准 P 波方程的数值解法．煤炭学报，2006，31 (4)：446～450

[36] Klie H，Toro W. A new acoustic wave equation for modeling in anisotropic media. 71st Annual International Meeting，SEG，Expanded Abstracts，2001：1171～1174

[37] Thomsen L. Weak elastic anisotropy. Geophysics，1986，51 (10)：1954～1966

[38] VirieuxJ. P-SV wave propagation in heterogeneous media：Velocity-stress finite-difference method. Geo-

physics, 1986, 51 (4): 889～901

[39] Alkhalifah T. An anisotropic Marmousi model. Stanford Exploration Project, 1997, SEP－95: 265～282

[40] Alkhalifah T. Prestack Kirchhoff time migration for complex media. Stanford Exploration Project, 1998, SEP－97: 45～60

[41] Ren J, Gerrard C, Mcclean J, et al. Prestack depth migration in VTI media with constrained explicit operators. 67th Annual Conference & Exhibition, EAGE, Extended Abstracts, 2005: Z99

3 基于GPU/CPU系统复杂构造逆时成像方法研究

3.1 引言

目前地震成像逐渐由构造成像向岩性地层成像过渡，成像方法不但要解决成像问题而且要考虑成像过程中数据振幅相位的保持问题。从射线理论到波动理论，保幅成像方法在不断推进。波动方程法叠前深度偏移技术在很大程度上能够实现保幅处理，特别是Fourier有限差分（FFD）法，综合了Fourier方法与有限差分法的优点、基于能量归一化的双程波方法，综合了双程波方法与成像条件的优势，对陡倾角地层和强横向变速介质有很好的适应性，是目前精度最高的叠前深度偏移方法。本章主要讨论基于GPU/CPU系统的双程波叠前深度偏移方法的适应性及实现策略。

目前常用的叠前深度偏移方法主要有两种：单程波波动方程偏移和克希霍夫积分偏移。单程波波动方程偏移基于双向波方程的单向分解。这种分解只有在常速情况下才精确成立。利用差分方法求解单程波方程，需要对单程波方程进行傍轴近似。所谓的傍轴近似，就是对于近于垂直向下传播的波，单程波方程才可以很好地描述。单程波方程在描述大角度传播的波时，相位和振幅都存在问题，导致成像误差较大。这就是单程波方程不能对陡倾角反射精确成像的根本原因。此外，单程波方程不能对回转波进行成像。对陡倾角成像时通常采用克希霍夫积分偏移。但克希霍夫积分偏移不能处理单成像点多到达时的成像问题。另外，克希霍夫积分法只能描述波在光滑介质中的传播，而且焦散现象难以克服。因此，单程波波动方程偏移和克希霍夫积分偏移都无法对复杂构造精确成像，于是业界把目光重新转向逆时偏移。

逆时偏移最早由Whitemore等提出[1]，此后国内外众多学者从不同侧面对该项技术进行了研究。最近，多核CPU和GPU/CPU异构高性能计算平台的出现使得3D逆时深度偏移成为实用化技术，更激发了人们的研究热情。相关研究工作主要集中在两个方面：（1）波动方程的逆时外推算法；（2）逆时偏移成像条件及其计算方法。波动方程逆时延拓算法的研究主要包括波场延拓算子构造、数值频散压制和边界反射压制等内容[2,3]。成像条件的研究主要集中在激励时间成像条件与互相关成像条件上，前者是成像条件的本质，后者是前者的一种实现方法。

波动方程逆时外推算法主要是基于有限差分方法求解波动方程的算法。有限差分法对模型没有任何限制，是目前地震波正演和逆时偏移的主要方法。为了使延拓波场精度更高，模拟的时候一般选用更小的空间网格和更高阶的有限差分方程。另外，精度更高的紧致差分格式和交错网格方法也被应用于逆时深度偏移的波场外推中。

逆时偏移成像条件方面，Claerbout（1971）[4]提出的上、下行波相关成像条件是被研究者普遍采用的成像条件。但是，逆时偏移成像是用双向波方程逆时间外推波场与沿正时间方向外推的震源波场在空间任何一点进行零延迟的互相关。从传播路径看，这两个波场在从炮点到反射点，再到检波点的整个路径上是重合在一起的。就是说它们在空间上任何一点都正相关。这就是逆时偏移产生很强的低频噪声的根本原因。Claerbout（1971）提出的上述成像条件不完全适用于逆时偏移，因为震源波场和检波点波场中都既包含上行波又包含下行波。单程波偏移时，震源波场中仅有下行波；检波点波场中仅有上行波。不会出现从炮点到反射点，再到检波点的整个路径上两个波场重合在一起的现象。因此，Claerbout（1977）提出的上、下行波相关成像条件在单程波偏移时不产生低频噪声。为此，Mulder 和 Plessix（2004）认为对成像结果高通滤波可以移除假象[5]；Yoon 等（2004）提出通过对成像条件引入与角度有关的（震源与检波点波场的）坡印廷矢量给出合适成像结果，进而去除假象[6~8]；Fletcher 等（2005）在特定区域引入方向阻尼，来压制假象[9,10]；Liu 等（2007a）提出波场分解的成像条件[11]。但是，这些成像条件都没有完整地解决逆时偏移中的外推波场的成像问题。事实上，本质问题是简单的，就是要利用“在反射界面处，反射波出发时等于入射波到达时”的概念从外推波场中提取成像值。这要利用反射界面上反射点处法线方向两边对称的波矢量来定义入射与出射波场，然后对入射波与出射波相关进行成像。但是，要在具体计算过程中方便高效地实现这个概念是很不容易的。这是当前逆时偏移要解决的一个核心问题。

在逆时偏移实现策略方面，Symes（2007）提出在一些 Checking—Points 上记录两个时间层的波场[12]。目的是节省存储外推后的震源波场的硬盘空间和减少从硬盘上读外推后的震源波场的 I/O 次数。Checking—Points 个数乘以两个时间层波场占据的空间就是震源波场外推需要的硬盘存储量。逆时外推时仅仅需要从 Checking—Points 处取出硬盘上的两个时间层的外推后的震源波场与观测波场同步逆时外推就可以成像。这种方案是在浪费的计算量和节省的存储量之间做一个折中。否则，把数千个时间步的震源外推波场存储在硬盘上是非常降低效率的。

在 GPU/CPU 平台上，由于其计算能力非常强，我们可以牺牲计算量换取存储量和 I/O 次数，可以仅仅保存最大时间点处两个时间层的震源外推波场，然后与观测波场同步逆时外推并成像。

另一方面，由于边界条件方程与内部波场方程差分格式不同，破坏了内部波场计算所具有的良好并行特征。为此，Clabb（2009）提出用随机散射边界条件来克服该问题[13,14]。随机边界就是让边界处速度场随机扰动，地震波传播到此区域产生漫反射，这样的漫反射影响地震波正演结果的质量，但是对于地震波偏移成像却影响很小。这样仅仅变化边界处介质速度分布的方法，使波场外推过程不用考虑吸收边界条件，保持了内部波场计算所具有的良好并行特征，非常适合在 GPU/CPU 异构平台上进行。上述实现方案在 GPU/CPU 异构平台上得到了很高的加速比，使得三维逆时偏移达到了实用化的程度。数值计算证明了上述分析和方案的正确性及有效性。

3.2 GPU/CPU 高性能计算及其在地震勘探中的应用

3.2.1 GPU/CPU 系统概述

GPU 是 NVIDIA 公司专门为方便加速图形处理而设计的专用硬件。最近若干年来，GPU 被发展成专门用来进行线程级并行计算的单元。与 CPU（用于进程级并行和 I/O 等操作控制）一起组成高性能的、比较通用的计算平台。在 CUDA 操作系统下，GPU 和 CPU 协调运算，一起执行进程和线程并行的高性能计算。GPU 计算所需要的数据需要从 CPU 内存（该内存量可以很大，目前可达 128G）中通过总线调入 GPU 内存（该内存量比较小，目前一般 4G）。GPU 的功能类似于一个乘法加法器，特别适合向量的乘积和求和（矩阵乘也可化为向量乘）。GPU 内部含有很多计算单元（NVIDA 公司推出的 S1070 每个 GPU 含 240 个核，每个核就是一个处理单元）。影响 GPU 效率的因素包括：CPU 内存向 GPU 内存的通讯；每次通讯的量与 GPU 中处理单元的个数匹配[15]。

CPU 内存与 GPU 内存之间的通信效率是计算作业能否快速进行，能否充分发挥这种异构计算平台性能的关键因素。一个计算块的分割大小是否与 GPU 处理器个数相适应，GPU 中各级存储器之间的延时也是对 GPU 运算效率影响较大的因素。可以肯定的是，GPU 与 CPU 的融合，取消和简化它们之间的通信，以及适当增加 GPU 的逻辑计算功能，是 GPU/CPU 平台进一步发展的方向。这是从勘探地球物理数据处理算法编程中得出的基本判断。

GPU 能够从硬件上支持 T&L（Transform and Lighting）的显示芯片，因为 T&L 是 3D 渲染中的一个重要部分，其作用是计算多边形的 3D 位置和处理动态光线效果，也可以称为“几何处理”。一个好的 T&L 单元，可以提供细致的 3D 物体和高级的光线特效；只不过大多数 PC 中，T&L 的大部分运算是由 CPU 处理的，由于 CPU 的任务繁多，除了 T&L 之外，还要做内存管理、输入响应等非 3D 图形处理工作。因此，在实际运算的时候性能会降低，常常出现显卡等待 CPU 数据的情况。即使 CPU 的工作频率超过 1GHz 或更高，对它的帮助也不大，这是 PC 本身设计造成的问题，与 CPU 的速度无太大关系。

GPU 在几个方面有别于 DSP 高速微处理器（Digital Signal Processing 数字信号处理器），使得数字控制技术实时性障碍得以克服，控制采用全数字化，简化了硬件电路，提高了控制精度，也使得先进的控制方式成为可能。其所有计算均使用浮点算法，而且目前还没有位或整数运算指令。此外，由于 GPU 专为图像处理设计，因此存储系统实际上是一个二维的分段存储空间，包括一个区段号和二维地址。输出地址由光栅处理器确定，而且不能由程序改变。这对于自然分布在存储器之中的算法而言是极大的挑战。最后一点，不同碎片的处理过程间不允许通信。实际上，碎片处理器是一个 SIMD 数据并行执行单元，在所有碎片中独立执行代码。

尽管有上述约束，但是 GPU 还是可以有效地执行多种运算，从线性代数和信号处理到数值仿真。虽然概念简单，但用户在使用 GPU 计算时也会感到迷惑，因为 GPU 需要专有的图形知识。在这种情况下，一些软件工具可提供帮助。高级语言 CG 和 HLSL 能够让用户编写类似C的代码，随后编译成碎片程序汇编语言。Brook是专为GPU计算设计，且不需要图形知识的高级语言。因此，对第一次使用GPU进行开发的工作人员而言，也算是一个很好的起点。Brook是C语言的延伸，整合了可以直接映射到GPU的简单数据并行编程结构。经GPU存储和操作的数据被形象地比喻成“流”（stream），类似于标准C中的数组。核心（Kernel）是在流上操作的函数。在一系列输入流上调用一个核心函数意味着在流元素上实施了隐含的循环，即对每一个流元素调用核心体。Brook还提供约简机制，例如对一个流中所有的元素进行求和、最大值或乘积计算。Brook还完全隐藏了图形API的所有细节，并把GPU中类似二维存储器系统进行了虚拟化处理。用Brook编写的应用程序包括线性代数子程序、快速傅里叶转换、光线追踪和图像处理。利用ATI的X800XT和Nvidia的GeForce 6800 Ultra型GPU，在相同高速缓存、SSE汇编优化Pentium 4执行条件下，许多此类应用的速度提升高达7倍之多[16,17]。

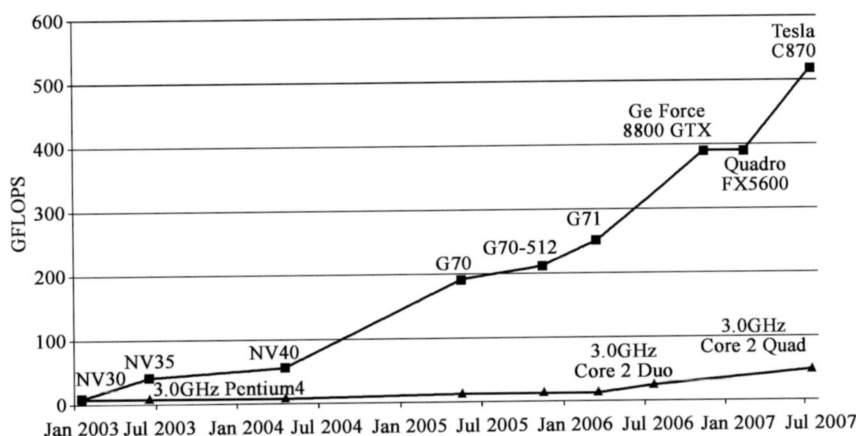

图3.2.1　GPU和CPU从2003年到2007年间，浮点计算的效率发展对比

图3.2.1展示了GPU和CPU从2003年到2007年间，浮点计算的效率发展对比。其基础是单个GPU与单个CPU处理器进行比较，不考虑每个计算单元内有多少核，也不考虑CPU的时钟频率。定性地看，双核3.0GHz计算单元的浮点运算次数约0.05T；Tesla C870计算单元的浮点运算次数约0.5T。基本是10倍。CPU的时钟频率不可以再按摩尔定律继续发展，单个CPU中核的个数也不能再继续增加。CPU的功耗过大也是限制CPU继续按当前模式向前发展的关键因素。GPU与CPU的结合是当前一段时间高性能计算平台发展的合理途径。

3.2.2　GPU/CPU高性能计算及在地震勘探中的应用

地球物理勘探技术的进步受益于计算机技术的飞速发展。目前基于PC集群的计算模式虽然已经将克希霍夫积分法叠前成像算法推向了实用化，但是多核CPU平台这种模式（计算能力很难再提升、能耗过大）仍然不能满足地震数据波动方程叠前偏移的实际要求，无法实现波动方程叠前成像算法的实用化。3D逆时偏移和高维参数反演需要使巨大计算量的方法实用化。

GPU/CPU 计算机的出现，使得波动方程叠前成像方法的生产实用化变成了可能。GPU/CPU 将更多的晶体管用于数据处理，且具有良好的并行计算能力。目前 Tesla 10 系列的 GPU 拥有 240 个流处理器，其计算能力与当前最先进的 CPU 相比，有数十倍的提高。所有地震成像软件系统的主要成像模块（积分法 PSDM、波动方程、最大能量旅行时计算、炮域波动方程 PSDM、双平方根方程叠前深度偏移和逆时深度偏移等）需要大量并行计算。GPU/CPU 的异构运算模式，即控制小计算量的不适合线程并行的计算、逻辑运算在 CPU 上面完成，大量的适合线程并行的浮点运算在 GPU 上完成可以大大提高计算效率，节约投资，促进波动方程叠前深度偏移方法研究和应用水平。

目前，GPU/CPU 异构高性能计算平台已经在叠前地震数据处理中发挥了巨大的作用。很多石油公司已经拥有 GPU 节点的 GPU/CPU 计算机群。在这样的机群上，波动方程叠前时间偏移（中国科学院地质与地球物理研究所）、波动方程单向波叠前深度偏移（同济大学）、波动方程全三维偏移（同济大学）和三维逆时偏移（CGGVeritas 公司）表现出了很高的加速比。图 3.2.2、图 3.2.3 是一些简单的实例，说明 GPU 计算的结果和效率。但是，GPU 计算单元的缺点也是很明显的，首先是 Global Memory 内存小，不能满足三维叠前深度偏移的要求，譬如不能独立完成高维 FFT 等。至少目前来看，还不是一个成熟的高性能计算单元[18]。

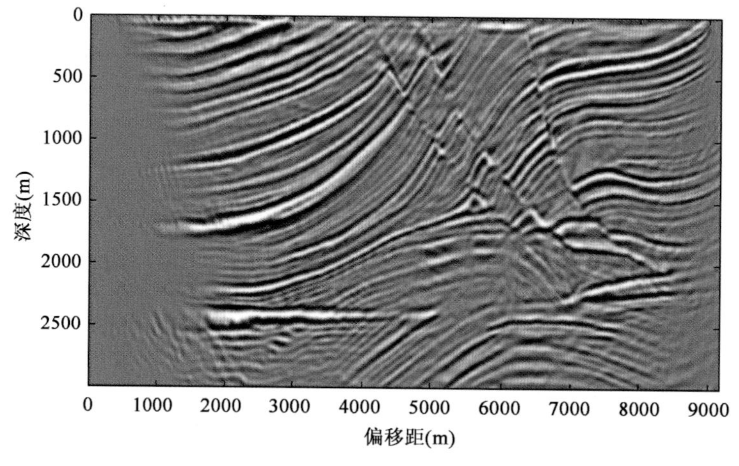

图 3.2.2　Marmousi 模型在 GT200 GPU 上的逆时深度偏移结果（据同济大学）

Marmousi 模型每炮 44.8s 完成偏移，三维盐丘模型窄方位角数据体：138 炮、80m 炮间距、每炮 6 线、每线 65 道、线间距 40m，在 GT200 上，每炮 149s 完成偏移。地球物理计算量大的特点，决定了 GPU 计算在未来地球物理计算中将发挥越来越重要的作用，而推动这一工作进程的关键是基于 GPU 的软件研发开发。目前，GPU 技术的研究与应用在地震勘探领域已取得了一定的进展。一些相关单位也得到应用，如 GeoStar 公司联合中国科学院地质与地球物理研究所、Tsunami 公司、中国石化石油物探技术研究院等分别利用 CUDA 开发工具在 GPU 计算环境下实现了 Kirchhoff 三维地震叠前时间偏移和波动方程地震叠前深度偏移、逆时偏移等技术；GSS 公司推出了支持 GPU 计算的地震像素法地质成像软件（SVI）。这些技术的应用推动了 GPU 计算技术在石油勘探领域的工业化应用进程。

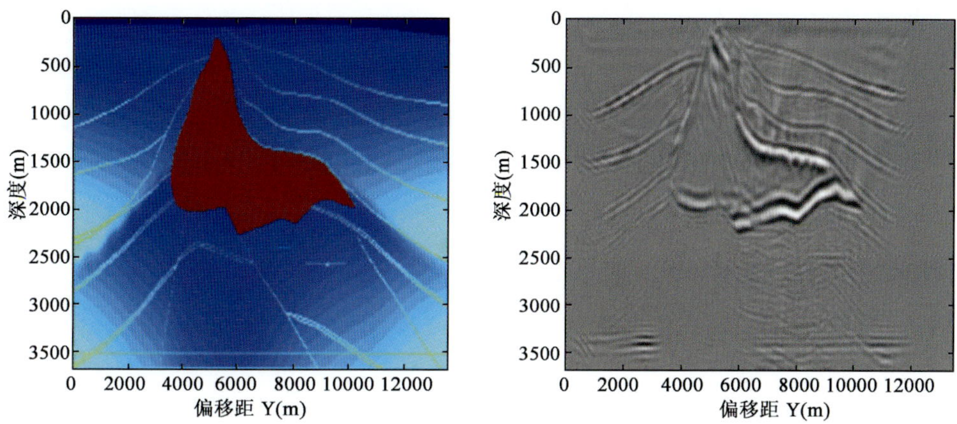

图 3.2.3　三维盐丘模型在 GT200 GPU 上逆时偏移成像结果（据同济大学）

3.3　双程波外推算子研究与边界条件

逆时偏移主要包括基于双程波方程逆时波场外推和应用成像条件两个步骤。对于单炮道集的成像，首先对震源波场利用双程波方程进行正向外推，并保存所有时间步的外推波场。然后对接收波场利用双程波方程进行逆时外推，在时间上每逆时外推一步之后应用成像条件，得到该时刻的成像结果。所有时刻的成像结果累加，得到该炮集的成像结果。所有炮集的逆时偏移结果叠加即可得到最终叠前深度偏移成像。根据所有炮集的成像结果，也可以产生角度成像道集，用于后续的速度分析与 AVA 分析。

3.3.1　高阶差分方法

在三维正演模拟及逆时深度偏移中，当利用截断误差为 O（Δx^2，Δy^2，Δz^2，Δt^2）的差分格式时，为保证频散较小及递推过程的稳定，差分网格要求取得非常小，这样计算需要的计算机内存及运算时间会大大增加。Dablain（1986）和 Mufti（1990，1996）提出利用高阶差分方程来进行上述模拟和偏移过程。利用高阶差分方程时，网格值可以取得大些，而计算精度并不降低[19]。为此，我们称截断误差高于四阶的差分方程为高阶差分方程。三维声波方程的高阶差分方程可以用统一的方式推导出来。

三维声波方程为

$$\frac{\partial^2 u}{\partial x^2}+\frac{\partial^2 u}{\partial y^2}+\frac{\partial^2 u}{\partial z^2}=\frac{1}{v^2(x,y,z)}\frac{\partial^2 u}{\partial t^2} \tag{3.3.1}$$

式中，$u(x,y,z,t)$ 为地表记录的压力波场；$v(x,y,z)$ 为纵横向可变的介质速度。

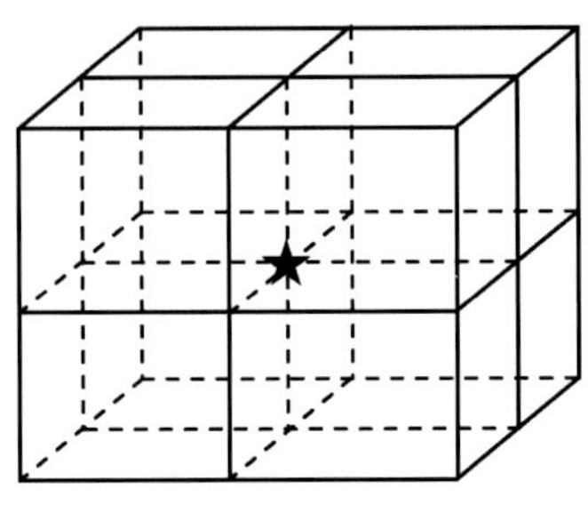
图 3.3.1 网格剖分示意图

为导出方程（3.3.1）的离散差分格式，需把观测对应的地下介质区域或地震波模拟的模型区域离散化，即把它们剖分成一个个的小方块。

令 $u_{i,j,k}^{n}=u(i\Delta x,j\Delta y,k\Delta z,n\Delta t)$

为导出高阶差分方程，需把波场以图 3.3.1 中的 (i,j,k) 为中心进行 Taylor 展开。

首先讨论关于时间二阶导数的四阶差商的推导，在以下的推导过程中，仅写出所讨论的自变量，尽管波场 u 是 $(x,y,z;t)$ 的函数。

$$u(t+\Delta t)=u(t)+\frac{\partial u}{\partial t}\Delta t+\frac{1}{2!}\frac{\partial^2 u}{\partial t^2}(\Delta t)^2+\frac{1}{3!}\frac{\partial^3 u}{\partial t^3}(\Delta t)^3+\frac{1}{4!}\frac{\partial^4 u}{\partial t^4}(\Delta t)^4+\cdots \tag{3.3.2}$$

$$u(t-\Delta t)=u(t)-\frac{\partial u}{\partial t}\Delta t+\frac{1}{2!}\frac{\partial^2 u}{\partial t^2}(\Delta t)^2-\frac{1}{3!}\frac{\partial^3 u}{\partial t^3}(\Delta t)^3+\frac{1}{4!}\frac{\partial^4 u}{\partial t^4}(\Delta t)^4-\cdots \tag{3.3.3}$$

由（3.3.2）和（3.3.3）式相加，可得

$$\frac{\partial^2 u}{\partial t^2}=\frac{1}{\Delta t^2}\left\{[u(t+\Delta t)-2u(t)+u(t-\Delta t)]-\frac{2}{4!}\frac{\partial^4 u}{\partial t^4}(\Delta t)^4+\cdots\right\} \tag{3.3.4}$$

在利用（3.3.4）式进行正演模拟或偏移成像过程中，差分方程所涉及的时间层越多，所需的内存就越大。为解决该问题，利用声波方程（3.3.1）把对时间的高阶微分转化为空间微分，即

$$\begin{aligned}\frac{\partial^4 u}{\partial t^4}&=\frac{\partial}{\partial t^2}\left(\frac{\partial^2 u}{\partial t^2}\right)=\frac{\partial}{\partial t^2}\left[v^2\left(\frac{\partial^2 u}{\partial x^2}+\frac{\partial^2 u}{\partial y^2}+\frac{\partial^2 u}{\partial z^2}\right)\right]\\&=v^2\left[\frac{\partial}{\partial x^2}\left(\frac{\partial^2 u}{\partial t^2}\right)+\frac{\partial}{\partial y^2}\left(\frac{\partial^2 u}{\partial t^2}\right)+\frac{\partial}{\partial z^2}\left(\frac{\partial^2 u}{\partial t^2}\right)\right]\\&=v^4\left(\frac{\partial^4 u}{\partial x^4}+\frac{\partial^4 u}{\partial y^4}+\frac{\partial^4 u}{\partial z^4}\right)+2v^4\left(\frac{\partial^4 u}{\partial x^2\,\partial y^2}+\frac{\partial^4 u}{\partial y^2\,\partial z^2}+\frac{\partial^4 u}{\partial z^2\,\partial x^2}\right)\end{aligned} \tag{3.3.5}$$

将（3.3.4）式和（3.3.5）式代入（3.3.1）式得

$$\begin{aligned}u(t+\Delta t)=&\ 2u(t)-u(t-\Delta t)+(v\Delta t)^2\left(\frac{\partial^2 u}{\partial x^2}+\frac{\partial^2 u}{\partial y^2}+\frac{\partial^2 u}{\partial z^2}\right)\\&+\frac{2}{4!}(v\Delta t)^4\left(\frac{\partial^4 u}{\partial x^4}+\frac{\partial^4 u}{\partial y^4}+\frac{\partial^4 u}{\partial z^4}\right)+\frac{4}{4!}(v\Delta t)^4\left(\frac{\partial^4 u}{\partial x^2\,\partial y^2}+\frac{\partial^4 u}{\partial y^2\,\partial z^2}+\frac{\partial^4 u}{\partial z^2\,\partial x^2}\right)+O(\Delta t^4)\end{aligned} \tag{3.3.6}$$

$$\begin{aligned}u(t-\Delta t)=&\ 2u(t)-u(t+\Delta t)+(v\Delta t)^2\left(\frac{\partial^2 u}{\partial x^2}+\frac{\partial^2 u}{\partial y^2}+\frac{\partial^2 u}{\partial z^2}\right)\\&+\frac{2}{4!}(v\Delta t)^4\left(\frac{\partial^4 u}{\partial x^4}+\frac{\partial^4 u}{\partial y^4}+\frac{\partial^4 u}{\partial z^4}\right)+\frac{4}{4!}(v\Delta t)^4\left(\frac{\partial^4 u}{\partial x^2\,\partial y^2}+\frac{\partial^4 u}{\partial y^2\,\partial z^2}+\frac{\partial^4 u}{\partial z^2\,\partial x^2}\right)+O(\Delta t^4)\end{aligned} \tag{3.3.7}$$

（3.3.6）式和（3.3.7）式分别是用于推导正演模拟和逆时偏移的高阶差分方程的起始方程。它在时间方向上的截断误差为 $O(\Delta t^4)$，而空间微商的差商截断误差根据需要而定（至少四阶以上）。另外，可根据需要来得出不同阶次的差分格式。

关于 x,y,z 空间微商各阶截断误差的差商推导过程也类似，在此我们仅对关于 x 的空间微商进行讨论，并假设差商具有的截断误差为 $O(\Delta x^M)$，M 是大于 4 的偶数。

$$u(x+\Delta x)=u(x)+\frac{\partial u}{\partial x}\Delta x+\frac{1}{2!}\frac{\partial^2 u}{\partial x^2}(\Delta x)^2+\frac{1}{3!}\frac{\partial^3 u}{\partial x^3}(\Delta x)^3+\cdots+\frac{1}{M!}\frac{\partial^M u}{\partial x^M}(\Delta x)^M+\cdots$$

$$u(x-\Delta x)=u(x)-\frac{\partial u}{\partial x}\Delta x+\frac{1}{2!}\frac{\partial^2 u}{\partial x^2}(\Delta x)^2-\frac{1}{3!}\frac{\partial^3 u}{\partial x^3}(\Delta x)^3+\cdots+\frac{1}{M!}\frac{\partial^M u}{\partial x^M}(\Delta x)^M+\cdots$$

$$\frac{u(x+\Delta x)-2u(x)+u(x-\Delta x)}{2}=\frac{1}{2!}\frac{\partial^2 u}{\partial x^2}(\Delta x)^2+\frac{1}{4!}\frac{\partial^4 u}{\partial x^4}(\Delta x)^4+\cdots+\frac{1}{M!}\frac{\partial^M u}{\partial x^M}(\Delta x)^M+O(\Delta x^M) \tag{3.3.8}$$

$$u(x+2\Delta x)=u(x)+\frac{\partial u}{\partial x}(2\Delta x)+\frac{1}{2!}\frac{\partial^2 u}{\partial x^2}(2\Delta x)^2+\frac{1}{3!}\frac{\partial^3 u}{\partial x^3}(2\Delta x)^3+\cdots+\frac{1}{M!}\frac{\partial^M u}{\partial x^M}(2\Delta x)^M+\cdots$$

$$u(x-2\Delta x)=u(x)-\frac{\partial u}{\partial x}(2\Delta x)+\frac{1}{2!}\frac{\partial^2 u}{\partial x^2}(2\Delta x)^2-\frac{1}{3!}\frac{\partial^3 u}{\partial x^3}(2\Delta x)^3+\cdots+\frac{1}{M!}\frac{\partial^M u}{\partial x^M}(2\Delta x)^M+\cdots$$

$$\frac{u(x+2\Delta x)-2(x)+u(x-2\Delta x)}{2}=\frac{1}{2!}\frac{\partial^2 u}{\partial x^2}(2\Delta x)^2+\frac{1}{4!}\frac{\partial^4 u}{\partial x^4}(2\Delta x)^4+\cdots+\frac{1}{M!}\frac{\partial^M u}{\partial x^M}(2\Delta x)^M+O(\Delta x^M) \tag{3.3.9}$$

$$u\left(x+\frac{M}{2}\Delta x\right)=u(x)+\frac{\partial u}{\partial x}\left(\frac{M}{2}\Delta x\right)+\frac{1}{2!}\frac{\partial^2 u}{\partial x^2}\left(\frac{M}{2}\Delta x\right)^2+\frac{1}{3!}\frac{\partial^3 u}{\partial x^3}\left(\frac{M}{2}\Delta x\right)^3+\cdots+\frac{1}{M!}\frac{\partial^M u}{\partial x^M}\left(\frac{M}{2}\Delta x\right)^M+\cdots$$

$$u\left(x-\frac{M}{2}\Delta x\right)=u(x)-\frac{\partial u}{\partial x}\left(\frac{M}{2}\Delta x\right)+\frac{1}{2!}\frac{\partial^2 u}{\partial x^2}\left(\frac{M}{2}\Delta x\right)^2-\frac{1}{3!}\frac{\partial^3 u}{\partial x^3}\left(\frac{M}{2}\Delta x\right)^3+\cdots+\frac{1}{M!}\frac{\partial^M u}{\partial x^M}\left(\frac{M}{2}\Delta x\right)^M+\cdots$$

$$\frac{u\left(x+\frac{M}{2}\Delta x\right)-2u(x)+u\left(x-\frac{M}{2}\Delta x\right)}{2}=\frac{1}{2!}\frac{\partial^2 u}{\partial x^2}\left(\frac{M}{2}\Delta x\right)^2+\frac{1}{4!}\frac{\partial^4 u}{\partial x^4}\left(\frac{M}{2}\Delta x\right)^4+\cdots+\frac{1}{M!}\frac{\partial^M u}{\partial x^M}\left(\frac{M}{2}\Delta x\right)^M+O(\Delta x^M) \tag{3.3.10}$$

令：

$$f_1=\frac{u(x+\Delta x)-2u(x)+u(x-\Delta x)}{2}$$

$$f_2=\frac{u(x+2\Delta x)-2u(x)+u(x-2\Delta x)}{2}$$

$$f_{\frac{M}{2}}=\frac{u\left(x+\frac{M}{2}\Delta x\right)-2u(x)+u\left(x-\frac{M}{2}\Delta x\right)}{2}$$

$$a_1=\frac{\partial^2 u}{\partial x^2}(\Delta x)^2, a_2=\frac{\partial^4 u}{\partial x^4}(\Delta x)^4, \cdots, a_{\frac{M}{2}}=\frac{\partial^M u}{\partial x^M}(\Delta x)^M$$

由式（3.3.8），（3.3.9）和（3.3.10），结合上述规定，可得如下方程组，即

$$\begin{cases}\frac{1}{2!}a_1+\frac{1}{4!}a_2+\cdots+\frac{1}{M!}a_{\frac{M}{2}}=f_1\\ \frac{2^2}{2!}a_1+\frac{2^4}{4!}a_2+\cdots+\frac{2^M}{M!}a_{\frac{M}{2}}=f_2\\ \vdots\\ \frac{\left(\frac{M}{2}\right)^2}{2!}a_1+\frac{\left(\frac{M}{2}\right)^4}{4!}a_2+\cdots+\frac{\left(\frac{M}{2}\right)^M}{M!}a_{\frac{M}{2}}=f_{\frac{M}{2}}\end{cases} \tag{3.3.11}$$

写成矩阵形式为

$$\begin{bmatrix}\frac{1}{2!} & \frac{1}{4!} & \cdots & \frac{1}{M!}\\ \frac{2^2}{2!} & \frac{2^4}{4!} & \cdots & \frac{2^M}{M!}\\ \cdots & \cdots & \cdots & \cdots\\ \frac{\left(\frac{M}{2}\right)^2}{2!} & \frac{\left(\frac{M}{2}\right)^4}{4!} & \cdots & \frac{\left(\frac{M}{2}\right)^M}{M!}\end{bmatrix}\begin{bmatrix}a_1\\ a_2\\ \vdots\\ a_{\frac{M}{2}}\end{bmatrix}=\begin{bmatrix}f_1\\ f_2\\ \vdots\\ f_{\frac{M}{2}}\end{bmatrix} \tag{3.3.12}$$

令

$$\boldsymbol{A}=\begin{bmatrix}\frac{1}{2!} & \frac{1}{4!} & \cdots & \frac{1}{M!}\\ \frac{2^2}{2!} & \frac{2^4}{4!} & \cdots & \frac{2^M}{M!}\\ \cdots & \cdots & \cdots & \cdots\\ \frac{\left(\frac{M}{2}\right)^2}{2!} & \frac{\left(\frac{M}{2}\right)^4}{4!} & \cdots & \frac{\left(\frac{M}{2}\right)^M}{M!}\end{bmatrix} \tag{3.3.13}$$

求出 $\boldsymbol{A}$ 的逆矩阵 $\boldsymbol{A}^{-1}$，即可得到 $a_1, a_2, \cdots, a_{\frac{M}{2}}$，然后利用（3.3.6）式或（3.3.7）式，可得出各种不同截断误差的差分方程，用于三维波场正演和逆时偏移。由（3.3.6）式或（3.3.7）式可知，我们仅需 $\boldsymbol{a}_1$，即 $\frac{\partial^2 u}{\partial x^2}\Delta x^2$，因此有

$$2\frac{\partial^2 u}{\partial x^2}\Delta x^2 = \omega_0 u(x) + \sum_{m=1}^{\frac{M}{2}} \omega_m [u(x+m\Delta x) + u(x-m\Delta x)] + O(\Delta x^M) \quad (3.3.14)$$

$$2\frac{\partial^2 u}{\partial y^2}\Delta y^2 = \omega_0 u(y) + \sum_{m=1}^{\frac{M}{2}} \omega_m [u(y+m\Delta y) + u(y-m\Delta y)] + O(\Delta y^M) \quad (3.3.15)$$

$$2\frac{\partial^2 u}{\partial z^2}\Delta z^2 = \omega_0 u(z) + \sum_{m=1}^{\frac{M}{2}} \omega_m [u(z+m\Delta z) + u(z-m\Delta z)] + O(\Delta z^M) \quad (3.3.16)$$

把（3.3.14）式到（3.3.16）式代入（3.3.6）式或（3.3.7）式，可得到具有任意截断误差的高阶差分方程。而且不同截断误差（3.3.14），（3.3.15）和（3.3.16）可以相互组合以满足不同的需要。

截断误差为$\boldsymbol{O}(\Delta x^M，\Delta y^M，\Delta z^M，\Delta t^4)$的统一的三维正演模拟高阶差分方程为

$$\begin{aligned}
u_{i,j,k}^{n+1} = {} & 2u_{i,j,k}^n - u_{i,j,k}^{n-1} + \frac{1}{2}\left(\frac{v\Delta t}{\Delta x}\right)^2 \left[\omega_0 u_{i,j,k}^n + \sum_{m=1}^{\frac{M}{2}} \omega_m (u_{i+m,j,k}^n + u_{i-m,j,k}^n)\right] \\
& + \frac{1}{2}\left(\frac{v\Delta t}{\Delta y}\right)^2 \left[\omega_0 u_{i,j,k}^n + \sum_{m=1}^{\frac{M}{2}} \omega_m (u_{i,j+m,k}^n + u_{i,j-m,k}^n)\right] \\
& + \frac{1}{2}\left(\frac{v\Delta t}{\Delta z}\right)^2 \left[\omega_0 u_{i,j,k}^n + \sum_{m=1}^{\frac{M}{2}} \omega_m (u_{i,j,k+m}^n + u_{i,j,k-m}^n)\right] \\
& + \frac{1}{12}\frac{v^4\Delta t^4}{\Delta x^4}[u_{i+2,j,k}^n + u_{i-2,j,k}^n - 4(u_{i-1,j,k}^n + u_{i+1,j,k}^n) + 6u_{i,j,k}^n] \\
& + \frac{1}{12}\frac{v^4\Delta t^4}{\Delta y^4}[u_{i,j+2,k}^n + u_{i,j-2,k}^n - 4(u_{i,j-1,k}^n + u_{i,j+1,k}^n) + 6u_{i,j,k}^n] \\
& + \frac{1}{12}\frac{v^4\Delta t^4}{\Delta z^4}[u_{i,j,k+2}^n + u_{i,j,k-2}^n - 4(u_{i,j,k-1}^n + u_{i,j,k+1}^n) + 6u_{i,j,k}^n] \qquad (3.3.17) \\
& + \frac{1}{6}\frac{v^4\Delta t^4}{\Delta x^2\Delta y^2}[(u_{i+1,j+1,k}^n - 2u_{i,j+1,k}^n + u_{i-1,j+1,k}^n) - 2(u_{i+1,j,k}^n - 2u_{i,j,k}^n + u_{i-1,j,k}^n) \\
& \quad + (u_{i+1,j-1,k}^n - 2u_{i,j-1,k}^n + u_{i-1,j-1,k}^n)] \\
& + \frac{1}{6}\frac{v^4\Delta t^4}{\Delta y^2\Delta z^2}[(u_{i,j+1,k+1}^n - 2u_{i,j,k+1}^n + u_{i,j-1,k+1}^n) - 2(u_{i,j+1,k}^n - 2u_{i,j,k}^n + u_{i,j-1,k}^n) \\
& \quad + (u_{i,j+1,k-1}^n - 2u_{i,j,k-1}^n + u_{i,j-1,k-1}^n)] \\
& + \frac{1}{6}\frac{v^4\Delta t^4}{\Delta z^2\Delta x^2}[(u_{i+1,j,k+1}^n - 2u_{i,j,k+1}^n + u_{i-1,j,k+1}^n) - 2(u_{i+1,j,k}^n - 2u_{i,j,k}^n + u_{i-1,j,k}^n) \\
& \quad + (u_{i+1,j,k-1}^n - 2u_{i,j,k-1}^n + u_{i-1,j,k-1}^n)]
\end{aligned}$$

截断误差为$\boldsymbol{O}(\Delta x^M,\Delta y^M,\Delta z^M,\Delta t^4)$的三维逆时深度偏移高阶差分方程为

$$u_{i,j,k}^{n-1} = 2u_{i,j,k}^n - u_{i,j,k}^{n+1} + \frac{1}{2}\left(\frac{v\Delta t}{\Delta x}\right)^2 \left[\omega_0 u_{i,j,k}^n + \sum_{m=1}^{\frac{M}{2}} \omega_m (u_{i+m,j,k}^n + u_{i-m,j,k}^n)\right]$$

$$
\begin{aligned}
&+\frac{1}{2}\left(\frac{v\Delta t}{\Delta y}\right)^2\left[\omega_0 u_{i,j,k}^n+\sum_{m=1}^{\frac{M}{2}}\omega_m\left(u_{i,j+m,k}^n+u_{i,j-m,k}^n\right)\right]\\
&+\frac{1}{2}\left(\frac{v\Delta t}{\Delta z}\right)^2\left[\omega_0 u_{i,j,k}^n+\sum_{m=1}^{\frac{M}{2}}\omega_m\left(u_{i,j,k+m}^n+u_{i,j,k-m}^n\right)\right]\\
&+\frac{1}{12}\frac{v^4\Delta t^4}{\Delta x^4}\left[u_{i+2,j,k}^n+u_{i-2,j,k}^n-4\left(u_{i-1,j,k}^n+u_{i+1,j,k}^n\right)+6u_{i,j,k}^n\right]\\
&+\frac{1}{12}\frac{v^4\Delta t^4}{\Delta y^4}\left[u_{i,j+2,k}^n+u_{i,j-2,k}^n-4\left(u_{i,j-1,k}^n+u_{i,j+1,k}^n\right)+6u_{i,j,k}^n\right]\\
&+\frac{1}{12}\frac{v^4\Delta t^4}{\Delta z^4}\left[u_{i,j,k+2}^n+u_{i,j,k-2}^n-4\left(u_{i,j,k-1}^n+u_{i,j,k+1}^n\right)+6u_{i,j,k}^n\right] \qquad (3.3.18)\\
&+\frac{1}{6}\frac{v^4\Delta t^4}{\Delta x^2\Delta y^2}\left[\left(u_{i+1,j+1,k}^n-2u_{i,j+1,k}^n+u_{i-1,j+1,k}^n\right)-2\left(u_{i+1,j,k}^n-2u_{i,j,k}^n+u_{i-1,j,k}^n\right)\right.\\
&\qquad\left.+\left(u_{i+1,j-1,k}^n-2u_{i,j-1,k}^n+u_{i-1,j-1,k}^n\right)\right]\\
&+\frac{1}{6}\frac{v^4\Delta t^4}{\Delta y^2\Delta z^2}\left[\left(u_{i,j+1,k+1}^n-2u_{i,j+1,k+1}^n+u_{i,j-1,k+1}^n\right)-2\left(u_{i,j+1,k}^n-2u_{i,j,k}^n+u_{i,j-1,k}^n\right)\right.\\
&\qquad\left.+\left(u_{i,j+1,k-1}^n-2u_{i,j,k-1}^n+u_{i,j-1,k-1}^n\right)\right]\\
&+\frac{1}{6}\frac{v^4\Delta t^4}{\Delta z^2\Delta x^2}\left[\left(u_{i+1,j,k+1}^n-2u_{i,j,k+1}^n+u_{i-1,j,k+1}^n\right)-2\left(u_{i+1,j,k}^n-2u_{i,j,k}^n+u_{i-1,j,k}^n\right)\right.\\
&\qquad\left.+\left(u_{i+1,j,k-1}^n-2u_{i,j,k-1}^n+u_{i-1,j,k-1}^n\right)\right]
\end{aligned}
$$

当要求时间方向差商保持 $O(\Delta t^2)$ 的截断误差时，（3.3.17）式和（3.3.18）式会简化很多。这样做并不会对正演或偏移结果产生很大的影响[20～22]。

截断误差为 $O(\Delta x^M,\Delta y^M,\Delta z^M,\Delta t^2)$ 的三维正演模拟高阶差分方程为

$$
\begin{aligned}
u_{i,j,k}^{n+1}=2u_{i,j,k}^n-u_{i,j,k}^{n-1}&+\frac{1}{2}\left(\frac{v\Delta t}{\Delta x}\right)^2\left[\omega_0 u_{i,j,k}^n+\sum_{m=1}^{\frac{M}{2}}\omega_m\left(u_{i+m,j,k}^n+u_{i-m,j,k}^n\right)\right]\\
&+\frac{1}{2}\left(\frac{v\Delta t}{\Delta y}\right)^2\left[\omega_0 u_{i,j,k}^n+\sum_{m=1}^{\frac{M}{2}}\omega_m\left(u_{i,j+m,k}^n+u_{i,j-m,k}^n\right)\right]\\
&+\frac{1}{2}\left(\frac{v\Delta t}{\Delta z}\right)^2\left[\omega_0 u_{i,j,k}^n+\sum_{m=1}^{\frac{M}{2}}\omega_m\left(u_{i,j,k+m}^n+u_{i,j,k-m}^n\right)\right] \qquad (3.3.19)
\end{aligned}
$$

截断误差为 $O(\Delta x^M,\Delta y^M,\Delta z^M,\Delta t^2)$ 的三维逆时深度偏移高阶差分程为

$$
\begin{aligned}
u_{i,j,k}^{n-1}=2u_{i,j,k}^n-u_{i,j,k}^{n+1}&+\frac{1}{2}\left(\frac{v\Delta t}{\Delta x}\right)^2\left[\omega_0 u_{i,j,k}^n+\sum_{m=1}^{\frac{M}{2}}\omega_m\left(u_{i+m,j,k}^n+u_{i-m,j,k}^n\right)\right]\\
&+\frac{1}{2}\left(\frac{v\Delta t}{\Delta y}\right)^2\left[\omega_0 u_{i,j,k}^n+\sum_{m=1}^{\frac{M}{2}}\omega_m\left(u_{i,j+m,k}^n+u_{i,j-m,k}^n\right)\right]\\
&+\frac{1}{2}\left(\frac{v\Delta t}{\Delta z}\right)^2\left[\omega_0 u_{i,j,k}^n+\sum_{m=1}^{\frac{M}{2}}\omega_m\left(u_{i,j,k+m}^n+u_{i,j,k-m}^n\right)\right] \qquad (3.3.20)
\end{aligned}
$$

下面列出几种常用截断误差的高阶差分方程中系数：

当 $M=4$ 时，$\omega_0=-5.0$，$\omega_1=2.666667$，$\omega_2=-0.1666667$

当 $M=6$ 时，$\omega_0=-5.444444$，$\omega_1=3.000000$，$\omega_2=-0.3000003$，$\omega_3=0.0222225$，

依据上述系数可直接写出具体某一种截断误差的高阶差分方程。

3.3.2 逆时偏移中的边界条件问题

吸收边界条件是逆时偏移成像波场外推时的必然选择。但是，吸收边界条件的差分计算与内部波场方程的差分计算是很不相同的。这很不利于在 GPU/CPU 异构高性能计算平台上实现三维逆时偏移算法，也不能得到很高的计算效率。因此，我们认为 Clabb（2009）提出的随机散射边界条件非常值得关注。但是，我们需要灵活的参数来控制边界条件。

在边界区域设置随机变化的速度场构成随机边界条件，我们提出的随机边界的方法为

$$v(\vec{x}_B)=\bar{v}(\vec{x}_B)+[Ran(Idum)-0.5]\times\frac{|\vec{r}|}{R}\times\alpha \tag{3.3.21}$$

式中，α 为与速度有关的量，与速度具有相同的量纲；R 代表随机边界区域的厚度；$|\vec{r}|$ 代表随机边界区域中的点距边界的距离；$Ran(Idum)$ 代表有种子数 $Idum$ 产生的随机数，$Ran(Idum)\in(0,1)$；$\vec{x}_B$ 代表随机边界中的点；$v(\vec{x}_B)$ 代表随机边界中点 $\vec{x}_B$ 处的随机速度值；$\bar{v}(\vec{x}_B)$ 代表随机边界外一点的速度值，由它产生随机边界中各点随机速度值。通过调节 α 和 R 可得到合适的成像结果。

3.4 成像条件与低频噪声压制方法研究

3.4.1 成像条件研究与低频噪声产生机制

3.4.1.1 成像条件

逆时偏移中成像条件主要利用了如下的物理现实。在反射点处入射波场与反射系数褶积产生反射（或出射）波场。入射波场与出射波场在最小二乘意义下是逼近的，则有

$$\min\int_{\omega_{\min}}^{\omega_{\max}}\|U_I(\omega)R-U_O(\omega)_2\|\mathrm{d}\omega \tag{3.4.1}$$

成立。据此可以导出

$$R=\int_{\omega_{\min}}^{\omega_{\max}}\frac{U_O(\omega)U_I^*(\omega)}{U_I(\omega)U_I^*(\omega)}\mathrm{d}\omega \tag{3.4.2}$$

一般地，我们用下面的相关成像条件，即

$$I=\int_{\omega_{\min}}^{\omega_{\max}}U_O(\omega)U_I^*(\omega)\mathrm{d}\omega \tag{3.4.3}$$

这个成像条件的物理含义是利用零延迟的自相关提取反射点处的子波能量。在成像点附近，利用 Pasaval 关系，上式可以在时间域表达为

$$I = \int_{0}^{T_{\max}} U_O(t) U_I(t) \mathrm{d}t \tag{3.4.4}$$

地震勘探中一般取 z 轴向下，地震波沿 z 轴方向向下传播称为“下行波”。对于一般的较平缓的反射界面，我们往往不对下行波和入射波做严格的区分。上行波和出射波也是如此。（3.4.3）式的成像条件也被 Claerbout（1977）简化为：上行波到达时等于下行波的出发时。单程波偏移成像时，沿深度方向外推波场。所谓单程波就是指沿 z 轴方向向下传播的波（用 $k_z>0$ 来标识）和沿 z 轴方向向上传播的波（用 $k_z<0$ 来标识）。k_z 为 z 方向的波数，也称垂直波数。

双程波逆时偏移时，（3.4.4）式定义的成像条件使用比较方便，因为地震波波场外推是在时间空间域进行。但（3.4.4）式中所要求的反射界面处的入射波和出射波，其蕴涵在外推后的波场中，必须把它们分离出来。按（3.4.4）式提取成像条件，才能得到比较理想的成像结果。到目前为止，并没有找到一种简便易行的方法实现从外推波场中提取出反射界面处的入射波和出射波的方法。因此，目前的逆时偏移成像结果总受低频噪声的干扰，现有的压制这种低频干扰的方法也不完善。

3.4.1.2 低频噪声产生机制

从成像条件上看，单程波外推算子进行波场外推，可以认为是对观测波场做了一种滤波，仅仅把上行波进行了向下外推，其中的下行波被过滤掉。震源波场用下行波算子外推仅包含了下行波。对于较平缓的反射界面，震源下行波场与外推后的检波点上行波场相关，就相当于在反射点出入射波场与出射波场相关。单程波成像满足了（3.4.3）式定义的成像条件。没有低频成像噪声。

但是，波场逆时外推成像时，外推的震源波场和检波点波场中都既有上行波、又有下行波。当然，也有 $k_x \geqslant 0$，$k_y \geqslant 0$ 和 $k_x<0$，$k_y<0$ 对应的波场。用（3.4.3）式定义的成像条件来成像就必须把反射点处的入射波场和出射波场分离出来后再成像，就是用反射界面上某成像点处与法线方向对称的波矢量定义的波场进行相关成像。找到该波矢量对应的波场的过程也是对外推波场的一种滤波过程。但是，找到这样的波矢量对应的波场需要付出极大的代价，目前还没有高效率的实现方法。这是逆时偏移成像尚需解决的问题。如果仅仅把逆时外推后的波场在成像点处用（3.4.4）式定义的成像条件进行成像，成像结果中就包含严重的低频噪声。

3.4.2 Laplace 滤波压制低频噪声原理及应用

3.4.2.1 Laplace 滤波压噪理论

通过研究认为，用 Laplace 算子滤除低频的成像噪声（Zhang Yu 等，2007；Mulder 和 Plessix，2003）是当前可取的一种方法。分析可知，成像噪声都是低频的，多为直流成分。因此可以用 Laplace 算子消除噪声成分。这样做比较简便，而且容易保持逆时偏移的并行结构。

时空域中的 Laplace 滤波算子为

$$\nabla^2 U = U_{i+1,j,k} + U_{i-1,j,k} + U_{i,j+1,k} + U_{i,j-1,k} + U_{i,j,k+1} + U_{i,j,k-1} - 6U_{i,j,k} \tag{3.4.5}$$

波场关于 x 的二阶微分可以近似表达为

$$\frac{\partial^2 U}{\partial x^2} \approx \frac{U(x+\Delta x)-2U(x)+U(x-\Delta x)}{\Delta x^2} = \frac{U(x)\mathrm{e}^{\mathrm{i}k_x x}-2U(x)+U(x)\mathrm{e}^{-\mathrm{i}k_x x}}{\Delta x^2}$$

$$= \frac{\mathrm{e}^{\mathrm{i}k_x x}-2+\mathrm{e}^{-\mathrm{i}k_x x}}{\Delta x^2}U(x) = \frac{2\cos(k_x \Delta x)-2}{\Delta x^2}U(x)$$

同样，有：$\frac{\partial^2 U}{\partial y^2} \approx \frac{2\cos(k_y \Delta y)-2}{\Delta y^2}U(y)$ 和 $\frac{\partial^2 U}{\partial z^2} \approx \frac{2\cos(k_z \Delta z)-2}{\Delta z^2}U(z)$。

因此，有

$$\nabla^2 U \approx 2\left(\frac{\cos(k_x\Delta x)-1}{\Delta x^2}+\frac{\cos(k_y\Delta y)-1}{\Delta y^2}+\frac{\cos(k_z\Delta z)-1}{\Delta z^2}\right)U$$

$$= 2\left(\frac{\cos(\omega p_x\Delta x)-1}{\Delta x^2}+\frac{\cos(\omega p_y\Delta y)-1}{\Delta y^2}+\frac{\cos(\omega p_z\Delta z)-1}{\Delta z^2}\right)U \tag{3.4.6}$$

若 $h^2=\Delta x^2=\Delta y^2=\Delta z^2$，则上式改为

$$\nabla^2 U \approx \frac{2}{h^2}[\cos(\omega p_x\Delta x)+\cos(\omega p_y\Delta y)+\cos(\omega p_z\Delta z)-3]U \tag{3.4.7}$$

由（3.4.7）式可见，Laplace 算子是一个带通滤波器。它适合消除低波数的噪声成分，可用来压制逆时偏移中的成像噪声。具体实现是在时空域进行。为了保持信号的相位不变，时空域 Laplace 算符前要加一个负号。

分析可知在（k_x,k_y,k_z）域也可设计滤波器来压制低频噪声，但是这样做会带来滤波器设计方面的问题和误差，譬如通阻带如何设计等。但是，直接使用（3.4.5）式的问题是无法控制对哪些低频成分的消除。在二维情况下，Mulder 和 Plessix（2003）提出如下的滤波公式，即

$$S_x^{n_3}S^{n_2}(I-S^{n_1}) \tag{3.4.8}$$

上述分析缺乏地球物理概念。下面我们从局部平面波传播的角度深入分析 Laplace 算子滤波的原理。首先对成像条件两边做 Laplace 算子的作用，即

$$divgrag(I)=\int_0^{T_{\max}} \mathrm{divgrad}[U_R(t)U_S(t)]\mathrm{d}t \tag{3.4.9}$$

上述成像条件仅仅是在成像点附近施加的。我们假定成像点 P 处入射波和反射波是局部平面波，它们的方向分别有射线参数 p_s 和 p_r 决定。（3.4.4）式可以变为

$$divgrag(I)=\int_0^{T_{\max}}\{\mathrm{div}[U_S(t)\mathrm{grad}U_R(t)]+\mathrm{div}[U_R(t)\mathrm{grad}U_S(t)]\}\,\mathrm{d}t$$

$$=\int_0^{T_{\max}}[U_S\mathrm{div}(\mathrm{grad}U_R)+\mathrm{grad}U_R\mathrm{div}U_S+U_R\mathrm{div}(\mathrm{grad}U_S)+\mathrm{grad}U_S\mathrm{div}U_R]\,\mathrm{d}t \tag{3.4.10}$$

Laplace 算子作用在成像结果上，就是对成像结果进行滤波，滤波算子为 $f_{Laplace}=\frac{4\cos^2\gamma}{v^2}$。

3.4.2.2 Laplace 滤波压制低频数值试验

为了测试算法有效性，我们设计了“NWGI”模型来研究几种叠前成像方法及低频压噪

效果。该模型的观测参数为：250 炮每炮 120 道，炮间距 40m，道间距 10m，偏移距为－6000～6000m，记录长度为 2.5s，采样点数为 1250 个，时间采样率为 2ms，速度场 x 方向范围［500，11475］m，dx＝5m；dz＝400m，dz＝10m。速度模型如图 3.4.1 所示。

图 3.4.1　NWGI 速度模型

由于直接试验 Laplace 滤波去噪效果不够理想，我们又结合 Mulder 提出的去噪方法 $S_x^{n3}S^{n2}(I-S^{n1})$，其中 $n1$，$n2$，$n3$ 对应去噪参数，在本模型中，使用一次 Laplace 滤波的效果最好，S1 滤波器迭代次数越多数据频带越窄（图 3.4.2 和图 3.4.3）。

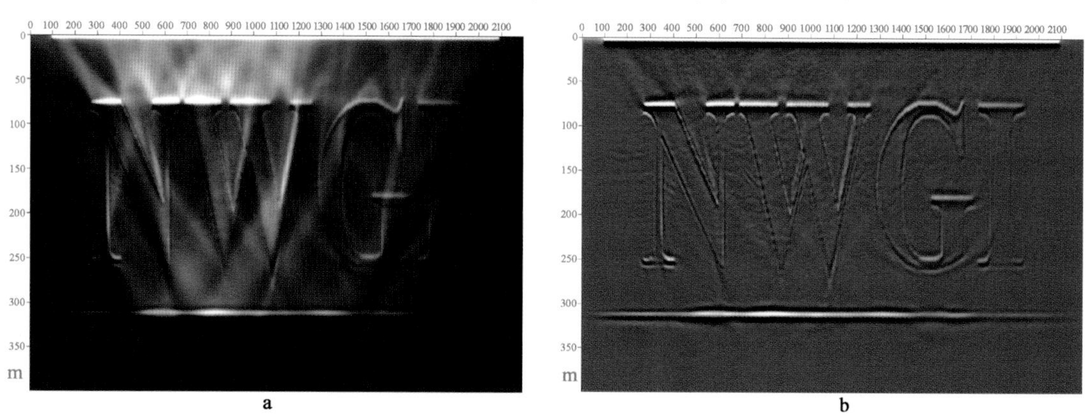

图 3.4.2　RTM 成像结果低频压制前（a）后（b）剖面对比（参数［32，0，8］子波主频 20Hz）

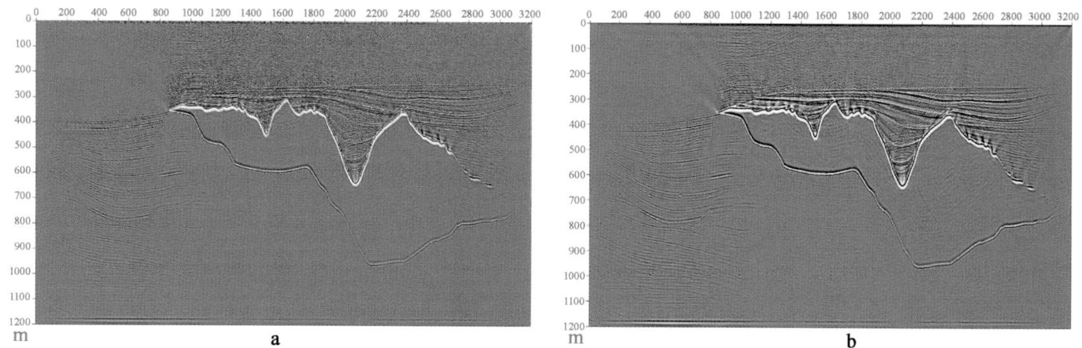

图 3.4.3　SEG/EAGE Sigsbee 模型 RTM 成像结果低频压制前（a）后（b）剖面对比（参数［32，0，8］）

考虑到 sigsbee 模型成像掺杂了随机边界的影响，不能准确判断去噪方法的好坏，决定用 marmousi 模型进行一下测试，这样对比更明显、更直观（图 3.4.4）。

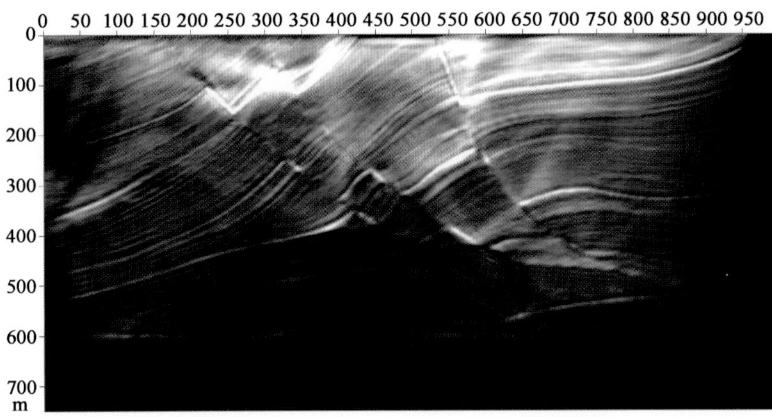

图 3.4.4　Marmousi 模型 RTM 偏移结果

图 3.4.5 的偏移结果分辨率高，但是结果不够美观，使用 Muder 去噪方法，取参数 $n1$，$n2$，$n3$=（32，0，2），得到图 3.4.6 结果。可以看出，Muder 提出的滤波方法，其本质上就是将 Laplace 滤波的结果使用算子进行平滑，如果平滑次数过多，就会出现剖面主频过低的现象。

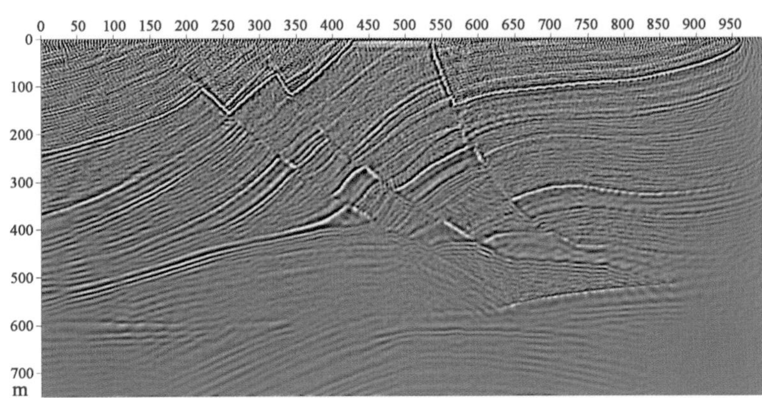

图 3.4.5　Marmousi 模型 RTM 偏移结果 使用 Laplace 滤波

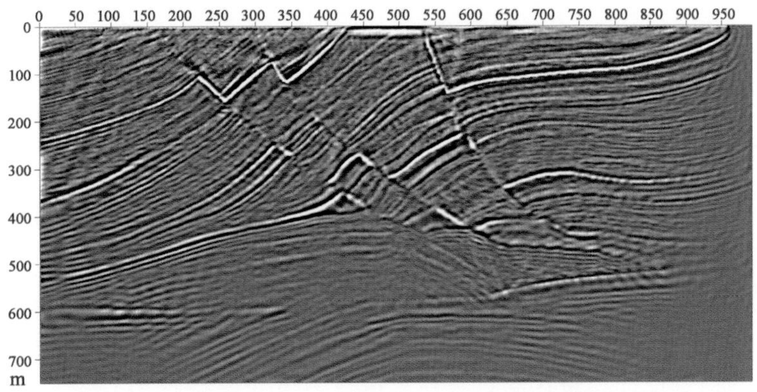

图 3.4.6　Marmousi 模型 RTM 偏移结果 使用 Muder 去噪方法，参数［32，0，2］

3.5 基于 GPU /CPU 系统的 RTM 叠前成像算法研究与应用

3.5.1 GPU /CPU 平台结构特点分析

CPU 与 GPU 异构平台是把 CPU 进程并行与 GPU 线程并行相结合实现高性能计算。在 CPU 上有 20％的晶体管用作计算，而 GPU 上有 80％的晶体管用作计算。GPU 多核分成 Multiprocessor。每个 Multiprocessor 包含 8 个 processor。从实际计算的角度看，在 CPU 上的计算密度低，大量的晶体管被用来进行控制和逻辑运算。而 GPU 上的计算密度高，大量的晶体管被用于计算，少量的用于控制与逻辑判断。

图 3.5.1a 为 CPU 与 GPU 的结构特征。可看出二者的基本架构差异：CPU 内存大、Catch 大，控制功能强，计算单元少；GPU 内存小、Catch 更小，控制能力弱，计算单元多。

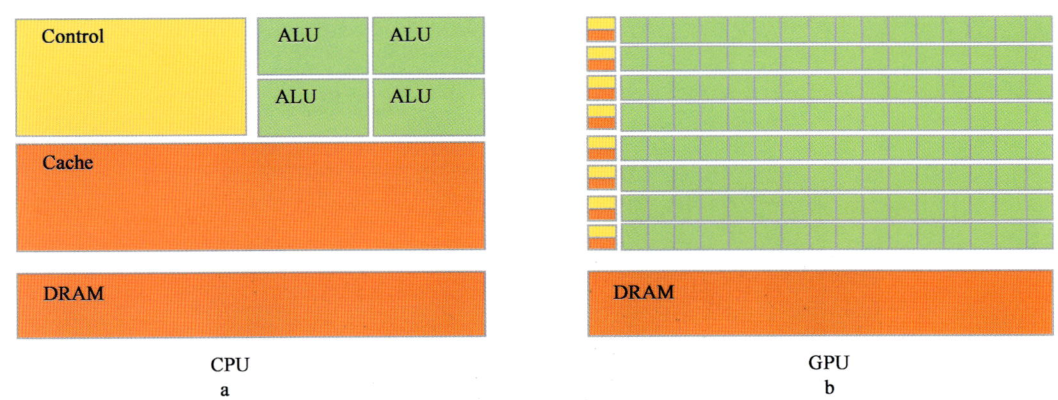

图 3.5.1 CPU 结构特征（a）与 GPU 的结构特征（b）对比

图 3.5.2 为 GPU 结构细节，这对于在 GPU/CPU 异构平台上的编程是非常重要的。只有充分地兼顾硬件的特点才能有高效并行的程序。因此，了解 GPU 的细节是发挥 GPU/CPU 平台性能与并行计算的基础。Tesla 架构以一个可伸缩的多线程流式多处理器阵列为中心。当 CPU 上的 CUDA 程序调用内核网络时，网络的块将被并发到具有可用执行能力的多处理器上。一个线程块的线程在一个多处理器上并发执行。在线程终止时，将在空闲多处理器上启动新块。

多处理器包括 8 个标量处理器核心，两个用于超越函数的特殊功能单元，一个多线程指令单元以及片上共享存储器。多处理器会在硬件中创建、管理和执行并发线程，而调度开销保持为零。它可通过一条内部指令实现栅障同步（syncthread）。快速的栅障同步与轻量级线程创建和零开销的线程调度相结合，有效地为细粒度并行化提供支持。

为了管理运行不同程序的线程，多处理器利用了一种称为 SIMT（Singal-Instruction，Multiple－thread）的新构架。多处理器会将各线程映射到一个标量处理器核心，标量处理器核心利用自己的指令地址和寄存器状态独立执行。多处理器 SIMT 单元以 32 个并行线程为一组来创建、管理、调度和执行线程，这样的线程组称为 Warp 块。构成 SIMT－Warp

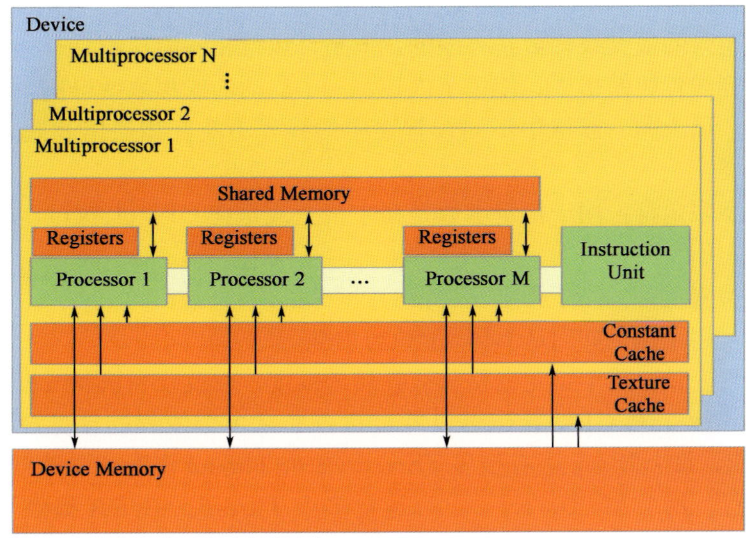

图 3.5.2 GPU 硬件架构模型

块的各个线程在同一个程序地址一起启动，也可以随意分支、独立执行。

SIMT 架构类似 SIMD（单指令、多数据）向量组织方式。共同的地方是使用单指令来控制多个处理元素。主要的差异在于 SIMD 向量组织方式会向软件公开，而 SIMT 指令指定单一线程的执行和分支行为。与 SIMD 向量机不同，SIMT 允许程序员为独立、标量线程编写线程级的并行代码，还允许为协同线程编写数据并行代码。

为了确保正确性，程序员可以忽略 SIMT 行为，但通过尽量减少一个 warp 块内的线程分支，即可实现显著的性能提升。图 3.5.2 是 GPU 硬件架构。每一个多处理器的基本结构为：每个并行处理器上有一组 32 位寄存器。并行数据缓存或共享存储器，所有标量处理器核心共享，共享存储器空间就位于此处。只读常量缓存（Costant Cache），所有标量处理器核心共享，可加速从常量存储器空间进行的读取操作。一个只读纹理缓存（Texture Cache），由所有标量处理器核心共享，加速从纹理存储器空间进行的读取操作，每个多处理器都会通过实现不同寻址模型和数据过滤的纹理单元访问纹理缓存。

3.5.2 CUDA 编程语言在 GPU/CPU 平台上应用特点分析

在 CPU 上编程，可以是串行，也可以是并行。并行编程是基于 MPI 语言。MPI 是在 CPU 上进行进程编程的一种信息交换控制语言。在 GPU 上进行编程，原则上必须是并行的。这样的编程是线程并行。线程并行也需要在一定的信息交换控制语言下进行，此时的信息交换模式与 CPU 上的信息交换模式是很不相同的。CUDA 是 NVIDIA 公司专为 GPU 计算而发展的一套应用软件开发环境与工具软件。CUDA 的核心有三个重要的抽象概念：线程组层次结构、共享存储器、栅障同步。这些抽象提供了细粒度的数据并行和线程并行，嵌套于粗粒度的数据并行和任务并行之中。通过 CUDA 编程时，将 GPU 视为可并行执行非常多个线程的计算设备。GPU 作为 CPU 的协处理器来运作，在主机上运行的应用程序中数据并行的、计算密集的部分加载到 GPU 上。具体来讲，对不同数据执行相同操作的应用程序部分可以独立放在GPU上作为不同线程执行的函数。

线程块可以包含的最大线程数是有限的。但是，执行相同内核的具有相同维度和大小的线程块可以组合到线程块栅格中，使单个内核调用中启动的线程数变得更大。这是以牺牲线程协作为代价的，因为同一栅格中不同线程块中的线程不能互相通信和同步。CUDA编程接口主要包括四类：

（1）函数类型限定符：用于指定函数是在主机上或是在GPU上执行，以及可以从主机或是从GPU中调用。

（2）变量类型限定符：用于指定变量在GPU上的内存位置。

（3）新指令：用于指定如何从GPU上执行内核。

（4）四个内置变量：用于指定栅格和线程块的维度，以及线程块和线程的索引。

通过CUDA编程，将GPU看作可以并行执行非常多个线程的计算设备。每个kernel里面有很多Block，每个Block下有很多Thread. 32个Thread作为一个Warp，在一个Multiprocessor上运行。每个Multiprocessor可运行多个Thread。CUDA提供了管理多线程协调工作的模式。

3.5.3 基于GPU/CPU的RTM叠前成像实现策略

逆时偏移的实现流程可用图3.5.3来表示。

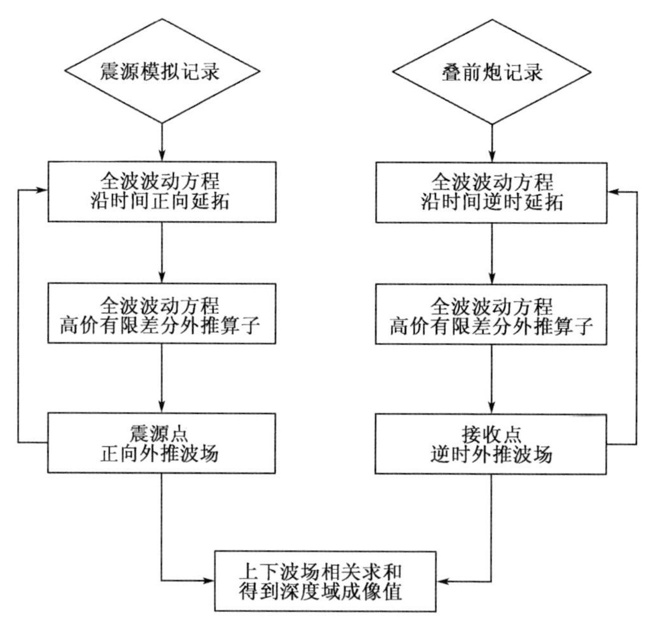

图3.5.3 逆时偏移流程图

三维双程波方程单炮逆时深度偏移主要计算量在于震源波场和检波器波场分别在时间方向上延拓。该偏移算法震源波场为正时间传播过程，检波器波场为反时间传播过程，在相同时间通过合适的成像条件成像。由于震源和检波器波场时间传播方向不同，常规的做法需要保存一个方向的波场。保存波场对于三维偏移来说需要非常巨大的硬盘空间，并且数据的在硬盘上的I/O也严重影响逆时偏移的效率。Check-point技术可以减小硬盘I/O量，提高逆时偏移的效率，但它并不能从根本上解决问题。我们在分析逆时偏移计算效率及存储瓶颈的基础上，通过研究以GPU/CPU作为计算核心，将计算量最大的波场逆时外推通过GPU实现。并利用随机速度边界的思想提高波场外推算法的并行性，解决了大规模存储的I/O问题。通过理论模型试算验证算法及方法的正确性，

3.5.3.1 逆时偏移计算中的效率问题

计算效率是否满足实际三维地震数据偏移成像的要求是至关重要的。我们认为下面四个因素在三维逆时偏移计算效率方面需要特别考虑：(1) 合成平面炮集的逆时偏移，尤其考虑到相位编码技术后，是高效的；(2) 差分格式要是显格式的；(3) 差分格式要是高精度的，可以用较大的网格而保持计算精度不下降；(4) 算法适合GPU/CPU异构平台的并行计算。

我们认为，在保持显式差分格式的基础上，有必要对常用的Dablain (1986)[19]提出的高阶差分格式进一步优化。紧致差分格式是一种选择。

前面讨论的伪谱法可以得到常速介质下的精确解，引入自适应横向变速的思想后，应该可以用于逆时深度偏移成像中。该方法可以取较大的时间步长，非常有利于减少I/O和存储量。2007年，Symes提出在Checking-Points上记录两个时间层的波场。节省存储外推的震源波场的硬盘空间。2009年中国科学院刘洪、李博及同济大学王华忠基于GPU开展了逆时偏移研究[23,24]，应用随机边界思想[14]，使炮点波场正外推过程避免了较大存储和磁盘I/O,在GPU/CPU平台上获得很高加速比。

3.5.3.2 存储问题及解决方案

由于震源波场是沿时间正向外推的，叠前炮记录波场是时间逆向外推的，要将这两个波场进行零延迟互相关，就必须保存其中一个波场，这就是逆时偏移面临的存储问题。三维情形下，要保存的这个波场 $D(t, y, x, z)$ 是一个巨大的数据体，典型地：$N_x=2000$；$N_y=1000$；$N_z=1500$；$L_t=3000$，这个波场是一个3.6T的数据体。每一炮的逆时偏移都存储如此巨大量的中间数据是不现实的。

为了解决这个问题，Symes (2007) 提出了使用Check－pointing技术来解决存储问题，这种方法的思想是把整个记录时间 L_t 分成若干段。在炮波场沿时间正向外推过程中，加吸收边界条件。这种用牺牲计算量换取存储量的方法没有从根本上解决存储问题。为此，Robert (2009) 提出了使用随机边界条件的方法进行逆时偏移，非常适合GPU的运算特点，使得逆时偏移在GPU上达到最大的加速比。借助GPU/CPU计算平台，采用随机速度边界模型，将激发点波场传至 T_n 时刻，然后以 T_n 时刻的波场为初始条件，反传激发点波场和接收点波场，并同时利用成像条件成像。可避免额外的存储空间，虽然激发点波场重复计算一次，但利用GPU计算波场延拓，其耗时与大规模的磁盘I/O读写及存储相比是值得的。

3.5.3.3 基于GPU/CPU的RTM叠前成像实现策略

三维双程波方程单炮逆时深度偏移主要计算量在于震源波场和检波器波场分别在时间方向上延拓。该偏移算法震源波场为正时间传播过程，检波器波场为反时间传播过程，在相同时间通过合适的成像条件（本项目为零延迟互相关）成像。由于震源和检波器波场时间传播方向不同，常规的做法需要保存一个方向的波场。保存波场对于三维偏移来说需要非常巨大

的硬盘空间，并且数据的在硬盘上的 I/O 也严重影响逆时偏移的效率。Check-point 技术可以减小硬盘 I/O 量，提高逆时偏移的效率，但是它并不能从根本上解决问题。

逆时偏移边界条件的处理直接影响成像效率和效果。PML 边界条件被认为是最有效的解决人工边界的技术，吸收边界条件造成边界处和中心区域差分模式不同，这对于 CPU 算法没有问题，但对于 GPU 核函数，过多的分支严重影响其计算效率。通过引入随机边界条件，边界区域和中心区域差分格式完全相同，在 GPU/CPU 异构平台上实现差分运算带来了极大便利。在随机边界条件情况下，波场传播过程是可逆的，这样，我们可以通过牺牲一次波场传播来解决逆时偏移的 I/O 问题。即首先将震源波场正向传播到最大时间，然后从最大时间开始同时反向传播震源波场和检波器波场，每传播一步提取一次成像值。这样就完全避免了波场的硬盘存储，从而提高了逆时偏移的计算效率。即通过引入随机边界条件，解决了逆时偏移的 I/O 问题和 GPU/CPU 异构平台的实现问题，图 3.5.4 为三维双程波方程单炮逆时深度偏移 GPU 实现流程图。

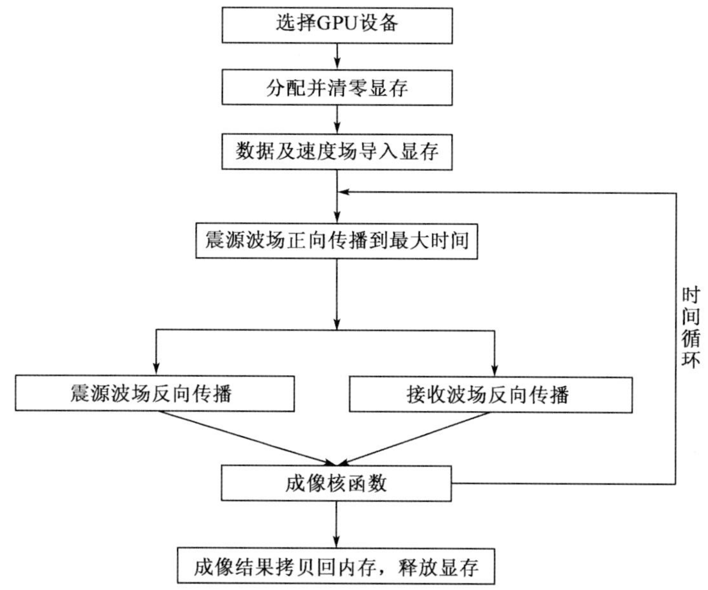

图 3.5.4 逆时深度偏移 GPU 部分流程图

三维双程波方程单炮逆时深度偏移循环结构为：最外层为炮循环，然后为每炮内部的时间循环，每个时间步骤由三维差分构成。根据三维双程波方程单炮逆时深度偏移算法的特点，GPU/CPU 并行算法按照如下策略实现：最外层循环单炮循环利用 MPI 控制在不同节点（CPU 核）上通过进程级粗粒度实现。在每炮内部，数据的输入输出、除波场延拓和提取成像值外的其他运算（如单炮成像结果叠加、低频噪声的去除等）均在 CPU 上完成。完成数据输入及相应速度场的输入后，将地震数据、子波及速度场等拷贝到 GPU 显存，在 GPU 上完成单炮数据时间外推循环及每步波场外推结束后的成像值提取。该实现策略最外层单炮循环的实现与常规 CPU 单炮偏移无异，唯一区别在于每炮内部的波场外推和成像值的提取上。由于差分计算完全可以转化为向量乘问题，在 GPU 上计算可以达到较高的加速比。

3.5.3.4 模型数据的数值试验

为了测试算法成像精度，采用三维盐丘模型来研究几种叠前成像方法及适用性。该模型数据体的观测参数为：4780炮每炮68道，炮间距80m，道间距40m，时间采样率8ms，采样数615。数值试验偏移参数为：主频：20Hz，频率范围：5～55Hz；偏移孔径：Aperture_x=6000m、Aperture_y=3000m；成像输出间隔：$dx=dy=20m$，$dz=10m$；偏移时效对比：采用60节点CPU系统总耗时3510min；采用12节点GPU/CPU协同系统（S1070），总耗时298min。因此，单节点加速比：GPU∶CPU =58.89∶1。通过试算该算法不仅具有高效的加速比，而且成像精度最高。

图3.5.5至图3.5.7为CPU平台和GPU平台上，SEG/EAGE 3D岩丘模型数据的逆时深度偏移结果的对比。

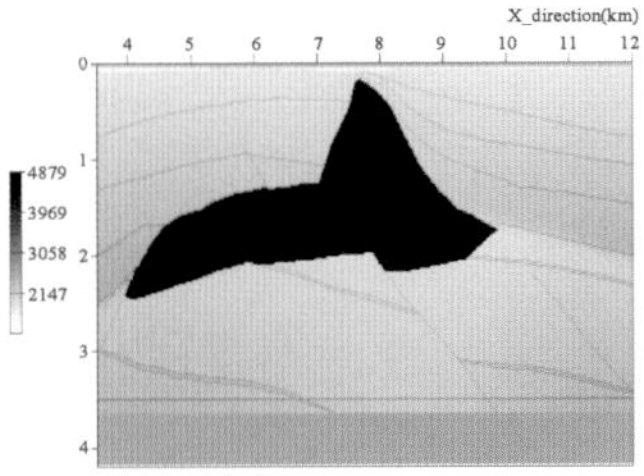

图3.5.5a inline速度模型

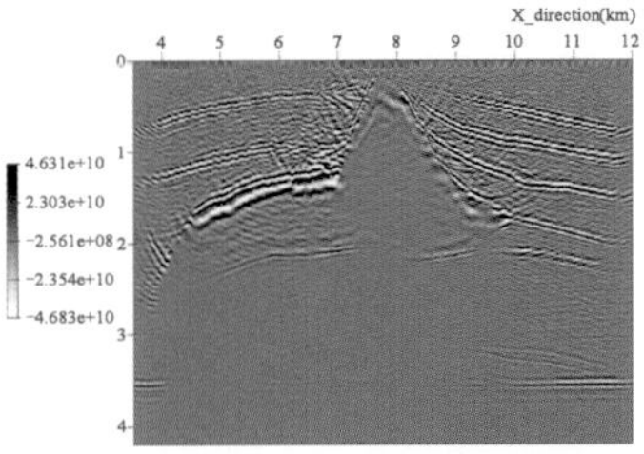

图3.5.5b CPU偏移结果

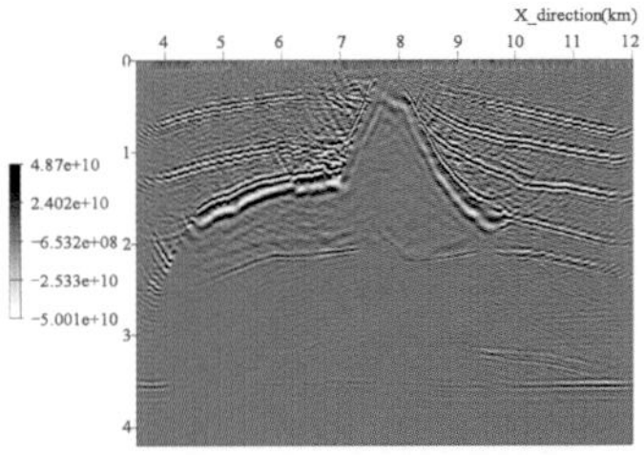

图3.5.5c GPU偏移结果

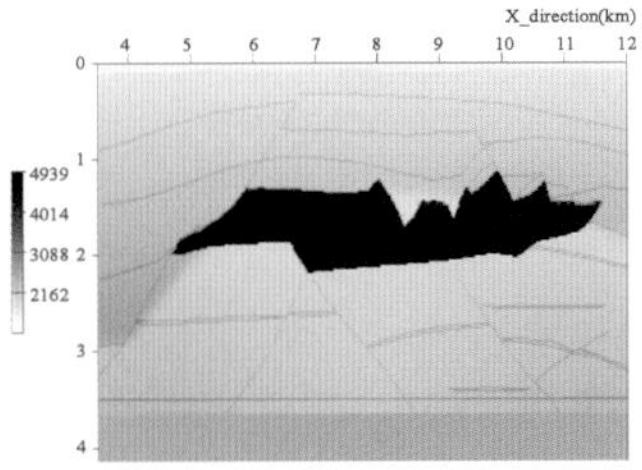

图3.5.6a crossline速度模型

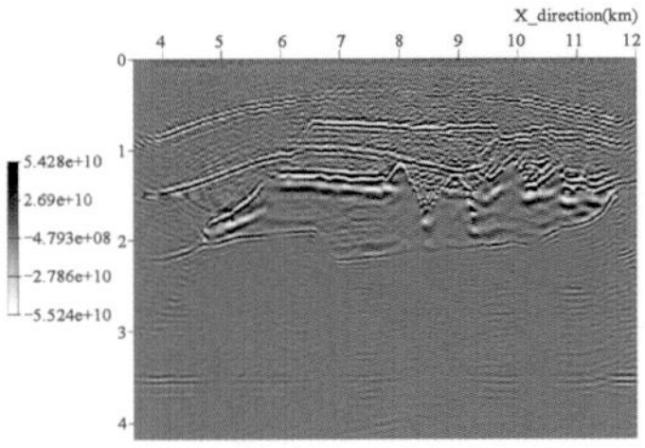

图3.5.6b CPU偏移结果

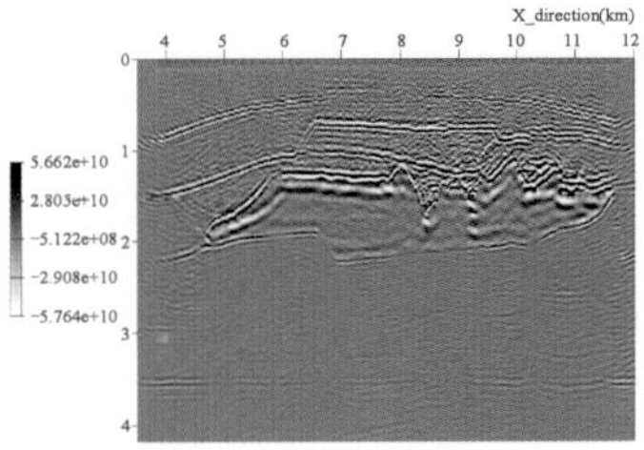

图3.5.6c GPU偏移结果

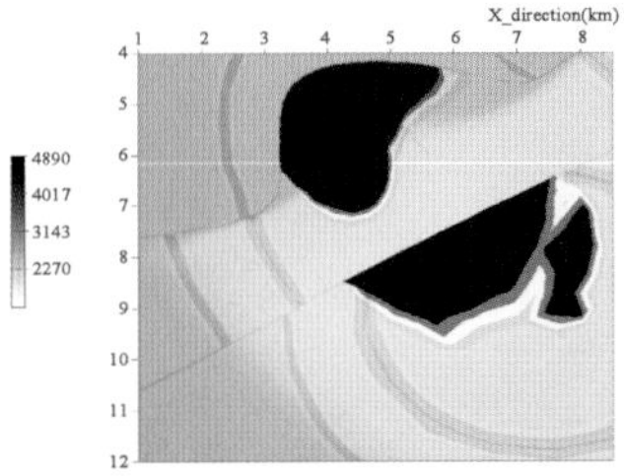

图3.5.7a 深度切片速度模型

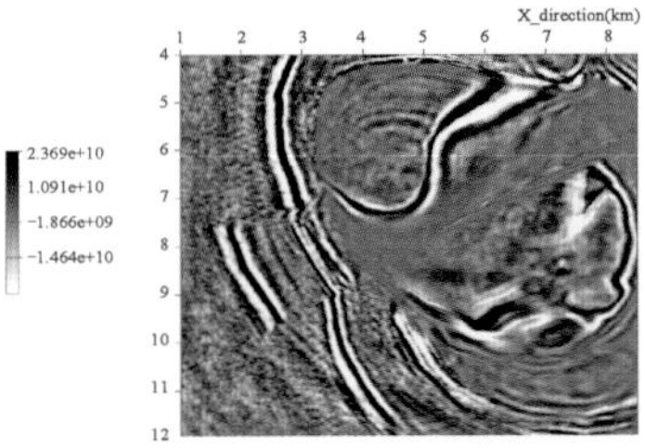

图3.5.7b CPU偏移结果

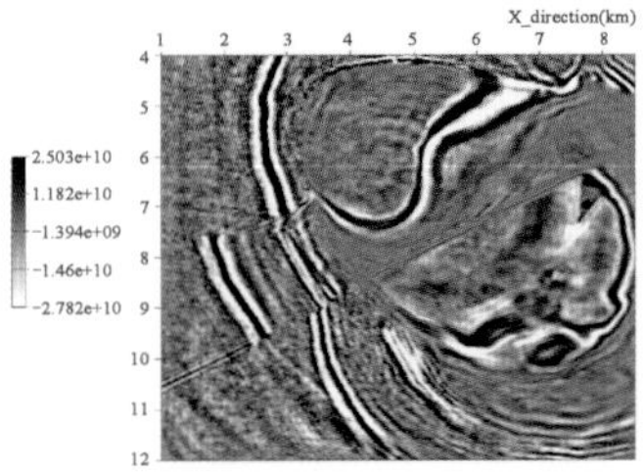

图3.5.7c GPU偏移结果

这些三维岩丘模型数据的成像结果中，a图是对应的速度场切片、b图是CPU成像结果、c图是GPU成像结果。可以看出，GPU平台计算结果是正确的。为了测试算法成像精度，我们设计了“NWGI”模型来研究几种叠前成像方法及适用性。该模型数据体的观测参数为：250炮每炮120道，炮间距40m，道间距10m，偏移距－6000～6000m，记录长度2.5s，采样数1250个，采样率2ms，如图3.5.8所示。

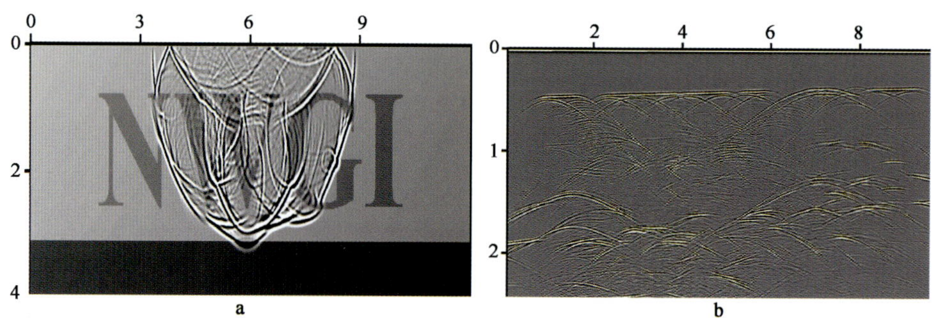

图 3.5.8　NWGI 模型正演波场（a）及正演的零偏移距剖面（b）

数值试验偏移参数为：主频：18Hz；偏移孔径：Aperture _ x＝Aperture _ y＝800m；成像输出间隔：dx＝dy＝10m，dz＝10m；总计耗时：98min/480CPU；GPU/CPU 协同平台（S1070），250 炮共计用时 5.2min/12GPU；加速比：GPU _ Time：CPU _ Time＝1∶94.2。通过试算，该算法不仅具有高效的加速比，而且成像精度最高，如图 3.5.9 所示。从图中可看出，在速度模型准确时，深度域成像都能恢复下伏地层真实构造形态，但对于特殊构造，无论是反射角偏移还是单程波动方程偏移都不能精确成像。逆时偏移通过对复杂速度结构的波场精确传播，能使倾角为 90°的垂直地层成像。

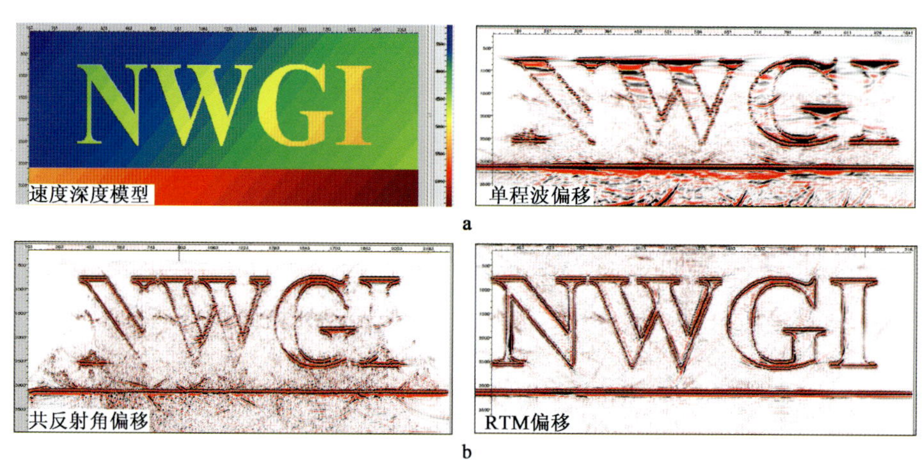

图 3.5.9　NWGI 速度模型（a）及不同偏移方法成像结果对比（b）

3.5.3.5　实际数据测试

盐下地震勘探由于盐丘速度与围岩地层差异大，且厚度横向变化大，造成地震波场复杂及时间域构造假象等问题[25]。针对陆地 B 区复杂盐丘的地质特征，采用多井约束地震速度建模方法[17]，建立盐丘速度—深度模型，如图 3.5.10 所示。

采用双程波波动方程深度域成像技术解决了盐下、盐丘侧翼的成像问题，实现了对盐丘边界及盐丘侧翼的准确归位，消除了盐丘速度异常对下伏地层造成的时间域构造畸变，使盐下地层在深度域能够准确成像。盐丘顶界面、盐侧翼边界、大于 90°盐侧翼特殊盐下构造能精确成像，如图 3.5.11 所示。

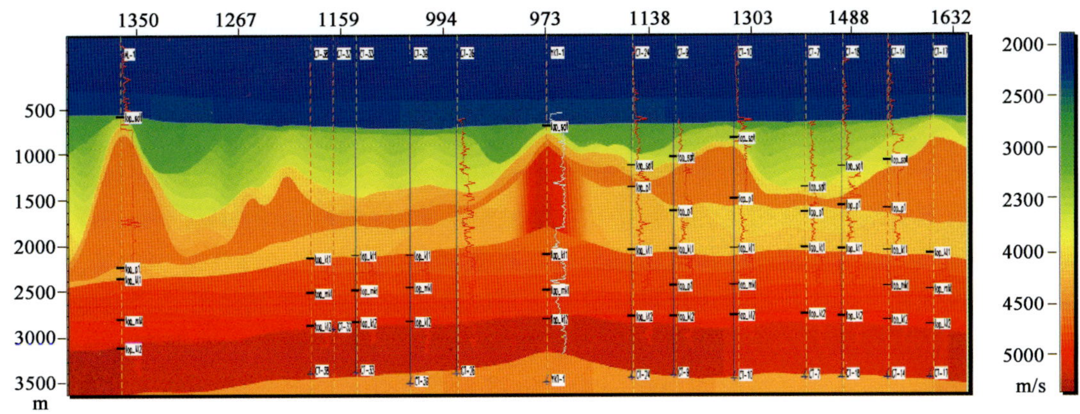

图 3.5.10 多井约束反演的速度—深度模型

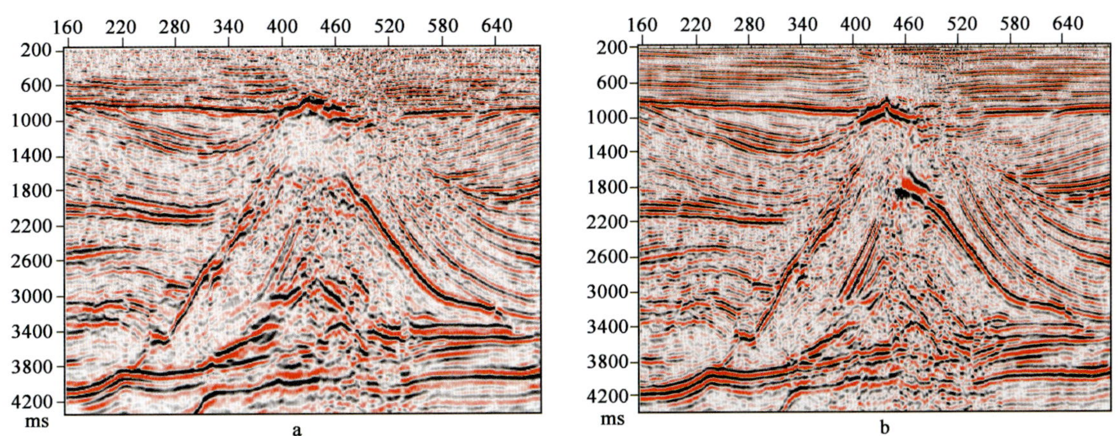

图 3.5.11 盐下构造单程波偏移（a）与逆时偏移成像结果对比（b）

图 3.5.11 为单程波偏移与逆时偏移结果对比，在单程波成像中，由于照明不够不能突出盐丘的回折射线能量，并且盐体的陡峭侧翼也不能成像（由于算法的倾角局限性）。用逆时偏移处理陡倾角和回折波能量及来自其他双程射线路径的能量，能使回转构造及陡倾角准确成像。

3.6 结论

从理论上讲，地震偏移成像已经进入了以逆时深度偏移为成像技术、以全波形反演为速度估计技术，并且二者紧密结合的精确成像新阶段。三维逆时深度偏移已经逐步进入工业化应用阶段。三维全波形反演估计偏移速度还需要一定的时间才会进入工业化应用阶段。

这两项技术得以实现的物质基础是高性能的计算机系统。超大规模的多核/众核 CPU 计算机系统和 GPU/CPU 异构的计算机系统促进了现代地震成像技术的快速发展。CPU 平台上，并行计算是进程级的并行，多指令流和多数据流。这是粗粒度的并行运算（相对于线程级并行而言）。GPU/CPU 异构的平台是线程级的并行，在多指令流多数据流的基础上复用单指令流多数据流。在该异构的硬件平台上，CPU 执行进程级的并行，GPU 执行线程级的并行。当然，多核/众核 CPU 计算机系统也可以在 OpenMPI 编程模式下实现多核进程级并行。这也是当前 GPU/CPU 异构平台发展趋势不明朗，有被众核 CPU 计算平台取代的可能性的原因。另外，算法是否适合线程级并行运算也是能否大幅度提高计算效率的关键。

我们的结论是：通过大量的文献调研和不断地修改实现方案，我们提出的上述三维逆时深度偏移计算方案是比较实用化的。提出了三维逆时深度偏移的可行的实现方案，并在滨里海盆地得到应用。通过叠前逆时深度偏移处理，有效消除了盐丘上拉现象造成的成像假象，提高了盐下成像精度，盐丘边界成像更加清楚，可以落实盐下真实的构造形态。通过针对东部石灰岩异常体进行刻画，消除了异常体上拉假象影响，落实准确的构造形态。从理论上讲，三维逆时深度偏移是目前最为精确的成像方法。这是叠前深度偏移成像技术发展的必然。它与 FWI 速度估计方法相结合是精确成像的发展方向。GPU/CPU 异构高性能计算平台和多核/众核 CPU 高性能计算平台是当前大规模数值计算的首选工具，正是它们的强大计算能力使 RTM+FWI 的高精度成像模式在不久的将来可以进入实际生产领域，并将发挥巨大的作用。

参考文献

[1] Whitemore N D. Migration: Fundamental issues and future developments. 52nd Annual International Meeting, SEG, Expanded Abstracts, 1982, 520

[2] McMechan G A. Migration by extrapolation of time－dependent boundary values. Geophysical Prospecting, 1983, 31 (3): 413～420

[3] Baysal E, Kosloff D D, and Sherwood J W C. Reverse time migration. Geophysics, 1983, 48 (11): 1514～1524

[4] Claerbout J F. Toward a unified theory of reflector mapping. Geophysics, 1971, 36 (3): 467～481

[5] Mulder W and Plessix R. One-way and two-way wave-equation migration. 73rd Annual International Meeting, SEG, Expanded Abstracts, 2003 , 881～884

[6] Yoon K, Marfurt K J, and Starr W. Challenges in reverse-time migration. 74th Annual International Meeting, SEG, Expanded Abstracts, 2004, 1057～1060

[7] Yoon Kwangjin, Marfurt K J. Reverse-time migration using the Poynting vector. Exploration Geophysics, 2006, 37: 102--107

[8] Bednar J B, Stein J, Yoon K, and Shin C. An up and down talk in the two-way walk. 73rd Annual International Meeting, SEG, Expanded Abstracts, 2003 , 877～880

[9] Fletcher R, Fowler P, Kichenside P, Albertin U. Suppressing artifacts in prestack reverse time migration. 75th Annual International Meeting, SEG, Expanded Abstracts, 2005, 2049～2052

[10] Fletcher R, Fowler P, Kichenside P, Albertin U. Suppressing unwanted internal reflections in prestack reverse-time migration. Geophysics, 2006, 71 (6): E79～E82

[11] Faqi Liu, Guanquan Zhang, Scott A Morton, and Jacques P Leveille Reverse-time Migration Using One-way Wavefield Imaging Condition. 77th Annual International Meeting, SEG, Expanded Abstracts, 2007, 2170～2174

[12] Symes W W. Reverse time migration with optimal check-pointing. Geophysics, 2007, 72 (5): SM213～SM221

[13] Robert W. Clayton and Engquist. Absorbing boundary conditions for wave equation migration. Geophysics，1980，45：95～901

[14] Robert G Clapp. Reverse time migration with random boundaries. 79th Annual International Meeting，SEG，Expanded Abstracts，2009，2809～2813

[15] NVIDIA. CUDA 计算统一设备架构——编程指南（第二版）. NVIDIA 公司，2008

[16] 张宝琳，袁国兴，刘兴平，陈劲．偏微分方程并行有限差分方法．北京：科学出版社，1994

[17] 陈国良．并行算法的设计与分析．北京：高等教育出版社，1994

[18] 王西文，刘文卿，王宇超等．共反射角叠前偏移成像研究及应用．地球物理学报，2010，53（11）：2732～2738

[19] Dablain M A. The application of high-order differencing to the scalar wave equation. Geophysics，1986，51（1）：54～66

[20] Matt hew H Karazincir and Clive M Gerrard. Explicit high-order reverse time pre-stack depth migration. 76th Annual International Meeting，SEG，Expanded Abstracts，2006，2353～2357

[21] Robert Soubaras and Yu Zhang. Two-step explicit marching method for reverse time migration. 78th Annual International Meeting，SEG，Expanded Abstracts，2008，2272～2276

[22] Guan H，Li Z，Wang B and Kim Y. A Multi-Step Approach for Efficient Reverse-Time Migration. 78th Annual International Meeting，SEG，Expanded Abstracts，2008，2341～2345

[23] 刘红伟，李博，刘洪等. 地震叠前逆时偏移高阶有限差分算法及 GPU 实现. 地球物理学报，2010，53（7）：1725～1733

[24] 李博，刘红伟，刘国峰，佟小龙，刘洪，郭建，裴江云．地震叠前逆时偏移算法的 GPU/CPU 实施对策. 地球物理学报，2010，53（12）：2938～2943

[25] 陈波，何文华，吴林钢等. 盐下地震勘探实践和认识．石油地球物理勘探．2007，42：90～92

4 复杂构造区深度域速度建模方法研究与应用

4.1 引言

地震速度建模是一个反演问题，为了满足精确成像和反射点能量聚焦的需要，地球物理学家提出了若干种偏移速度模型的建立方法来建立深度—速度模型。按照所依据的理论，速度建模有射线法、波动方程法和综合法。按照所使用的道集，速度模型建立方法分为共中心点法、共反射点法、共成像点法、共聚焦点（CFP）法和共反射面法等。常规方法生成的共成像点道集中将会出现偏移假象，从而会影响共成像点道集的质量、保幅性和偏移速度分析的精度。因此，我们在传统射线法生成道集基础上，开展了基于波场延拓的角度域道集构建方法研究。角度域道集在原有的地表属性索引的基础上，引入了地下反射角这一地下索引属性及有关的动力学特征，可以有效克服共成像点道集的多路径问题，更有效地保持道集的特性，从而能够在一定程度上提高共成像点道集的质量、减少偏移假象，提高偏移结果的相对保真性。

在地震成像的每个阶段，速度参数是至关重要的影响因素。影响地震波传播速度的因素有很多，诸如地下介质的岩性、密度、孔隙度、埋藏深度等。这些因素体现在地震波走时、波形、振幅和相位等属性上的变化。只有充分了解速度与影响因素的相互关系，才有可能更加准确地估计出地下结构。在深度域成像过程中，速度分析的目标是建立一个随深度—空间位置而变化的层速度模型，该模型由主要的速度层构成，可称为“宏观速度模型”。宏观速度模型的建立直接影响着叠前深度偏移成像结果的质量。一般来讲，速度建模是在叠前深度偏移迭代运算中建立与更新，即速度建模离不开叠前深度偏移运算，而叠前深度偏移成像效果可用来验证速度模型的正确与否，二者相伴相随，相互印证。速度是偏移成像的核心，而速度的正确与否则需要通过偏移来检验。相对于叠前时间偏移和叠后深度偏移而言，叠前深度偏移对速度变化更为敏感。对于复杂构造区域，常常出现地震资料信噪比较低、地震波波场复杂和地震波照明不均匀等现象，这也是速度建模的困难所在。速度建模的实践性和其方法性同等重要。从初始速度模型建立开始到速度模型的更新，如何对每一步进行有效的、合理的约束与质量控制，关系到速度建模的时效与偏移成像的质量。

针对宏观速度模型建立问题，分析常规速度建模方法，包括相干反演法、深度域聚焦分析法、剩余速度分析法和层析成像法速度建模，研究速度建模从初始模型建立到速度模型的修正与优化，最后提出了一种综合速度建模的方法。

4.2 速度建模方法研究现状与进展

叠前深度偏移是实现复杂构造准确成像的方法之一，而要获得精确的成像结果，除选择合适的偏移算法外，偏移速度也是一个非常重要的参数[1]。偏移速度的精度直接影响叠前深度偏移成像的精度，R. J. Vcrstccg（1994）利用已知的 Marmousi 精确速度模型试验了叠前深度偏移对速度模型的灵敏性，通过将实际速度模型变得越来越平滑后获得的偏移图像上得出结论，要从精确的数据中获得精确的深度偏移结果，速度模型需要的最小空间波场为200m[2]。因而，在复杂地震资料求取精确的速度模型时，对所要实验的模型空间加以限制就可以提高迭代速度的方法的收敛速度和概率。H. J. Ticman（1995）指出，在有横向速度变化的情况下，聚焦分析及叠加加权等常规速度分析方法失效，在偏移速度分析时，应该考虑横向速度变化的影响[3]。利用常规速度分析方法与层析成像结合，有助于解决潜在的横向速度的变化问题。因此，建立准确的速度模型对复杂构造地震成像的精度至关重要。

速度模型的建立过程是从初始速度模型出发，根据某种判断手段，对初始速度模型进行迭代修正的过程，也就是说，速度模型的建立是通过逐步逼近和反复迭代来实现的。要求取准确的速度模型，首先需要建立一个相对准确的初始速度模型。初始速度模型建立的方法包括叠加速度反演、DIX 转换法、VSP 初至反演、走时层析反演、相干反演法等。这些方法一直是叠前深度偏移速度建模的主要方法。初始速度模型的精度决定了后续对速度模型进行优化的迭代次数和向正确速度模型逼近的速度[4,5]。

最初人们用叠加速度按照 DIX 公式计算层速度，但其假设条件是地层近似水平成层或者倾角较小，当地下界面倾角变化大时，计算误差较大。J. Gazdag 和 P. Sgvazzero（1984）提出了基于波场延拓的层速度分析法，处理倾斜同相轴的问题[6]。郭树权（1987）通过偏移距校正提高由叠加速度求取层速度的精度[7]。E. Mikenare（1988）实现了利用迭代法建立三维层速度场。钟募组（1989）列举并对比了层速度计算中的四种倾角校正方法，分析了误差产生的原因，提出了量板法校正倾角，求出的层速度最接近声测速度。马争鸣（1992）通过改进试射法提出了二步射线追踪法[8]，分两步完成目标函数的最小值的搜索，实现了非线性层析反演层速度，加快了迭代收敛的速度，但此方法对使用者要求高，因此推广难度大。王山山等（1994）提出了一种基于混合法波场计算和最优化方法反演层速度[9]，恢复了长波长速度信息，加快了速度迭代反演的收敛。Y. C. Kim 等（1996）利用射线偏移确定速度界面，共中心点道集深度偏移确定速度的精度，将两者联合起来建立速度模型比单独用叠前深度偏移更有效，偏移的速度也要快。

叠前深度偏移处理需要的是准确的速度模型。在处理中，除了要求提供初始速度模型以外，还要求初始速度模型有较高的精度，因此，对初始速度模型的改进方法的研究也是非常重要的。目前，用得比较多的速度优化方法是基于共成像点道集的速度分析法，有剩余时差分析法（RMA）和深度聚集分析法（DFA）。剩余时差分析速度优化法是基于 1989 年 Al—Yahya[11]提出的共成像点道集拉平准则，即利用初始速度模型对数据进行叠前深度偏移处理，对地下的某个成像点来说，当使用的偏移速度模型正确时，则得到的成像道集应该是拉平的，即道集中不同偏移距的地震道具有相同的深度值，如果道集同相轴没有拉平，则认为存在剩余时差，如果同相轴向上弯曲，则认为偏移速度过小，如果同相轴向下弯曲，则认为偏移速度过大，依据速度误差来更新速度场。深度聚集分析法主要是基于 Doherty 和 Claerbout（1974）提出的零时间成像与零偏移距成像深度一致准则，该准则认为，在叠前深度偏移时，以错误的速度模型进行偏移得到正确的深度与以正确的速度模型进行偏移得到错误的深度是等价的。Jeannot 等（1986）将深度聚焦分析方法推广到叠前深度偏移处理中。1989 年，Mackay 和 Abma 证实了深度聚集分析数据也可以用来获得聚焦较好的地震剖面，并于 1992 年讨论了倾斜地层存在层内横向速度变化情况下的深度聚集分析，1993 年又提出利用波前曲率作为聚焦标准的深度聚集分析方法，降低了聚焦速度分析解释过程的不确定性[12,13]。

为了使速度更加精细和准确，在这两种方法的基础上，近些年又出现了一些新的速度模型建立方法，如层析法等（1991），李录明、罗省贤（1997，1998，1999，2004）深入研究了波动方程叠前深度偏移速度分析方法，并研究了 P－SV 转换波速度建模方法，在多个三维资料深度偏移中见到良好的效果。李振春等人（2002，2003）提出了线性加权法和基于摄动法的共成像点（CIP）道集偏移速度建模方法[14,15]。近几年，随着计算机运算能力的提高，波形反演研究开始应用于时间域、深度域，并取得了初步的效果。

4.3 速度模型建立的影响因素

叠前深度偏移中使用的速度是层速度场，直接从实际资料获得层速度难度很大。人们通过多年的研究，找到了解决办法，即在深度偏移前首先建立一个初始的速度模型，再应用一系列的方法和手段对初始模型进行迭代优化，最后得到一个与实际地层层速度接近的速度模型[16,17]。叠前深度偏移的效果主要取决于两个方面，一方面是所选择的偏移算法，另一个就是偏移时所使用的速度模型。叠前深度偏移对速度参数非常敏感，不准确的层速度用于叠前深度偏移处理会导致错误的结果。因此，建立一个准确的速度模型是叠前深度偏移成像的关键。速度建模是一个地质信息综合分析的过程，研究速度建模主要研究两个参数，一个是地层的层速度值，另一个是地层层位底界面的几何形态。因此，只有当两个参数都确定下来时我们才能够得到叠前深度偏移所需要的层速度—深度模型。层速度—深度模型求取的方法有很多种，但是每种方法除了受本身算法的局限外，还会受到多种因素的影响，比如地震资料的信噪比低导致初始速度模型误差太大、模型优化方法精度不够、静校正等都会对速度建模带来影响。

4.3.1 初始速度模型精度对速度建模的影响

由于直接从实际资料获得用于深度偏移的层速度存在很大难度，因而迭代的方法常常用于速度模型的优化，即在深度偏移时先给定一个初始速度模型，在一定的判断条件下，多次反复迭代优化速度模型，最后获得能够满足叠前深度偏移精度要求的速度模型。初始速度模型的精度决定了迭代优化收敛速度的快慢，初始速度模型与实际速度模型差异越小，迭代的次数也就越少，速度模型向正确结果收敛的速度就越快；初始模型与实际模型的误差越大，迭代的次数就越多，模型收敛的速度就越慢，有时候甚至会背道而驰，产生错误的偏移结果。因此，为了提高叠前深度偏移成像的精度和效率，初始速度模型应尽可能地与地下实际情况相近，减少模型优化迭代的次数。

4.3.2 静校正对速度建模的影响

在中国东部的大部分地区，地势相对比较平坦，低降速带的厚度、速度在纵横向上变化不大，采用常规的静校正方法就能实现数据从起伏地表向水平基准面的校正，对速度建模及偏移影响不大。而在我国西部地区，如塔里木盆地、吐哈盆地火焰山、玉门酒西窟窿山、柴达木盆地西部等地区，地形起伏较大，沟壑纵横，近地表结构复杂，低降速带厚度、速度纵横向变化大，局部地区有高速老地层出露于地表，因此静校正问题是西部资料的主要特点。解决静校正的办法是通过利用基岩的速度作为替换速度来代替近地表的速度，从而实现静校正问题的解决。这种静校正计算的方法实际上是一种近似，当地下介质横向变化不大时，可以较好地解决静校正问题。但是，当地下岩石横向上存在较大速度差异时，这种处理办法就会带来比较大的误差，影响了地震数据静校正处理的精度。不同的静校正方法，由于对近地表速度结构反演的精度不同，也会造成静校正计算的差异。在起伏地表的情况下，地震资料处理往往都是先将地震数据校正到一个相对平滑的浮动基准面上进行处理，最后实现浮动基准面到固定基准面的校正。因而浮动面平滑的程度也会影响道集速度反演等的误差。这种在静校正处理时静校正问题解决的程度影响用于速度建模的共中心点道集的质量，从而影响速度建模的精度。

4.3.3 信噪比对速度建模的影响

从理论上讲，叠前深度偏移是复杂构造成像最理想的手段。但是，当地震资料的信噪比较低时，叠前深度偏移成像效果往往不理想，难以实现复杂构造准确成像。其主要原因在于：(1) 偏移中选择的成像方法本身要求地震资料具有一定的信噪比；(2) 速度建模方法克服噪声干扰的能力有限。不管叠前深度偏移采用的是哪种速度建模方法，如相干反演法、DIX 转化法等，它们都以输入的地震数据为基础展开速度—深度模型的建立。2007 年勾丽敏等人研究了噪声对叠前深度偏移层速度精度的影响，总结了噪声的影响规律。信噪比的影响存在一个界限，当高于界限值时，噪声对层速度估算影响小，当低于界限值时，噪声严重影响层速度估算的精度，而且信噪比越低，层速度误差随信噪比下降迅速增大，下降的数值与信噪比为近似线性关系。因此，如何采取有效的噪声压制方法，努力提高复杂区地震资料的信噪比，建立准确的速度模型是叠前深度偏移成功的关键所在。

4.3.4 叠前数据不规则性对速度建模的影响

由于陆上地震数据采集的不规则性，使得地震资料往往存在覆盖次数不均匀、偏移距分布不均匀、面元距离不均匀等现象。图 4.3.1 和图 4.3.2 分别显示的是同一块三维采集资料的面元覆盖次数分布图和某一偏移距的分布情况。由图可见，不仅存在覆盖次数分布不均匀的情况，而且炮检距的分布也不均匀，有的区域分布密集，有的区域却缺失该偏移距，这种规则问题将会导致叠前偏移道集或偏移剖面上划弧现象的产生。偏移处理中出现的这种“划弧”现象并不是由于偏移速度不准确而引起的。在进一步更新速度模型的剩余延迟分析过程中，如果试图将道集上“划弧”的现象当成同相轴上翘现象进行拉平时，会使剩余延迟分析的结果错误，进而造成对速度场信息的破坏，以至于影响到最终的成像结果。所以，当叠前数据存在不规则的情况时，有必要对数据进行叠前规则化处理，使得覆盖次数更均匀，偏移距分布更合理，尽量使道集能量分布均匀，避免偏移过程中划弧现象的产生。

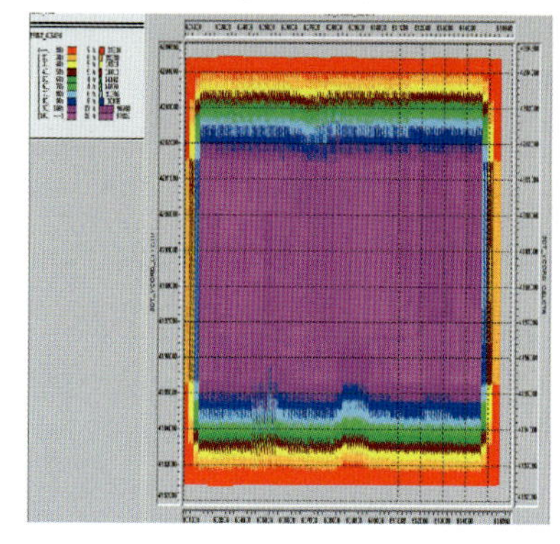

图 4.3.1 覆盖次数图

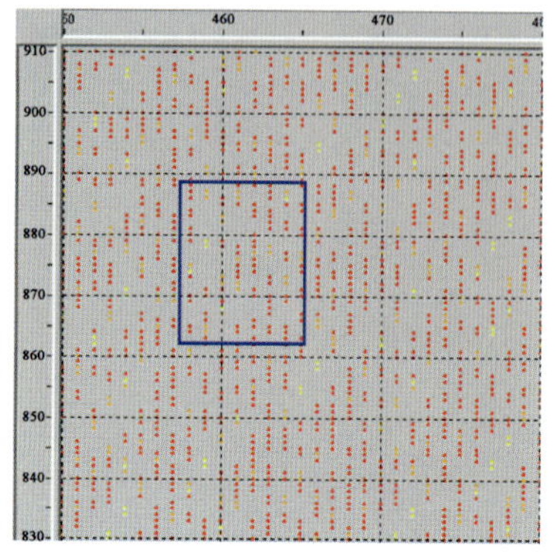

图 4.3.2 规则化前偏移距分布

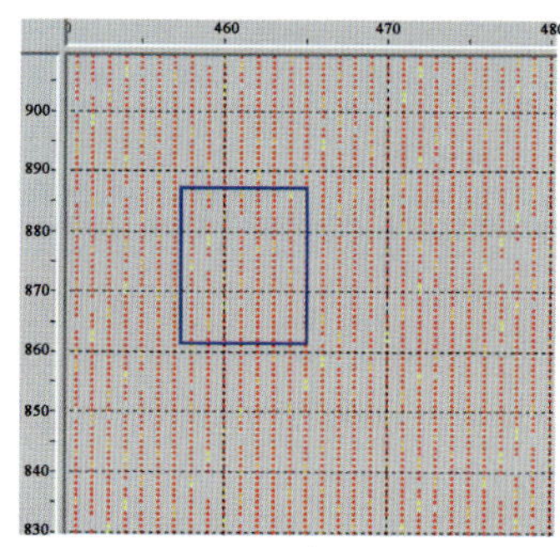

图 4.3.3 规则化后偏移距分布

图 4.3.3 是图 4.3.2 对应的规则化处理后同一偏移距的分布图，可见，规则化处理后，偏移距分布更加均匀，消除了规则化前数据上偏移距缺失造成的“空洞”现象，这有利于后续的偏移处理。图 4.3.4 是在规则化处理前后的道集上进行的叠前偏移结果，规则化之前，偏移剖面上存在严重的划弧现象，成像受到非常大的影响，而规则化之后，覆盖次数均匀，偏移剖面上划弧现象明显减弱，偏移成像清晰，当然，使用这样的叠前深度偏移道集进行速度建模结果会更可靠。

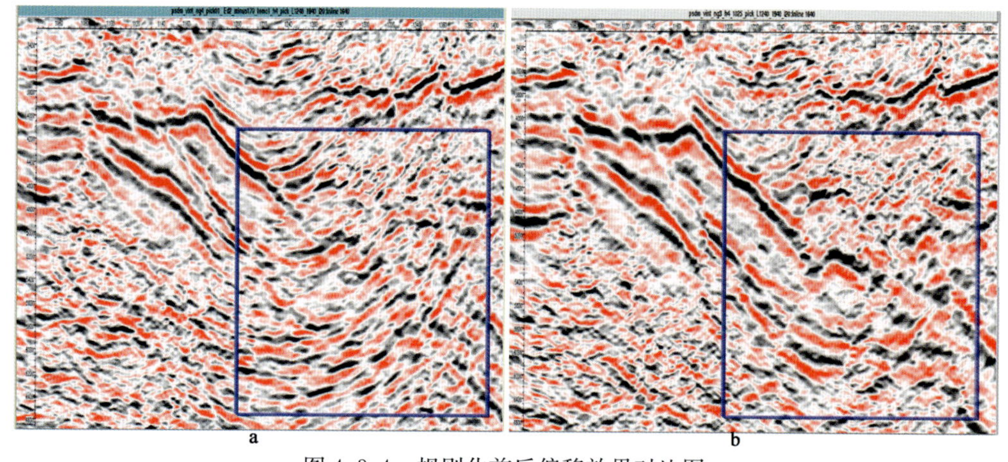

图 4.3.4 规则化前后偏移效果对比图

a—规则化前偏移；b—规则化后偏移

4.3.5 地质体对速度的影响

从地质体本身的结构因素来看，影响层速度的因素有岩性、密度、孔隙度、埋藏深度、压力和地质年代等。岩性是影响地震速度的主要因素，大量的统计研究发现，高速体往往是碳酸盐岩、盐体、硬石膏；低速体大多是砂岩和泥岩。孔隙度也是影响岩石速度的重要因素。通常随着埋深（或上覆地层压力）的增加，孔隙度减小，速度增大。

4.3.6 地下构造形态对速度的影响

地层产状、界面形态及地层接触关系都对地层速度有明显影响。对于水平层状均匀介质而言，叠加速度近似等于广义的均方根速度，此时用 DIX 公式转换出的层速度误差很小。但当地层倾角较大时，叠加速度必须乘以 $\cos\theta$（θ 为地层倾角），才近似等于广义均方根速度，这就说明地层倾角较大时，计算出的叠加速度偏大，反演出的层速度也相应地偏大，此时用 DIX 公式转换出的速度误差很大。凸界面顶部和凹界面底部对速度也有影响，对于继承性的地质结构，由于上覆构造两翼向下弯曲造成 CMP 道集间的时差减小，双曲线型反射同相轴变得较为平缓，因此求出的叠加速度偏大，反演出的层速度也偏大。反过来，射线通过水平界面时要比通过下凹界面时 CMP 道集间时差大，所以此时双曲线型反射同相轴的形状变陡，求出的叠加速度较小，反演出的层速度稍偏小，如图 4.3.5 所示。此外，断层、薄层及薄互层、尖灭等地质现象对速度也有一定影响，由于断层、薄层及薄互层、尖灭等地质现象能造成层间反射波的调谐现象，破坏了反射同相轴时距曲线为双曲线的假设，无论求得的叠加速度还是反演出的层速度，都不能代表一个单层的速度，而是调谐的综合反映，速度的大小与层厚及调谐的振幅、频率和相位有关。

4.3.7 介质横向各向异性对速度的影响

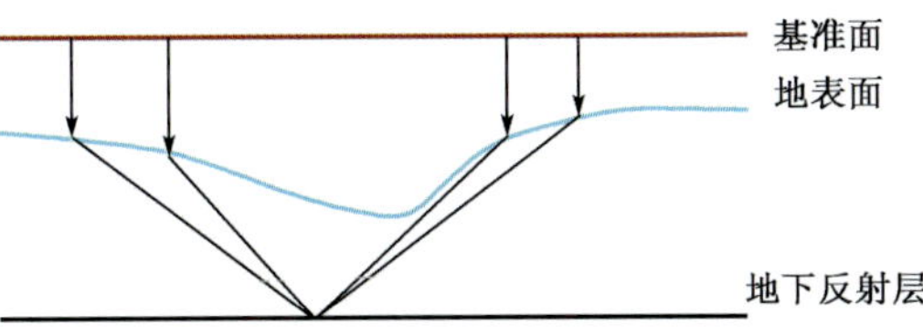

图 4.3.5 地下介质结构示意图

在常规的速度分析中没有考虑共中心点道集内速度的横向变化，在大的断裂带和沉积环境突变区，介质的不均匀性破坏了反射同相轴的双曲线形态，分析的叠加速度、反演的层速度可能与实际的速度有较大的差异，但这种影响到目前为止，还没有很好的解决办法，很多的研究致力于各向异性速度分析和反演上，期望有所突破。

4.3.8 多次波对速度的影响

多次波的存在，特别是层间多次波发育时，反演出的速度具有多值性与欺骗性，需仔细识别，图 4.3.6 中，相干反演出现两个相干峰值，在沿层剩余延迟谱上，也会出现两套速度，需要仔细甄别，找出一次波能量和速度，如图 4.3.7 所示。

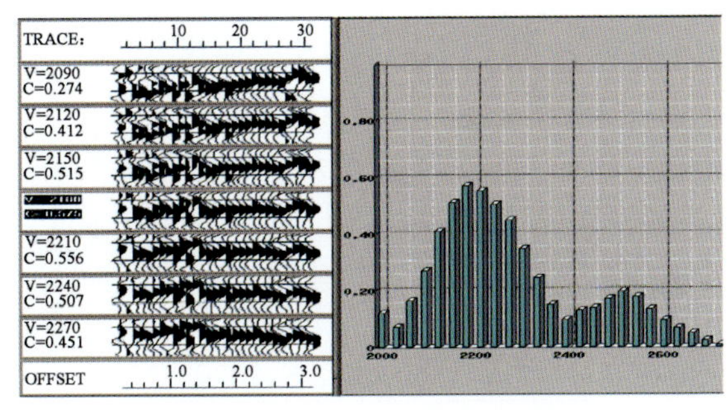

图 4.3.6 层速度反演相干能量

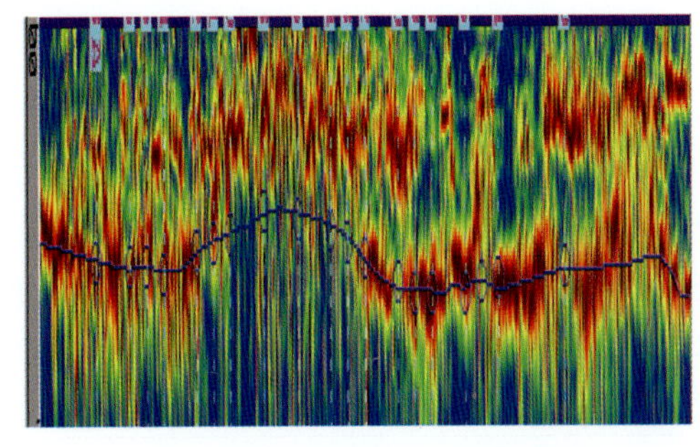
图 4.3.7 反演出的层速度谱

4.3.9 不同速度求取方法精度分析

速度信息的获取主要有以下几种途径：(1) 地震资料处理中获得的叠加速度或偏移速度；(2) VSP（垂直地震剖面）资料中求取的层速度、平均速度；(3) 声波测井、偶极横波测井等资料获得的声波速度；(4) 由标定的地震层位和钻井地质分层求取的伪平均速度；(5) 由叠前道集（或叠加速度）反演的层速度、平均速度。按照获得的速度的途径来分析，纵向精度最高的为伪平均速度，其次为由CMP道集反演的速度和VSP及声波测井求取的平均速度，利用DIX公式由叠加速度求取的平均速度或层速度精度最低。通过以上对影响地震速度的诸因素的分析，可以看出影响速度的因素很多，只有对这些因素加以分析才能在速度反演中克服、避开不利的因素，提高地震速度建模的精度。在研究中发现地震速度能够控制速度的横向变化规律，但纵向分辨率低；VSP、声波速度、伪平均速度纵向精度高，但控制速度横向变化规律的能力较差，空间分辨率低。因此，在地震速度建模中将二者有机地结合起来，采用多井约束下的层速度反演，既能提高速度的纵向分辨率，又能控制速度的横向变化。

另外，速度建模还受到处理经验、对研究区地质认识程度等因素影响。因此，速度建模是一个综合分析、研究、处理的过程，是以良好的叠前数据为基础，以建立较为准确的初始速度模型为前提，借助偏移速度建模工具，充分利用地质、测井等相关资料，综合考虑速度建模的各种影响因素，为叠前深度偏移成像提供准确的速度模型。

4.4 地震速度建模方法研究及应用

影响叠前深度偏移成像的关键因素不仅是偏移算法，更重要的是偏移速度模型。速度模型的正确与否直接关系到偏移成像的成功与失败。时间偏移和深度偏移最大的差异是如何准确地利用速度。时间偏移采用的是成像速度场，即在每个输出位置使偏移成像最佳聚焦的那个速度场。该速度场在各位置间是不变的，当用波动方程将地面记录的反射数据偏移到地下位置时，这种潜在的速度场的非一致性处理使得时间偏移结果有时令人失望。事实上，假定成像速度为均方根速度，当用DIX公式（Dix，1995）将它们转换为层速度时，常出现在物理上不可能成立的速度值，但这种不一致性对我们没有太大影响。因为时间偏移的目的是产生成像而不是产生地质上有效的速度场。

深度偏移采用的是层速度场，即为地下地质模型，是实际地球速度的平均。这就使得深度偏移能比时间偏移更精确地模拟地下的地震波特性。特别是我们可将深度偏移，尤其是叠前深度偏移用作为一种速度估算工具。常用的建模方法是针对扰动的速度场直到得到一个在“地质上看起来合理的”模型并产生理想的成像，即叠前偏移共成像点道集的同相轴要尽量水平。速度修改可采用简单的速度谱扫描、较复杂的层析成像速度分析方法、用手工基于地质模型编辑或常常是以所有这些方法某种组合来进行。遗憾的是，不正确的速度模型仍会产生各道集均拉平的理想成像（Stork，1992）。对于偏移来说，如果速度场发散射线引起多路径时，即使正确的速度模型也不可能产生一致性的拉平道集（Nolan和Syrnes，1996）。实际中应该用地质信息来指导速度估算，以确保最终结果在“地质上看起来是合理的”。深度偏移是一种处理过程，同时它也是一种解释性的处理。

利用深度偏移估算速度已成为地球物理学家面临的最大难题之一。以前，人们期望叠前深度偏移能提高速度估算的精度和可靠性，使得层速度误差能控制在5%以内。目前这个目标在一般情况下仍不能达到。速度各向异性也是问题之一（Bank，1984），改善各向异性速度的估算有可能改善速度精度。假设采用各向异性的简化形式，即弱横向各向同性（Thomsen，1986），估算速度的难度仍比以前大，因为我们必须估计3个“速度”场，可能还有一到两个确定各向异性对称轴的角度场。若速度正确的话，深度偏移应能产生精确定位的构造成像。实际过程中没有预测出目标层段的准确位置通常并不代表方法本身存在固有的缺陷，相反却说明了我们估算速度的能力不足。即便给定的速度场不太精确，深度偏移内在的物理基础仍能保证它的成像在构造上比时间偏移的成像更正确些，同时层速度也能根据深度偏移进行质量检查，深度偏移是一种更强有力的解释性处理工具，在查清地质构造和速度场建立方面，其偏移结果比时间偏移结果更能使我们满意。

旅行时层析成像试图将依赖于偏移距的剩余时差投影到连接地下位置、震源和检波器位置的射线路径上。层析成像是速度估算方法的重大进步，明显地超越了基于垂直修改速度的简单方法。为了建立精确的速度模型，我们采用多种速度反演方法相互验证的办法确定速度模型。在浅层和中层我们采用CMP相干反演层速度与叠加速度反演层速度相互结合的办法建立速度模型。对于深层能量发散时我们采用RMS速度转换及循环法建立速度场。针对复杂构造的速度建模，我们提出了多信息约束层控速度建模技术。下面介绍主要的几种速度建模方法。

4.4.1 基于模型的相干反演速度建模方法

在层速度反演时将建立的时间模型和均一化后的CMP道集作为输入，沿时间模型逐点估算层速度，相干反演求取速度的方法实际上是一个射线追踪过程。其原理如下：首先给出描述该层层速度分布范围的参数：最小层速度和最大层速度，同时给出层速度扫描步长；这样相当于给出一系列的层速度值。对于任何一个速度值，我们用此速度借助于射线偏移将该道集所对应的时间界面转换成深度界面并使其偏移归位，形成一系列速度—深度模型。对这些模型进行射线追踪，正演计算出共中心点道集的一系列时距曲线，每条时距曲线与一个层速度相对应，在CMP道集上沿一组由射线追踪计算而来的非双曲走时曲线求取相干函数的最大值。式（4.4.1）是描述相干反演的计算公式，具体原理见图4.4.1。

$$Coh(v_i)=\frac{\sum_{k=1}^{W}\left\{\sum_{i=1}^{N}data[J,k+t(k,v_i)]\right\}^2}{N\sum_{k=1}^{W}\sum_{j=1}^{N}data^2[J,k+t(k,v_i)]} \tag{4.4.1}$$

式中，W为时窗长度；N为共中心点道集的覆盖次数；t（k，v_r）为层速度v_i相对应的时距曲线；Coh（v_i）表示与层速度v_i相对应的相干函数值。

实现过程是首先在水平叠加剖面上拾取主要的时间层位，然后选择CMP点位置沿着拾取的时间层位在一定的时窗内计算速度谱并进行速度分析，自上而下从地面开始，逐层进行。假设已经确定了上面$n-1$层的层位的速度模型，求第n层的速度模型可以按下面的步骤进行：(1) 用一个试验速度对第 n 层的时间层位进行射线偏移，能够获得第 n 层的深度层位；(2) 选择特定的 CMP 点，用上一步所使用的试验速度对对第 n 层深度层位进行射线追踪，正演出一条与该层位对应的具有实际 CMP 道集参数的走时曲线；(3) 在 CMP 道集上沿第二步得到的走时曲线取一时窗，在该时窗内计算正演的走时曲线与实际道集上同相轴走时之间的相似函数。

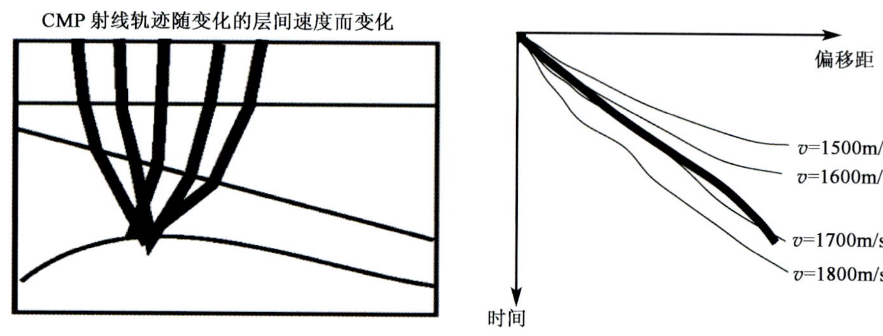

图 4.4.1　相干反演原理图

用一系列试验速度对上述步骤进行重复，可以计算得到一系列的相似值，这些值中最大相似值所对应的速度就是该点第 n 层的真正层速度。应用相同的方法可求出任意 CMP 或一定间隔的 CMP 点上的层速度。用求得的层速度对叠加剖面进行叠后深度偏移，就得到了第 n 层的最终深度位置，如图 4.4.2 所示。

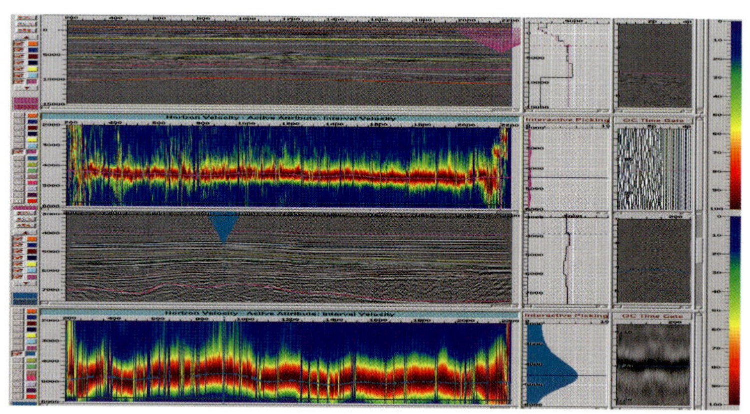

图 4.4.2　相干反演法求取层速度

模型正、反演相结合求取速度的原理和方法与常规地震资料处理中所用的通过双曲线动校正获得 CMP 道集的最大叠加能量来求取速度的方法（速度谱法）有本质的不同。速度谱法的基础是：在一个道集长度内，地下为水平层状或单倾的均匀介质，对其进行描述的时距曲线方程都是建立在这一基础之上的。显然，这些时距曲线方程对在一个道集长度内地层倾角变化较大、单层速度不均一的地下实际情况，不能合理地描述，故采用此速度谱方法求出的速度，只是近似值。而模型正、反演相结合速度估算法从根本上解决了这个问题。相干层速度反演方法的具体做法是对每条测线每个层位选定一个 CMP 位置，给一个层速度范围，再给定偏移距范围，计算相干值，最大相干值对应的层速度就是所求层速度，层速度分析由

种方法的区别在于输入数据（剩余时差）的空间分布、分配和更新类型。基于层位的层析成像要求沿着地下界面深度—速度模型来拾取剩余时差，同时更新每层的深度界面和速度，按照相同的空间间隔来计算更新参数，然后进行插值。基于网格的层析成像不需要模型数据，但这种方法能够使用层析段代替或者附加界面模型（surfaces′s model），这些段不必定义一个完整的深度界面，而是定义在深度偏移成像时能够识别的部分反射界面。网格层析成像法在网格的等间隔点上计算速度更新量并对速度进行更新，而基于沿层的层析成像只对拾取了延迟的层位上对速度进行更新。在基于层位的速度定义方法不适用的情况下，基于网格的层析成像是非常有效的。比如，在非常复杂的构造区，定义地下初始速度模型是非常困难的，只有在基于网格层析成像和偏移的多次迭代后速度模型才会逐渐清晰。当浅层速度容易确定，而深层难以确定时（例如盐下成像），资料信噪比低也是另外一个难以建立一致的速度模型情况。此时，可能更需要在没有建立模型的情况下建立速度剖面。在实际速度建模处理中，将两种方法相结合使用较好。比如盐下构造，需要定义盐体的模型，并保持常速度，网格层析成像法就适用于这种情况。

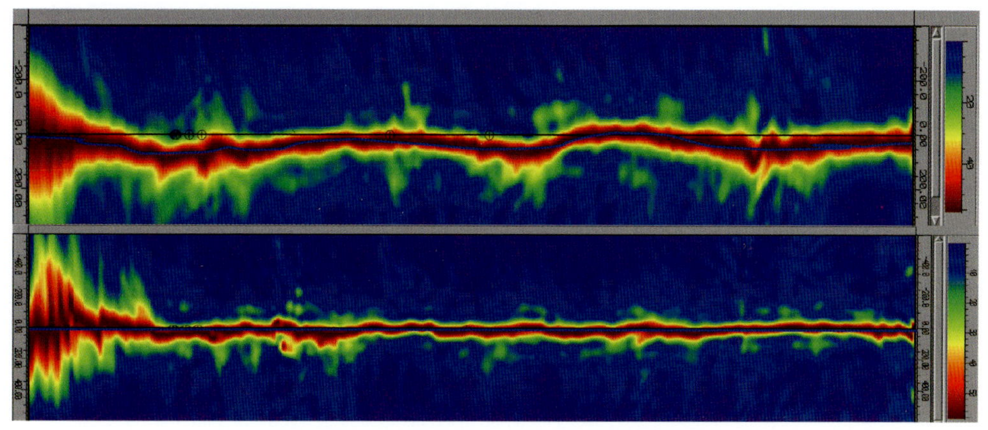

图 4.4.10　模型优化前后的横向延迟对比

4.4.5　共聚焦点（CFP）道集速度建模

1994 年，荷兰 Delft 理工大学的 Berkhout 等首次提出共聚焦点方法（CFP）的思想（A. J. Berkhout，W. E. Rietveld，1994），完全是一个数据驱动的过程，其最初的目的是避开速度模型来成像。1996 年 Kabir 等将其用于速度分析。CFP 偏移的共聚型成像是基于检波聚焦和激发聚焦的双聚焦成像方法，其成果是单程走时的深度偏移剖面。它是一种基于等时原理的地震成像方法，通过时空域的零走时成像原理和拉冬域的零截距走时成像原理分别实现了构造成像和岩性成像（李振春等，2003）。共聚型 CFP 偏移在实现过程中能够进行偏移速度分析与建模。一种建模方法是基于等时原理和 DTS 分析通过参数约束迭代反演进行速度估计；另一种方法是基于 Radon 域相位误差的对称性求取正确的聚焦算子，然后通过速度扫描或全局寻优估算偏移速度场[27~35]。

共聚焦点 CFP 道集偏移速度建模方法正是基于等时原理、CFP 偏移和正演模拟，即通过分析逆时聚焦算子和 CFP 响应之间差异时移（DTS）来实现速度建模。当差异时移 DTS

不为零时，可以将这种传播走时误差转化为更新的速度模型参数。通过迭代，生成新的聚焦算子和新的 CFP 聚焦道集，将 CFP 聚焦道集与对应的逆时聚焦算子进行互相关就得到新的差异时移 DFS，直到 $t=0$ 处 CFP 道集拉平。共聚焦点道集速度建模采用层剥离法来来建立，从第一层开始，对每一层按下面的步骤进行速度模型计算：（1）利用射线追踪法、波动方程法等计算合成聚焦算子和逆时聚焦算子；（2）将得到的合成聚焦算子与实际单炮记录进行褶积来获得 CFP 聚焦道集；（3）对 CFP 聚焦道集和逆时聚焦算子进行互相关时差计算，得到差异时移（DTS），对 DTS 做是否为零的判断；（4）若差异时移 DTS 不等于零，则应用迭代反演法更新速度，再用更新后的速度模型重复第（1）到（3）步；（5）实现 CFP 聚焦偏移。若差异时移 DTS 等于零，则直接进行第（5）步。

图 4.4.11 所示的是对北海某地震资料的偏移速度建模结果（使用了第一种速度建模方法）和偏移结果。图 4.4.11a 是叠加剖面，图 4.4.11b 是 CFP 法建模后的速度场，图 4.4.11c 是利用 CFP 法建模后的速度场进行共聚型 CFP 叠前偏移的结果。从图上我们可以看出：速度建模的效果非常好，而且建模结果与偏移结果非常吻合。

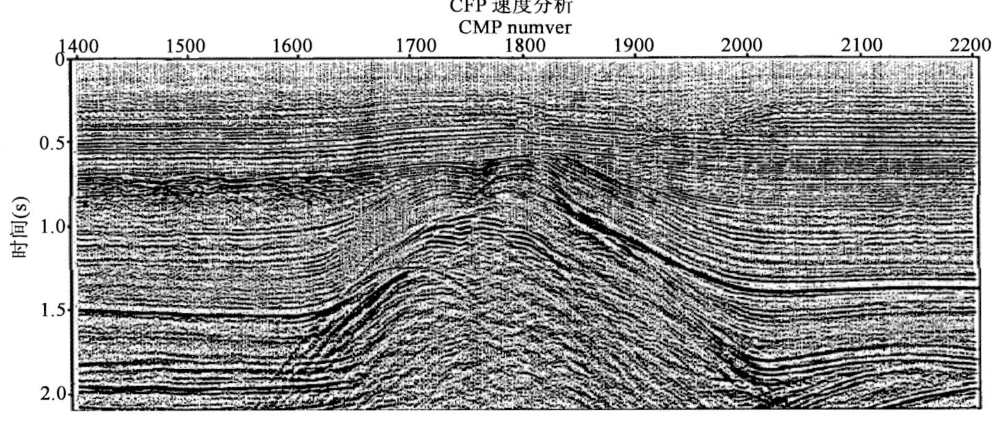

图 4.4.11a　叠加剖面（据李振春）

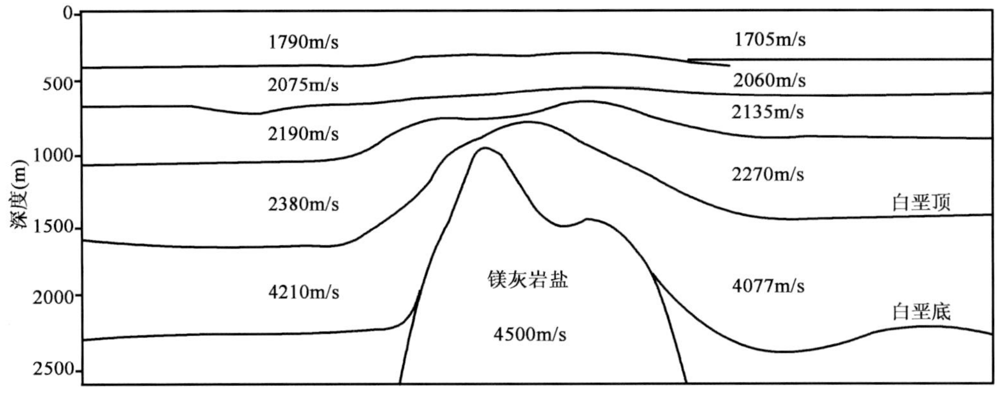

图 4.4.11b　CFP 法建模后的速度场（据李振春）

利用共聚焦点 CFP 道集偏移速度建模的优点是具有较好收敛性和有效性，缺点是必须选取合理的参数化速度函数，选择不正确将会导致速度模型建立错误。

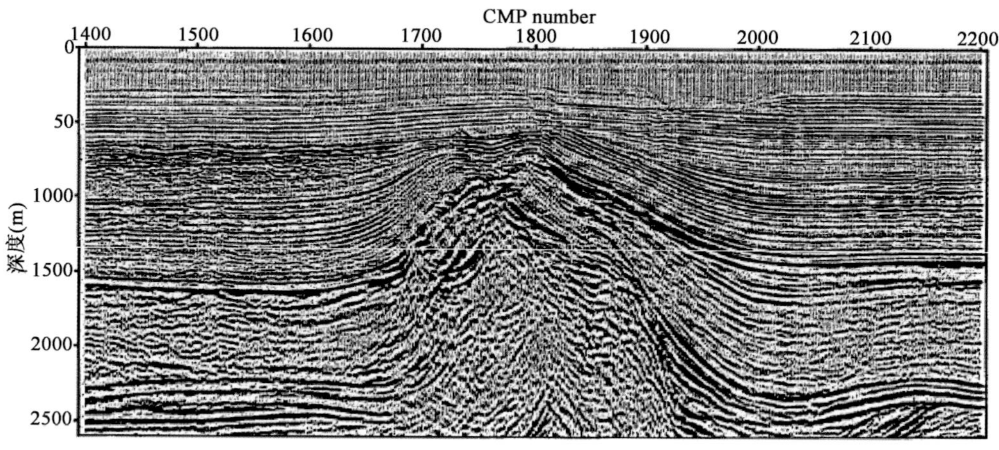

图 4.4.11c　利用 CFP 法建模后的速度场进行共聚型 CFP 叠前偏移的剖面（据李振春）

4.4.6　多信息约束层控速度建模方法

地震速度建模是一个多信息综合分析的过程[36]，国内外对速度场的分析，多数采用射线追踪理论。速度模型的构建与地质构造有关。复杂构造地震速度建模，存在两个问题：（1）对于西部近地表复杂区，基于反射波反演速度模型，很难得到浅层速度结构；（2）对于复杂构造区，若只利用反射波地震速度建立速度场，则很难反映井附近小尺度结构变化。因此，我们综合小折射、微测井信息及井速度等多种地质信息，在多信息约束下建立精确速度模型[37]。

4.4.6.1　初至波反演与反射波反演综合速度建模方法

野外地震记录中的最小偏移距往往并不是足够小，且浅层地震资料的覆盖次数极低，地震数据处理的效果难以发挥。由于浅层资料受到折射波、地表干扰及高频噪声等影响以及道集数据在叠加过程中动校拉伸切除处理等，使得道集数据和叠后数据都少了浅层数据，因而利用反射波资料的速度建模不能精确地反映浅层的速度结构模型及地层信息。深度偏移速度模型有误差累计效应，深度偏移对浅层资料速度的精度要求更高。为此，人们寻求找到提高浅层地震资料信噪比机地震速度建模的方法。

4.4.6.1.1　研究现状

秦宁等人提出的基于起伏地表的层析速度反演方法，用高斯束偏移提取角度域共成像点道集，不需要常规处理中将数据进行静校正处理，从起伏面出发直接进行速度场的更新。也有学者采用初至波波形反演方法进行表层速度精细建模。模型试算结果表明，该方法能够较好地重建近地表速度模型的细节。尽管大家都提出相应的思路，并取得了一定的效果。但是，仍然不能很好地解决浅层资料信噪比低、覆盖次数低的问题。因而浅层的速度模型精度仍然是一个难题。

地震勘探中的地表都存在低降速带，低降速带界面由于速度和密度的差异，形成了一个良好的折射界面，当炮检距达到一定距离时，就很容易接收到来自折射界面的折射初至。在地震数据处理中，折射波作为干扰波被切除。但折射波初至的信噪比是最高的。在复杂地表条件和低信噪比地区，折射波初至是求取表层速度的有效信息。折射初至的到达时间包含了地层的地球物理信息。在初至折射法计算静校正计算过程中需要求取高速顶界面，它表示了实际的地下速度变化界面。而在深度偏移过程中需要建立精确的地下速度模型，但是由于对初至的切除的原因，用于叠前偏移的道集中缺失了这些信息，把折射静校正计算过程中得到的结果可以结合到叠前深度偏移速度建模中，从而可以弥补缺失的速度信息，恢复地下真实的地层与速度结构，提高叠前深度偏移建模的精度，从而提高偏移成像的精度。

4.4.6.1.2 技术思路

利用反射波在浅层难以获得可靠的速度模型，而在深层可以通过多次迭代优化速度模型的特点，提高速度精度。初至波可用来确定地降速带的底界面速度和深度。本文提出一种将初至波反演与反射波反演相结合建立速度模型的方法。其目的在于提高复杂地区地震资料叠前深度偏移速度建模过程中的建模精度，使速度模型真实地反映地下介质的速度变化，从而提高叠前深度偏移成像的精度和成像质量。该方法通过初至波层析反演近地表建模，得到近地表低降速带之下的高速层顶界面的速度大小和高速顶界面的空间深度，它反映了近地表到高速层之间一部分速度结构的变化，且这一高速层速度界面真实存在。该方法的优势在于充分利用近地表速度建模中得到的高速层顶界面的深度及其速度，通过程序转换与反射波法速度建模进行联合，将高速层顶的信息结合到深度偏移速度建模中，克服了因浅层地震资料信噪比低、覆盖次数低、折射波切除等造成的用于叠前深度偏移的道集中缺失这一速度界面信息，难以准确地反演浅层速度的不足，实现了初至波法建模与深度偏移建模的一体化的综合速度建模方法，如图 4.4.12 所示。

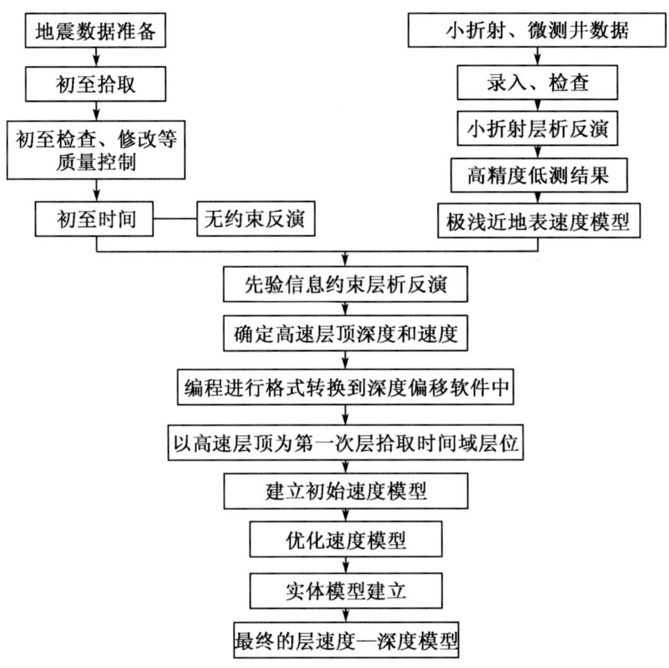

图 4.4.12 初至波与反射波联合综合建模流程图

4.4.6.1.3　高速层的顶界面与速度模型结合

用于叠前深度偏移的道集中缺失浅层的速度信息，通常用第一层的速度充填影响速度模型的精度。通过初至波反演得到浅层的速度信息，在叠前深度—速度建模过程中，将初至反演的速度模型作为一个控制层加入到深度—速度模型中，得到整个地下的速度结构，如图4.4.13所示。从而恢复真实的速度界面的变化，得到完整精细的地下浅层速度结构。速度形成的过程需要进行初始模型的建立和速度模型的优化。深度偏移速度建模是由浅到深的一个过程，浅层的速度的准确与否决定了深层速度的精度，在做好浅层速度模型的基础上建立中深层的速度模型，形成初始的层速度—深度模型。

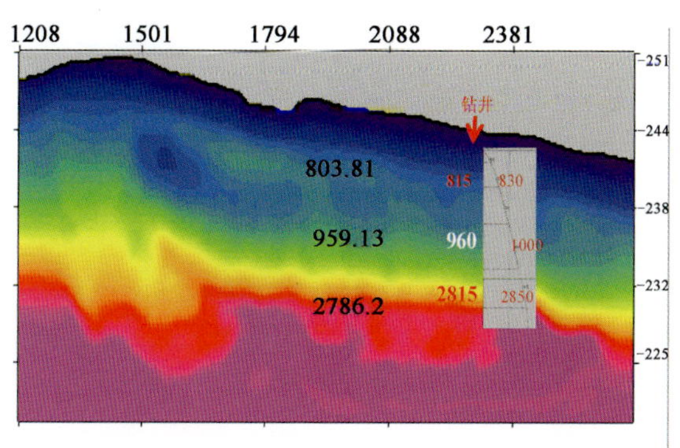

图4.4.13　反演的浅层速度模型

速度单位：m/s

但是对于断裂非常发育的复杂构造区的，上述方法也很难求准层速度进行速度建模。首先我们用理论模型数据验证上述方法的正确性，如图4.4.14为真实速度模型及起伏地表的深度偏移结果。从图可看出在速度模型准确的情况下，起伏地表深度偏移能反映地下真实构造形态。

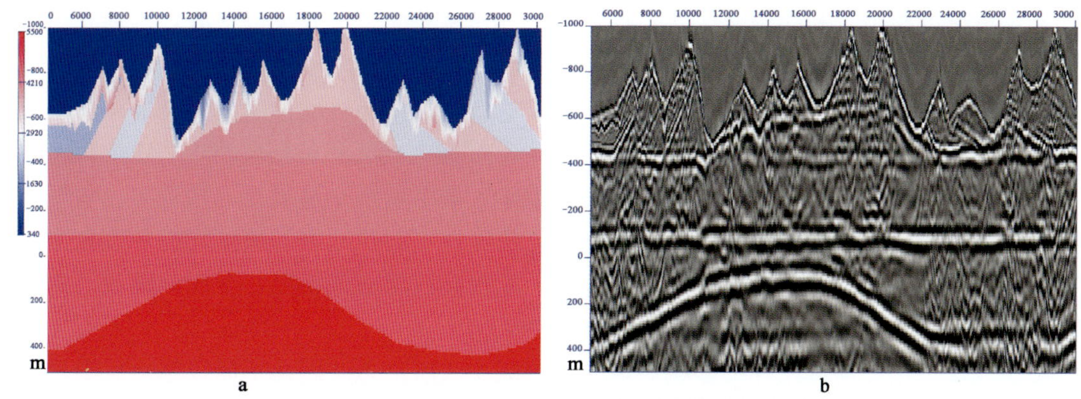

图4.4.14　真实速度模型（a）及深度偏移结果（b）

如图4.4.15，通过初至反演确定近地表浅层模型及高速层顶面，然后将反射波反演的速度模型与其结合生成新的速度模型结构，通过深度域成像结果可看出，成像效果不理想。主要原因是高速度顶面不稳定造成的。因此，我们需人机交互确定高速层顶界面位置，形成高速层顶界面的层位，如图4.4.16所示。

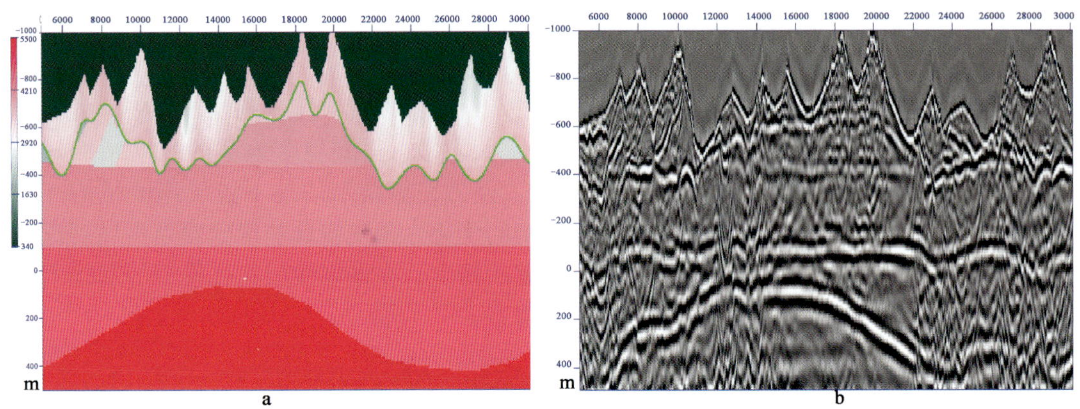

图 4.4.15　反演浅层速度模型（a）及深度偏移结果（b）

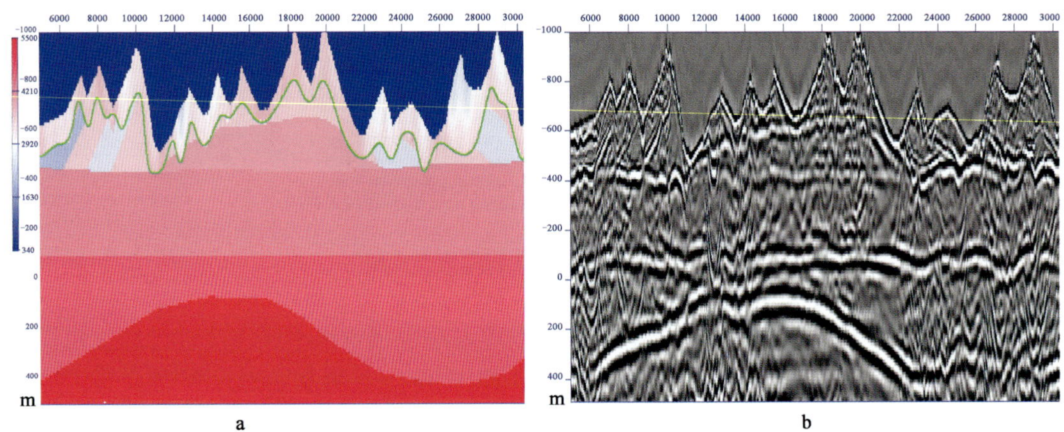

图 4.4.16　反演浅层速度模型（a）及深度偏移结果（b）（重新定义高速顶面）

通常在速度模型上利用替换速度来找到一个等速度界面，对其进行平滑，得到高速层顶界面位置，如图 4.4.16。图上绿色线代表速度界面位置。根据速度的变化趋势，对等速度界面进行解释编辑形成新的速度界面，此时需要注意要保证所有的低降速带全部高速层顶界面之上，对速度界面进行平滑处理，使其变化在地球物理意义上是合理的，一般根据野外采集施工的设计排列长度，根据地下构造的形态大小，确定低频平滑半径，构造半径≤低频平滑半径≤设计排列长度的二分之一。通过上述方法完成了起伏地表的速度建模，该方法对于高程起伏较大，甚至有高速层出露区域较适合，能提高浅层成像精度，合理刻画浅层构造特征，如图 4.4.17 和图 4.4.18 所示。

由于浅层数据受动校拉伸的影响，道集数据缺少浅层信息。因此不能很好地反映浅层速度结构模型。在速度建模过程中我们根据初至信息引入了折射层高速顶层面，弥补了道集数据本身速度信息的缺陷，更合理地反映了浅层速度结构变化，合理描述深度偏移过程中射线路径，使深度偏移结果能准确合理刻画浅层地质结构及构造形态。

4.4.6.2　克里金多井约束地震速度建模方法

在以往的地震速度场建立过程中，测井资料和地震数据（反演出的地震速度）没有很好的结合起来。(1) 若只利用测井资料建立速度场，大范围的井外区域很难得到准确的估计；(2) 若只利用地震速度建立速度场，由于地震速度纵向分辨率较低，故很难反映井附近小尺度结构的变化。在有测井资料和 VSP 资料时，可充分利用井资料信息，构建 KT 方程，用井区域数据约束地震数据反演速度，能体现全区速度纵横向变化。

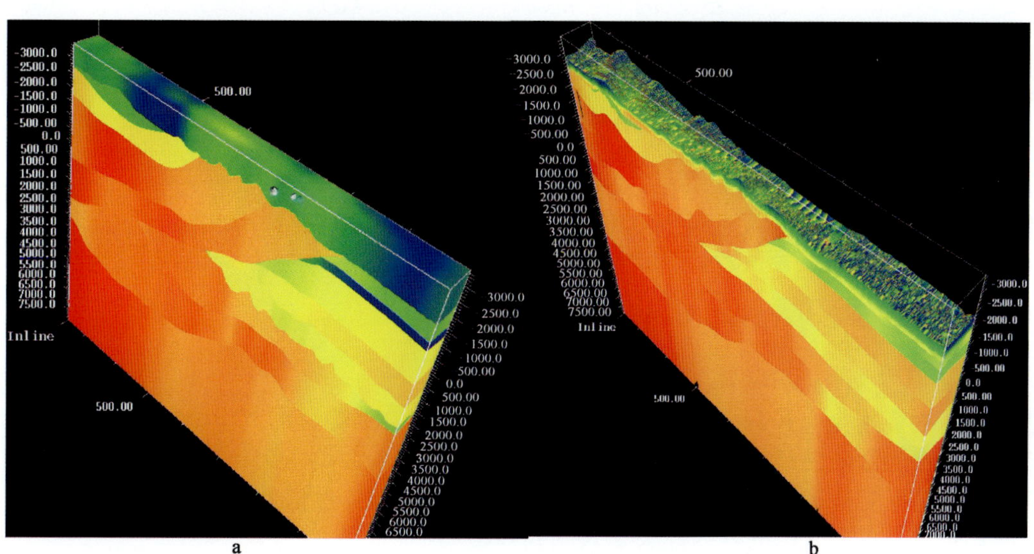

图 4.4.17　常规速度模型 (a) 及初至反演与反射波反演综合速度建模 (b)

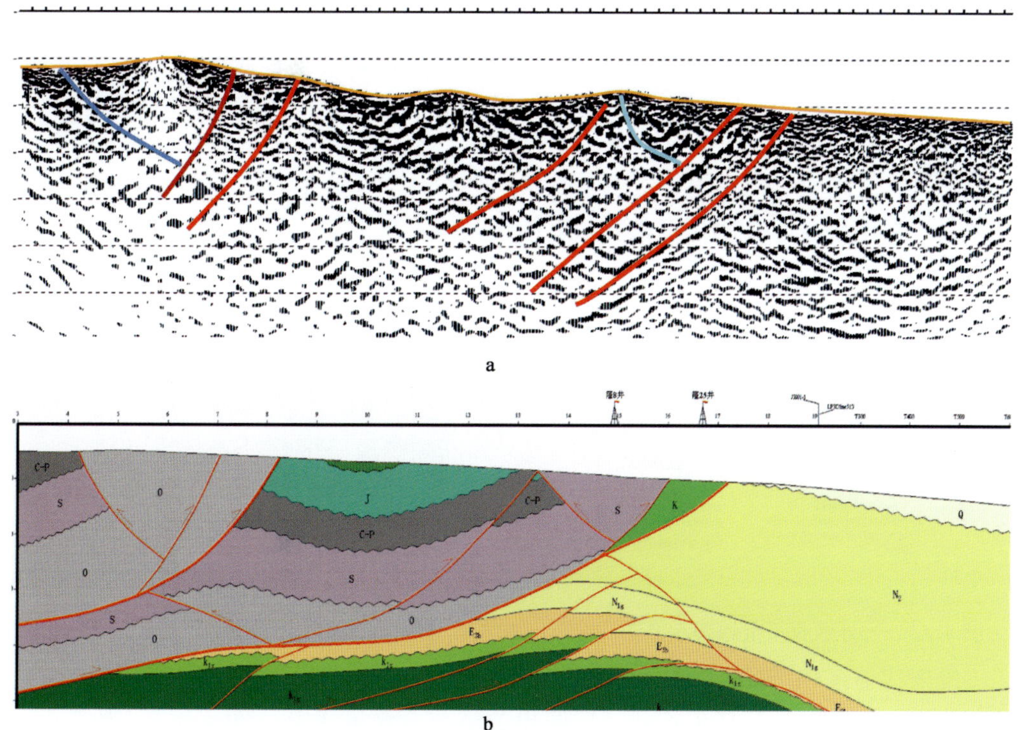

图 4.4.18　初至反演与反射波反演综合速度建模偏移 (a) 和地质露头解释剖面 (b) 对比

具有外部漂移变量的克里金是 KT 的扩展形式，趋势模型有两项：$m(u)=a_0+a_1f_1(u)$，其中 $f_1(u)$ 项与一个二级（外部）变量相等，二级变量的光滑性被认为与所要估计的主变量 $Z(u)$ 有关。

假设 $Y(u)$ 是二级变量，那么趋势模型为

$$E[Z(u)]=m(u)=a_0+a_1Y(u) \tag{4.4.7}$$

$Y(u)$ 反映了 Z 变量的空间趋势（对应于两个参数 a_0 和 a_1）。Z 变量的估计值和对应的线性方程组与 $k=1$ 时的 KT 估计值相同，且 $f_1(u)=Y(u)$，即

$$\begin{cases}\sum_{\beta=1}^{n}\lambda_{\beta}^{(KT)}(u_u)C_R(u_\beta-u_\alpha)+\mu_0+\mu_1(u_u)y(u_\alpha)=C_R(u_u-u_\alpha)\\ \sum_{\beta=1}^{n}\lambda_{\beta}^{(KT)}(u)=1\\ \sum_{\beta=1}^{n}\lambda_{\beta}^{(KT)}(u)Yu_\beta=Y(u)\end{cases} \tag{4.4.8}$$

$\alpha=1,2,3,\cdots,n$

式中，$\lambda_{\beta}^{(KT)}$ 为克里金（KT）权值。如图 4.4.19，具有外部漂移的克里金能够简单有效地利用二级变量的信息来估计主变量。基本的假设关系式（4.4.8）必须具有一定的物理意义。例如：如果二级变量 $Y(u)$ 代表的是到一个地震速度模型，反射面的深度 $Z(u)$ 应该（在平均意义上）与速度成比例，因此关系式（4.4.8）就有意义。

在应用外部漂移算法时，应该满足两个条件：(1) 外部变量必须在空间光滑的变化，否则可能导致 KT 线性系统（4.4.8）式不稳定；(2) 在主变量的所有数据点 u_α 处和要估计的位置 u 处，外部变量都必须是已知的。在 KT 线性系统中，使用的是残差协方差函数，而不是原始变量 $Z(u)$ 的协方差函数，在可以忽略趋势 $m(u)$ 的地区和方向，$m(u)$ 设为 0。两个协方差函数应该相等。同时注意在线性系统（4.4.8）式中，变量 $Z(u)$ 和 $Y(u)$ 之间的互协方差函数不起作用，这与协同克里金不同。如图 4.4.20 为多模型结合的外漂克里金插值的结果，从图中可以看出，克里金结果趋势与外漂体趋势相同，层速度插值效果很理想，克里金误差很小，比其他克里金效果更明显，精度更高。

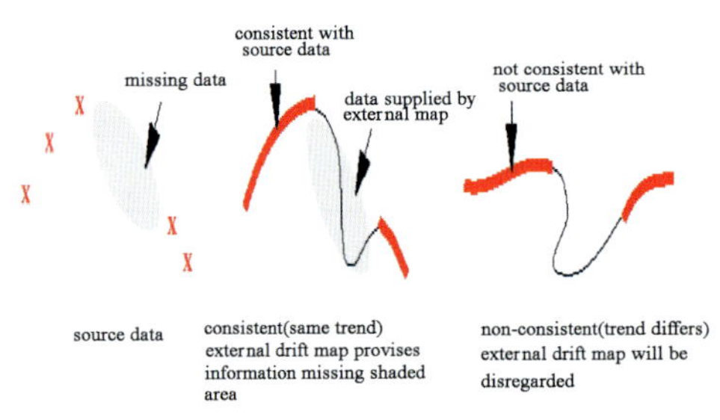

图 4.4.19　外漂克里金原理示意图

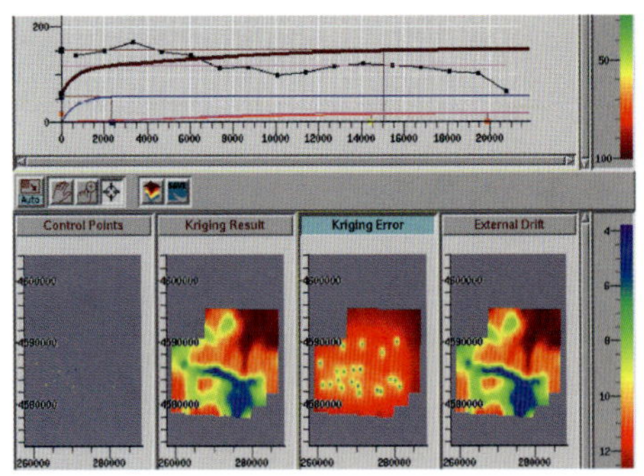

图 4.4.20　多模型外漂克里金插值结果

用三维射线追踪相干反演法代替 DIX 公式在多井约束下反演层速度，不受 DIX 公式前提条件的约束，适合于地下任何产状，反演出的层速度精度更高。图 4.4.21 为多井约束相干反演法反演出的层速度，从图上可以看出层速度与井速度误差很小。

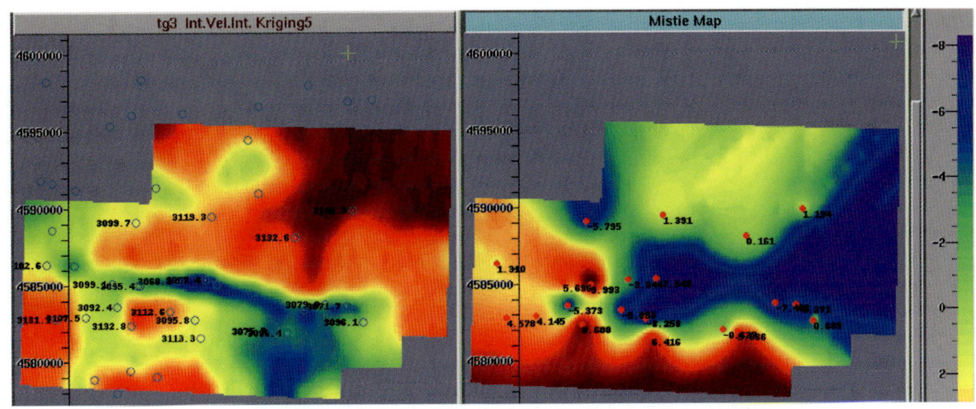

图 4.4.21　井约束下反演的层速度平面图（a）与井速度误差图（b）

其优点表现在以下两个方面：(1) 从已知测井资料出发，保证了反演出的速度在纵向变化的正确性；(2) 将测井与地震结合，既保证反演出的速度纵向分辨率高（与井速度吻合）又保证速度横向变化趋势的可靠性，如图 4.4.22 所示。

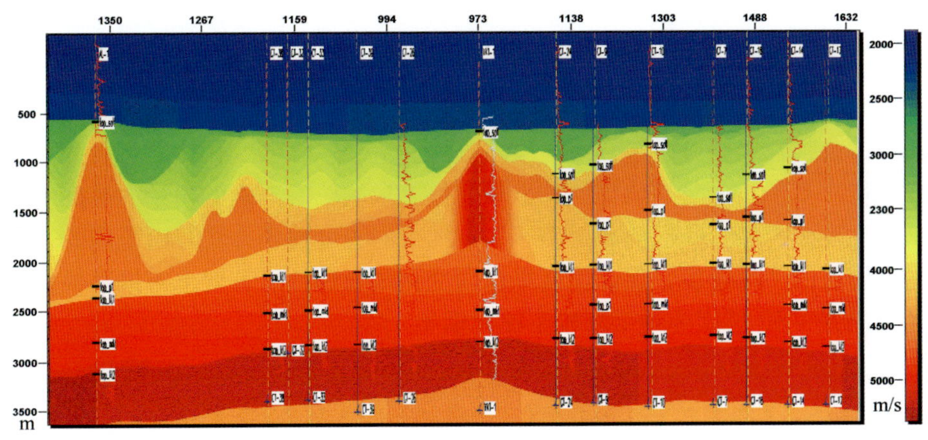

图 4.4.22　多井约束下反演的层速度模型

4.5　地震速度建模质量监控与精度论证

叠前深度偏移准确成像面临的核心问题不仅是偏移算法，更重要的是速度模型的准确性问题。解决这个问题的关键是如何对速度建模时施加合理的约束、如何论证速度的精度及合理性。我们以叠前深度偏移成像为基础，结合中国西部复杂构造成像的实践经验，提出了建模过程中的质量监控技术——多手段联合约束法，以有效提高速度建模精度与成像质量。

4.5.1 测井资料约束速度模型

充分收集钻井、测井等资料，有效利用井资料等先验信息。可以参考声波测井或 VSP 的速度来确定速度界面。在多井资料区块，可以由井的声波曲线求取层速度场，了解并认识工区速度的特征及空间变化规律，在求取偏移速度时作为约束。但不能将井的速度作为偏移速度，因为测井速度是纵向测量的速度，而地震速度有水平分量，还有各向异性等因素影响，偏移速度不等价于井速度。但可以利用井速度来约束井点附近的偏移速度的大小范围，以避免引起较大的速度误差，并可减少偏移速度迭代扫描次数。

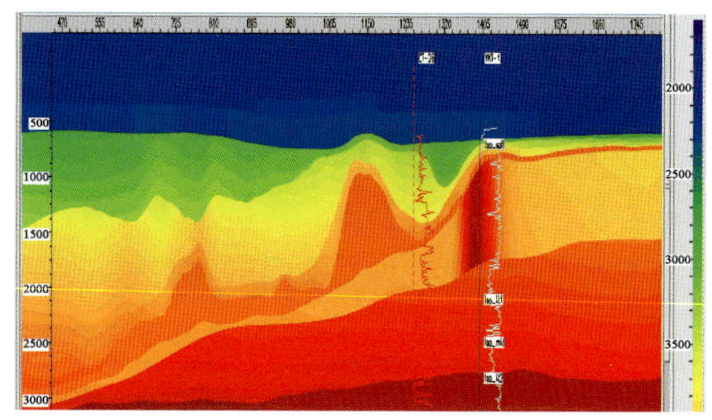

图 4.5.1　井约束及速度界面

图 4.5.1 为 H 地区的层速度模型。在构建速度模型时，首先加载了井资料，包括井位坐标、声波测井曲线及地质分层等。由声波曲线可判定层速度的变化情况。在井少或无井的区块，主要是依靠基于叠前时间偏移的均方根速度来求取较为准确的初始的速度模型，再通过迭代更新速度模型。尽管我们前面提出了多井约束的速度建模方法，由于用的速度是井的伪速度或是大套层的平均速度，保证速度纵横向变化的合理性。若要求对偏移成像的深度进行井校，还要以井 VSP 速度为约束来校正速度模型。

4.5.2 地质构造模式约束速度建模

初始速度模型是速度建模与偏移成像的基础。因此，首先要建好初始速度模型，包括层位信息、速度的估算及深度界面的确定等。初始速度模型必须与地质构造一致。

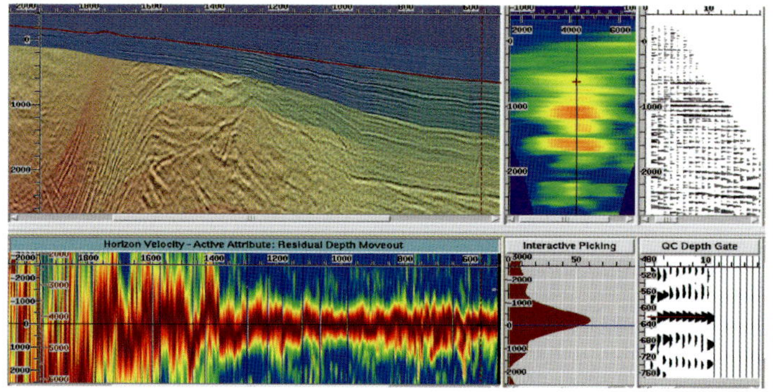

图 4.5.2　地质构造约束建立速度模型

对于平缓地层及速度横向变化不大的工区，往往是将叠前时间偏移得到的均方根速度由DIX公式转化为层速度场作为初始速度模型，再通过叠前深度偏移迭代处理更新速度模型即可。但对于速度变化大的复杂区块，层速度场转换只能作为参考，而不能作为初始速度模型。其原因是一方面地层倾角较大时DIX公式已不适用。另一方面，叠前深度偏移成像对层速度非常敏感。初始速度模型缺少地质构造约束，往往会无法控制其变化，不合理的速度变化所对应的叠前深度剖面容易出现假构造。在错误的初始速度模型基础上，无论采取多少次迭代与更新，无论采取何种先进的偏移算法都无法收敛。

对于复杂构造和信噪比较低的地震资料，可选用基于成像的构造模式约束方法与策略构建初始速度模型。即在叠后深度偏移剖面上拾取速度界面层位，再沿各深度层估算层速度，作为初始速度模型，以保证速度模型与地质构造一致。在深度剖面上确定速度界面层位时，一定要从地质分层出发，重点考虑波阻抗分界面进行拾取，同时层位尽可能多一些，有利于控制速度变化。这种在构造模式下约束所建立的初始速度模型，既准确地反映了地层层序及地层的复杂接触关系，准确可靠，只需要迭代2～3次就可以得到更新的速度模型，可大大减少迭代次数，提高速度建模的效率与偏移成像的质量。在拾取速度界面时，一定要参考地质分层。由地质分层进行标定，由声波测井得到层速度曲线与地质层位对比，就能确定速度界面。如图4.5.2所示的速度模型上的深度界面，比较详细地刻画了地质结构，更有利于成像。

在速度模型更新时，最好分层、实时、动态地调整并监控速度的纵横向变化趋势。最好逐层进行迭代更新，求准上伏地层的速度与深度界面后再逐层进行，否则浅层的误差会传递到深处，而影响下伏地层的速度求取。速度建模时地震资料的解释工作要多于资料处理工作。建模的过程实际上是对地质构造逐步认识的过程。

4.5.3 地震成像约束速度模型优化

一般来讲，层速度分析是通过叠前偏移成像的方式来求取与更新的，其本身也是偏移成像的重要组成部分。根据偏移后成像道集拉平程度和成像同相轴的能量聚焦的双重标准来判断偏移速度的误差，二者相辅相成，互为补充。

对某一点的速度来讲，如速度准确，则来自同一反射点的共成像道集呈水平状。若成像道集上翘，说明偏移速度偏小，需要增大偏移速度；若成像道集下弯，说明偏移速度偏大，需要减小偏移速度，这样可以通过成像道集曲率量化速度大小。对某一层来说，沿该层的深度层位计算沿层的速度误差，这个误差通常用剩余延迟来表示。分别用不同的层速度来扫描运算叠前深度偏移，进而计算剩余延迟，以此判断速度的大小及速度的变化。

需要强调的是，如果未考虑层间速度的梯度因素，在拾取沿层的剩余延迟并调整速度时，要使速度稍微小一些，但以不影响该层的成像质量为原则。这样既考虑了该层的成像速度大小及成像质量，又顾及了该层与上一层之间的成像效果。经过大量的速度建模实践证明这种速度分析与判定方法对于提高层间成像效果非常有效。既要定量地分析与检查纵向的成像道集的平直程度，又要逐层估算每一层的速度变化，还要考虑整个速度场变化趋势是否合理，这需要一定的地质分析水平与综合判断能力。

判断速度模型的标准是偏移后道集的不同偏移距成像的一致性，可通过计算纵横向延迟来分析判定。从剖面上选取CRP道集，可以看到CRP基本平直，再计算纵向的延迟，其能量谱位于零延迟线附近，说明这个CRP对应的速度基本准确。对该层沿层计算延迟谱，可以看出横向延迟谱也居于零延迟线附近，则说明该层的速度变化基本正确。延迟越接近零，说明速度越准确，则成像效果也越好。这样就从纵横两个方向来约束层速度，从而约束成像效果。但延迟是通过偏移距道集和走时计算出的，在炮检一定的情况下，地下可能存在不唯一的反射点和多条走时路径。因此，延迟的判断方法同样也存在一定的缺陷。我们提出了成像约束方法，是在速度优化的基础上通过成像扫描确定速度建立精确的速度—深度模型。角道集是真正无假象的道集，是较为合理的共成像点道集，可用于判断层速度的大小。不过获得角道集的波动方程叠前深度偏移需要足够大的运算能力，需要综合考量。

4.5.4 偏移算法约束

不同偏移算法对速度模型的适应性不同，其建模思路和要求也不同。克希霍夫积分法偏移能够快速得到目标线偏移结果，且对速度模型的适应性较强，便于构建速度模型。目前使用最多的利用克希霍夫积分法叠前深度偏移配合速度建模软件进行速度建模。而波动方程叠前深度偏移对速度模型的误差更为敏感，需要更加准确的速度模型。同一速度模型使用不同的偏移算法会得到不同的偏移结果。图4.5.3分别是单程波叠前深度偏移和逆时偏移结果，而使用的是同一速度模型。对比可以看到，从剖面的信噪比到分辨率都不同，逆时偏移效果较好。

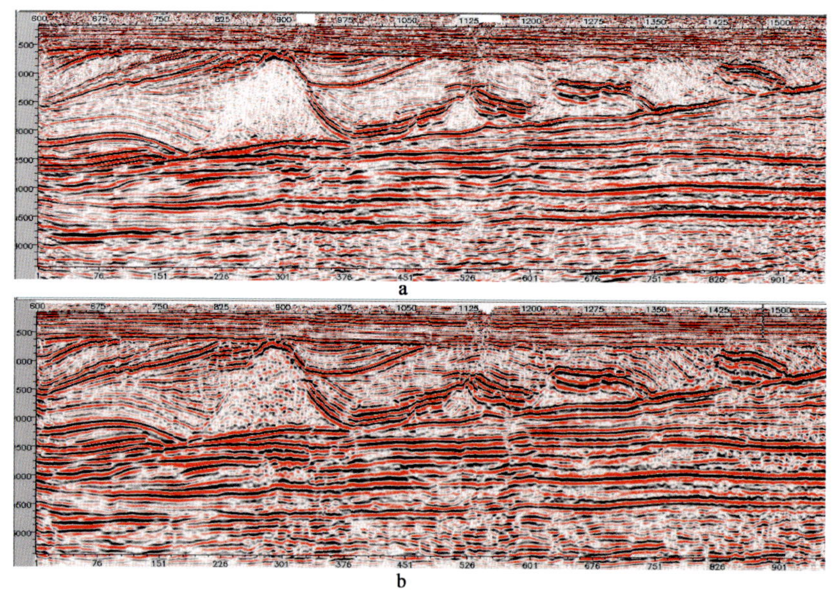

图4.5.3　叠前深度偏移剖面单程波（a）与逆时偏移（b）

如果计算机条件允许，可以通过波动方程叠前深度偏移输出角道集，以更加精确地求取偏移速度。以上井资料约束、地质构造模式约束、成像约束及偏移算法约束，贯穿于速度建模整个实施过程中，建模人员主要通过自检来完成。质控的过程也是反复迭代、逐步逼近真实模型的过程。

4.5.5 速度模型精度和成像效果判定方法

由于偏移速度是基于地震数据通过叠前成像方法求取的，一般所得到的叠前深度偏移剖面的深度大于钻井深度，如果需要对比，可以由井资料对偏移成像深度进行校正。也可以用井资料来验证速度场的变化趋势及深度界面的形态是否正确。必要时要做模型正演，以检验速度模型正确与否。判别整个工区的速度模型的精度，除了用速度的百分比扫描方法分别偏移成像来验证速度模型整体的大小及准确性外，还需要详细检查主测线和联络测线以及速度在不同深度的切片，结合地质构造来整体分析判断速度模型的合理性与精确度，最好请有建模经验的专业人员配合。

如何客观公正地评价偏移成像结果是目前偏移成像领域更加关注的问题。井深资料的验证必不可少。根据成像要求，等间隔抽取不同方向的偏移剖面，检查其偏移归位程度，如构造展布是否合理、断面及断点是否清晰、噪声大小及是否有利于地质人员解释等，而不是像目前所流行的“多媒体项目汇报”方式，通过对比几张成像剖面的图片来说明成像的好坏，更不能像软件公司出于宣传需要，截取局部成像，采用带框、圈图的方式进行成像对比。全面而客观地评判偏移效果，真正属于偏移成像质量监控的范围。

随着地震勘探目标的复杂化与计算机技术的快速发展，叠前深度偏移成像技术愈来愈多地应用到解决复杂构造的精确成像。但不是所有的资料都必须做叠前深度偏移，更不是所有的资料必须做波动方程叠前深度偏移才有效。就地震资料本身而言，只要速度变化不大，可以使用便捷的叠前时间偏移或叠后深度偏移来解决成像问题。对于非常低的信噪比资料，有效信号很弱，由偏移得到的成像道集无法判断速度的大小，而叠前深度偏移对速度的误差更为敏感，速度模型的构建中有效的质量监控就无从谈起。实践证明，对于这种资料，无论采取多么先进的建模方法及偏移算法，叠前偏移不能得到理想的成像效果。所以，什么样的地震资料做什么样的成像处理，预期能取得什么样的效果，从人力物力财力各方面都得综合考量，这一点尤其值得项目管理或项目决策人员注意。

目前由于种种原因，往往花了大量的时间和精力构建速度模型，并完成了叠前深度偏移处理，其偏移结果并没有得到全面有效地利用。一方面是由于传统的地震资料解释与油藏描述等方法局限于时间域；另一方面是因为速度建模与叠前速度偏移成像技术有待于进一步发展与完善，使其应用更准确、更广泛。影响叠前深度偏移成像的关键因素不仅是偏移算法，更重要的是偏移速度模型。速度模型的正确与否直接关系到偏移成像的成功与失败。而速度建模中有效的质量控制技术的应用是影响建模时效的核心所在。所提出的井资料约束、地质构造模式约束、成像约束及偏移算法约束法可有效监控复杂区的速度建模及叠前深度偏移成像的每一步质量。只有每一步建立在严格的质量控制基础之上的速度建模，才能保证速度的可靠性和偏移成像的准确性。

4.6 逆时偏移角度域速度分析方法

与其他叠前深度偏移方法相比，在地下介质速度存在剧烈变化的地区，比如盐丘侧翼等，逆时偏移对于速度模型精度具有更强的敏感性。如果速度模型存在误差的话，利用逆时偏移将会产生虚假反射和镜像成像，从而会对构造解释带来严重影响[38]。因此，开展针对逆时偏移的速度分析方法的研究是非常必要的。研究认为，基于逆时偏移的角度域速度分析方法是提高速度模型精度的有效手段。逆时偏移角度域速度分析方法主要包括两项关键技术：一是基于逆时偏移的角度域共成像点道集生成方法；二是叠前角度域速度分析方法。

4.6.1 逆时偏移角度域共成像点道集生成方法

4.6.1.1 选择逆时偏移角度域道集的原因

已有研究结果表明，无论是传统的共炮域偏移还是共偏移距偏移，由于它们生成的共成像点道集均是以地表属性进行索引的，所以无法唯一的确定成像关系，生成的共成像点道集中将会出现偏移假象[39]，从而会影响共成像点道集的质量和偏移速度分析的精度。而角度域共成像点道集在原有的地表属性索引的基础上，引入了地下反射角这一地下索引属性，可以有效克服共成像点道集生成中的多路径问题，从而能够在一定程度上提高共成像点道集的质量，减少偏移假象[39]。

利用 Kirchhoff 积分法、单程波和及逆时偏移三种叠前深度偏移方法均能生成角度域共成像点道集，之所以选择利用逆时偏移来生成角度域共成像点道集的原因主要有：（1）可以充分利用逆时偏移方法的自身优势，比如该方法无倾角限制、适应任意速度变化以及对于各种不同类型的波均能准确成像等；（2）利用逆时偏移能够得到更高质量的角度域共成像点道集数据；（3）利用逆时偏移来生成角度域共成像点道集，除了计算入射角和道集提取外，并不增加其他的额外计算量；（4）直接利用逆时偏移生成角度域共成像点道集并利用该道集进行速度分析有利于其自身的偏移运算。综上所述，选择采用逆时偏移来生成角度域共成像点道集。

4.6.1.2 传统角度域共成像点道集生成方法

自 2000 年，地球物理界首先对基于 Kirchhoff 积分法叠前深度偏移的角度域共成像点道集生成方法开展了一系列研究[39,40]，并且取得了良好的效果。传统的角度域共成像点道集生成方法既有成像前方法[41,42]，也有成像后方法，基于空间移动成像条件，利用倾斜叠加或者傅里叶变换的方法来计算得到波数方向，进一步计算得到角度域共成像点道集[43,44]。角度域共成像点道集计算的关键环节为角度分解，目前主要有以下两大类方法：第一类是基于傅里叶变换或者倾斜叠加的方法[45]；第二类是基于极化方向或坡印亭矢量的方法[46,47]。其中，第一类方法具有更好的稳定性，但是计算效率相对较低；第二类方法具有较高的分辨率，但是在复杂波场情况下，也会产生更多的噪声，同时计算方法的稳定性欠佳。

在地震波传播角计算方面，传统方法是基于地震波前的几何特性，同时在计算过程中用到二维或三维傅里叶变换，需要巨大的计算量。另外，传统的利用波动方程生成角度域道集的方法，需要同时用到震源波场和检波点波场，而与震源波场相比，检波点波场更加复杂，同时信噪比较低。因此，研发一种稳定、高效的角度域道集生成方法是非常必要的。

4.6.1.3 基于波前矢量的地震波入射角计算方法

在逆时偏移角度域共成像点道集的生成中，地震波入射角的计算是其中最关键的技术[47]，图 4.6.1 为地震波入射角、传播角和地层倾角的关系示意图，其中，α 为入射纵波的传播角，即入射纵波与 z 坐标轴的夹角，β 为地层倾角，而 θ_i 和 θ_r 分别为入射角和反射角，对于声波介质而言，由于入射波和反射波均为纵波，所以有 $\theta_i=\theta_r$，根据图中所示的几何关系，可以得到

$$\theta_i=\theta_r=\alpha-\beta \tag{4.6.1}$$

根据式（4.6.1）可知，要计算得到地震波入射角，需要首先计算出地震波的传播角和地层倾角，对于地层倾角而言，目前的计算方法较多，我们采用了希尔伯特变换的方法来计算地层倾角，首先选取了 MarmousiⅡ模型进行地层倾角计算的数值试验，如图 4.6.2 所示为 MarmousiⅡ速度模型，图 4.6.3 为其声波逆时偏移结果，在逆时偏移运算中采用的是空间高阶有限差分延拓算子和稳定的互相关成像条件，对该逆时偏移结果利用希尔伯特变换方法就能够计算得到地层倾角信息，如图 4.6.4 所示。

对于地震波传播角的计算而言，由于传统计算方法的一些缺点，需要研究出一种稳定、高效的地震传播角计算方法，基于此，开展了直接利用波前极化方向来计算地震波传播角的研究[47]。

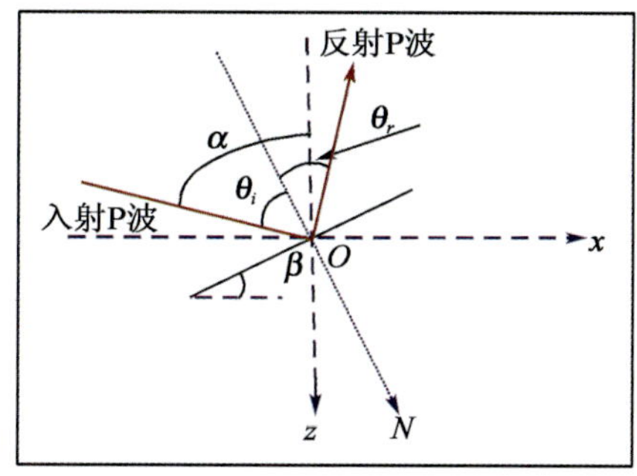

图 4.6.1　地震波入射角、传播角及地层倾角关系示意图

图 4.6.2　MarmousiⅡ速度模型

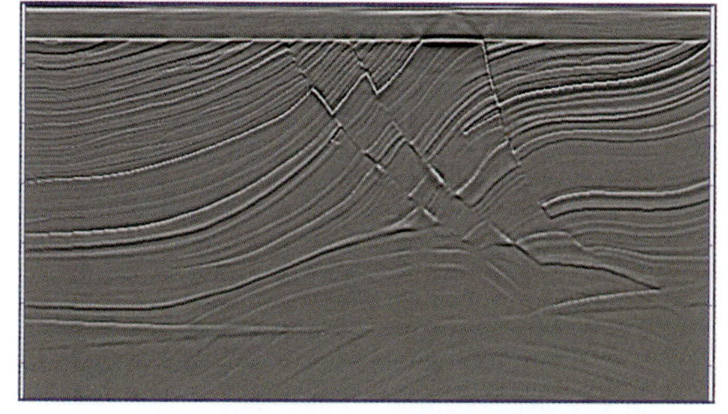

图 4.6.3　MarmousiⅡ模型逆时偏移结果

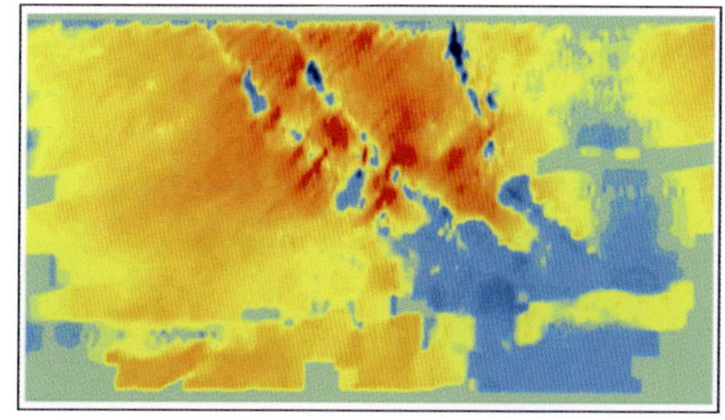

图 4.6.4　MarmousiⅡ模型地层倾角计算结果

常密度二维声波方程为

$$\frac{1}{v^2(x,z)}\frac{\partial^2 p}{\partial t^2}=\frac{\partial^2 p}{\partial x^2}+\frac{\partial^2 p}{\partial z^2} \tag{4.6.2}$$

式中，p 为声波地震波场；x 和 z 分别表示水平坐标轴和深度轴；t 表示时间；$v(x, z)$为地下介质速度。声波介质中平面波的解的形式为

$$p=p_0\exp[\mathrm{i}(k_x x+k_z z-\omega t)] \tag{4.6.3}$$

式中，k_x 和 k_z 表示波数；$i=\sqrt{-1}$；ω 表示频率。

同时我们知道，对于地震波传播角 α 而言，存在如下公式，即

$$\tan(\alpha) = k_x/k_z \tag{4.6.4}$$

对公式（4.6.3）进行推导，同时结合公式（4.6.4），就能够得到地震波传播角的计算公式为

$$\tan(\alpha) = \frac{\partial p/\partial x}{\partial p/\partial z} \tag{4.6.5}$$

即

$$\alpha = \tan^{-1}\left(\frac{\partial p/\partial x}{\partial p/\partial z}\right) \tag{4.6.6}$$

利用上述波前矢量方法，首先选取了简单的平层模型数据来验证方法的正确性，如图4.6.5所示为其逆时偏移结果，图4.6.6为利用前文所述方法计算得到的地震波入射角，目前对于入射角的正负方向并没有明确的规定。在这里，我们定义炮点向左方向为正，炮点向右方向为负。另外还选取了地下构造相对复杂的MarmousiⅡ模型进行数值试验，其速度模型如前文中图4.6.2所示。而图4.6.7中分别给出了炮点CDP位于150、350和650处的地震波入射角计算结果。

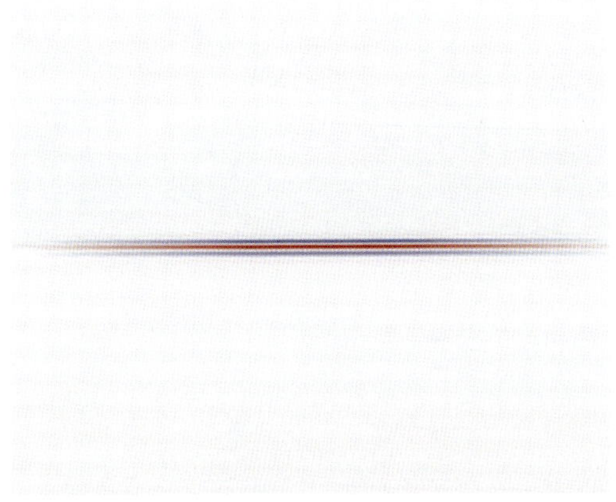

图4.6.5　简单平层模型逆时偏移结果

图4.6.6　简单平层模型入射角计算结果

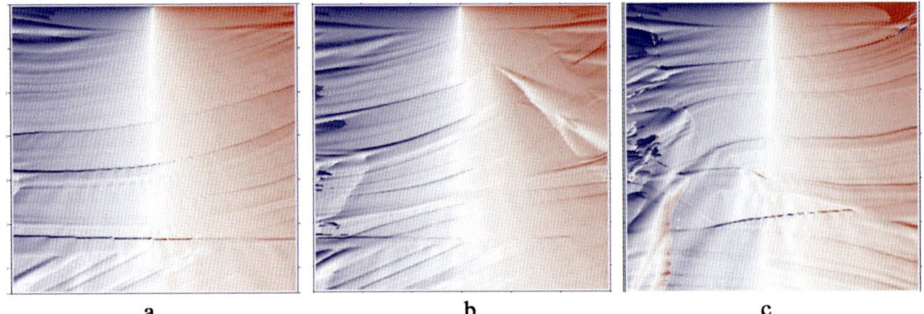

图4.6.7　MarmousiⅡ模型不同CDP点入射角计算结果

a—CDP=150；b—CDP=350；c—CDP=650

4.6.1.4　逆时偏移角度域共成像点道集生成及数值试验

地震波入射角计算是逆时偏移角度域道集生成中的关键环节，在利用波前矢量方法计算得到地震波入射角后，可从所有单炮逆时偏移结果中进行抽取计算得到角度域共成像点道集，这里以 MarmousiⅡ模型为例说明实现过程，如图 4.6.8 所示分别为 Laplace 滤波前后的单炮逆时偏移结果对比。利用入射角信息，从所有相关单炮的逆时偏移结果中就可以抽取计算得到角度域共成像点道集，如图 4.6.9 为 MarmousiⅡ模型 CDP 分别为 150 和 650 处的两个角度域共成像点道集。

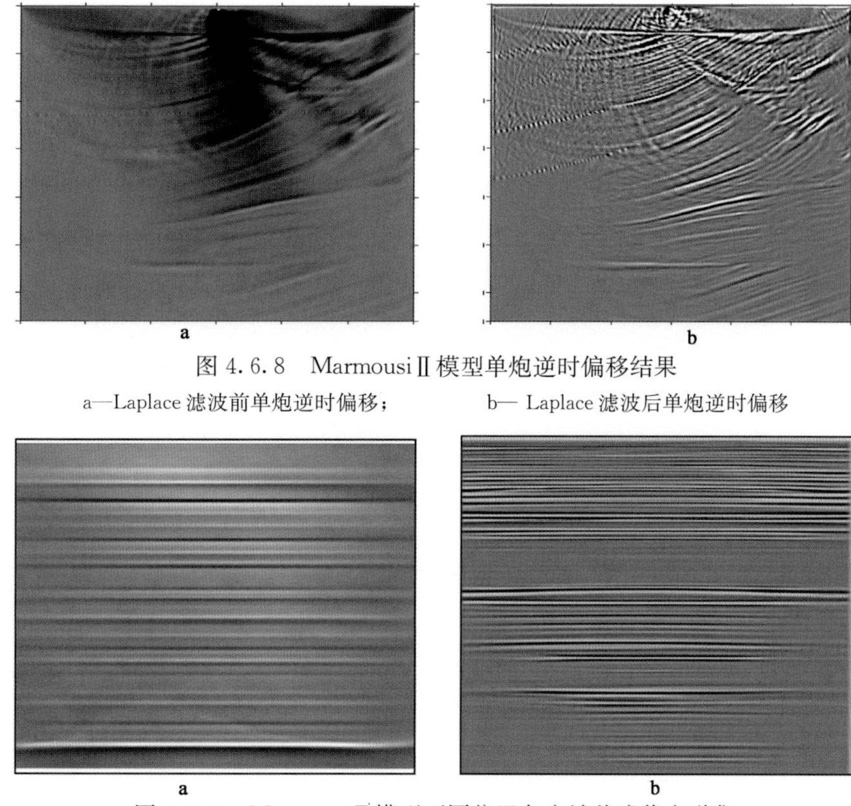

图 4.6.8　MarmousiⅡ模型单炮逆时偏移结果

a—Laplace 滤波前单炮逆时偏移；　b— Laplace 滤波后单炮逆时偏移

图 4.6.9　MarmousiⅡ模型不同位置角度域共成像点道集

a—CDP＝150；b—CDP＝650

4.6.2　角度域速度分析方法

前面重点分析了为什么选择角度域共成像点道集用于偏移速度分析和为什么选择利用逆时偏移来生成角度域共成像点道集的原因，并且介绍了直接利用波前极化方向来生成角度域共成像点道集的方法。下面重点介绍利用逆时偏移角度域共成像点道集进行偏移速度分析的方法。

4.6.2.1　逆时偏移角度域共成像点道集对速度误差的反应

首先分析角度域共成像点道集对偏移速度误差的反应，如果偏移速度正确，在反射界面上，聚焦和成像会同时发生，而如果偏移速度模型存在误差，那么聚焦和成像就不会同时发生。为了验证逆时偏移角度域共成像点道集对于不同速度误差的反应，选取了一个简单的平层模型进行数值试验，速度模型如图 4.6.10 所示，第一层真实速度为 3000m/s，分别利用偏移速度为 2760m/s、3000m/s 和 3240m/s 的速度模型进行逆时偏移，并计算得到相应的角度域共成像点道集，如图 4.6.11 所示为利用不同偏移速度得到的角度域道集。可以看到，利用准确速度得到的角度域共成像点道集是拉平的，速度偏小时，得到的角度域共成像点道集向上弯曲，反之，如果速度偏大时，得到的角度域共成像点道集向下弯曲。这是角度域共成像点道集对不同速度误差反应的定性认识。

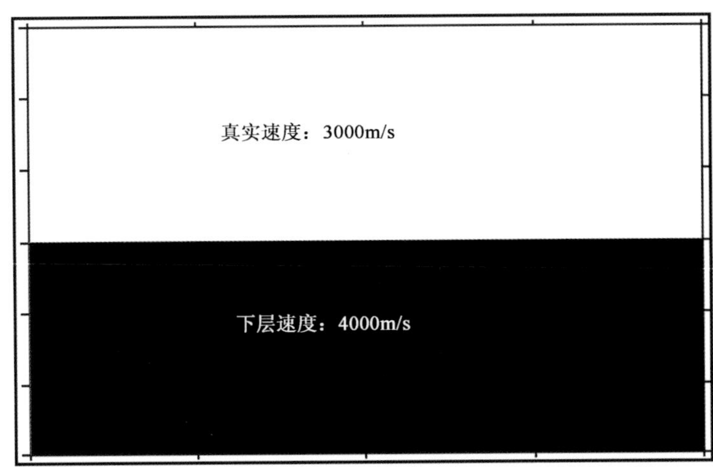

图 4.6.10　平层速度模型

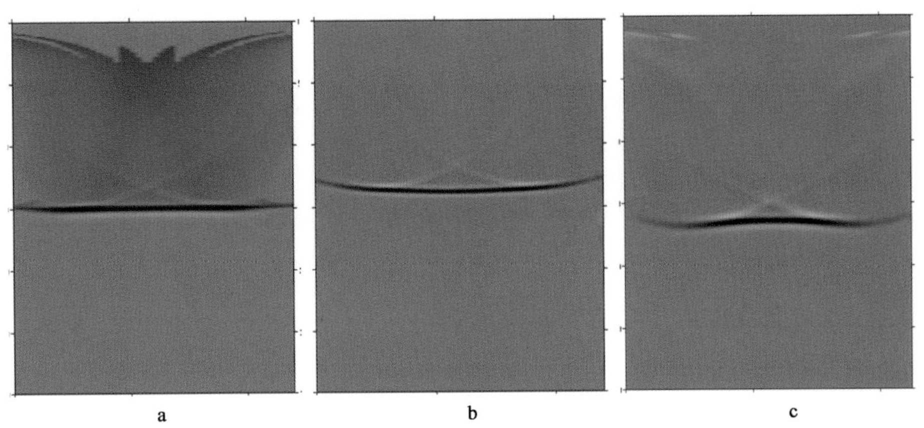

图 4.6.11　平层模型利用不同偏移速度得到的角度域共成像点道集

a—准确速度；b—速度偏小；c—速度偏大

4.6.2.2　角度域速度更新方法

角度域共成像点道集通过同相轴拉平程度来对速度模型误差进行判断，同时利用拾取的剩余深度误差（RMO）来对速度模型进行迭代更新，因此，正确有效的 RMO 与速度更新值之间的关系式是非常重要的。目前，最为常用的角度域速度更新公式为[48,49]

$$\Delta z = (\rho - 1)\tan^2\theta z_0 \tag{4.6.7}$$

式中，Δz 为从角度域共成像点道集上拾取的剩余深度误差；θ 为地震波入射角；z_0 为偏移深度；ρ 为更新后速度和偏移速度的比值。

但是上述公式并未考虑地层倾角的影响，比较适合于地层平缓地区的速度更新，在地层倾角较大的情况下该公式的计算精度难以满足要求，基于此，需要选取以下的角度域速度更新公式为[49]

$$\Delta z = \frac{z_0(\rho - 1)}{\cos\beta}\frac{\sin^2\theta}{(\cos^2\beta - \sin^2\theta)} \tag{4.6.8}$$

利用上述角度域速度更新公式，选取模型数据进行数值试验。如图 4.6.12 所示为其真实速度模型，可以看到该模型含有平层地层、小倾角地层和陡倾角地层。利用该真实速度模型进行正演模拟得到单炮记录。同时利用常速模型（全区速度均等于第一层速度）作为初始速度模型，并利用该常速初始模型进行逆时偏移运算，结果如图 4.6.13 所示。可以看到，由于速度模型误差较大，得到的逆时偏移结果成像效果较差。通过 6 次角度域速度更新迭代后，得到的偏移速度模型如图 4.6.14 所示。利用更新后的速度模型得到的逆时偏移结果如图 4.6.15 所示。可以看到，利用更新后速度模型得到的逆时偏移结果对于地下构造的成像效果得到明显改善。另外，为了验证所采用的角度域速度分析方法的有效性，将更新后的速度模型与真实速度模型进行了对比。如图 4.6.16 所示为 5 个 CDP 点处两种速度的对比结果，其中蓝色曲线代表真实速度，粉色曲线代表更新后速度，通过对比表明了方法的有效性。

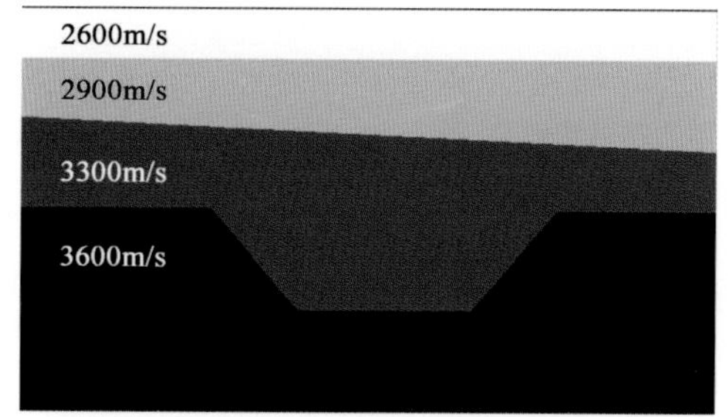

图 4.6.12　用于角度域速度分析数值试验的真实速度模型及参数

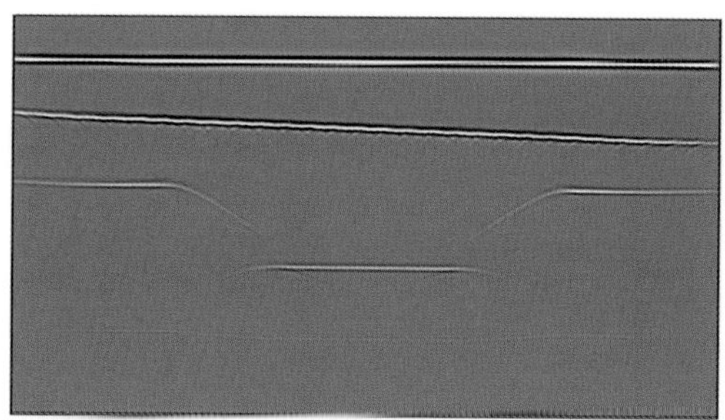
图 4.6.13　利用常速初始速度模型得到的逆时偏移结果

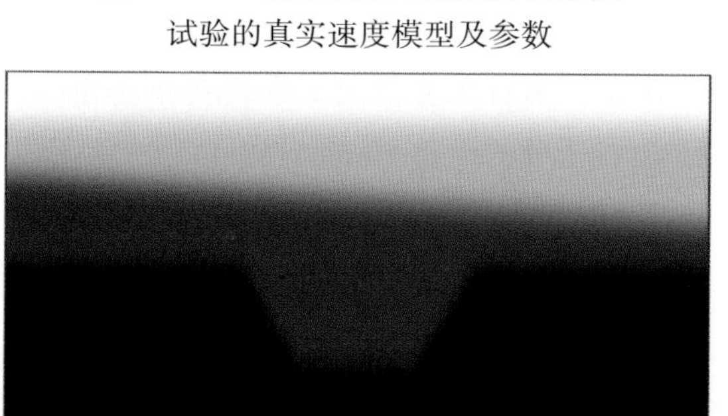
图 4.6.14　利用角度域速度分析方法更新后的速度模型

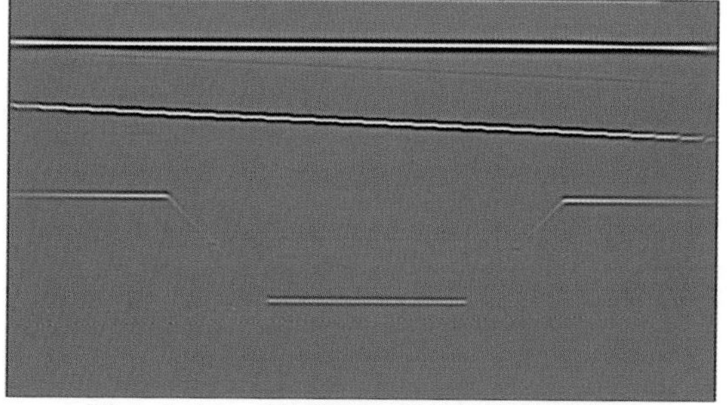
图 4.6.15　利用更新后速度模型得到的逆时偏移结果

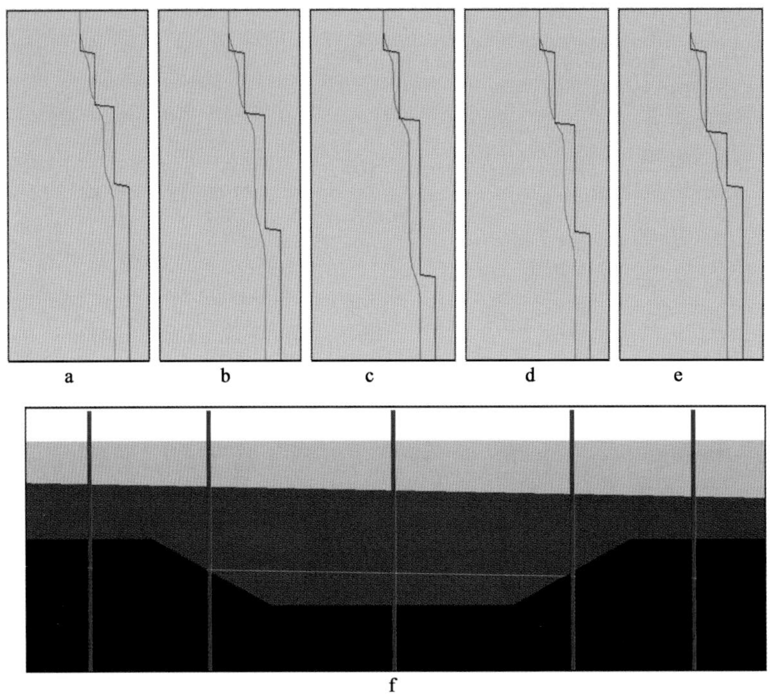

图 4.6.16 更新后速度模型与真实速度模型的对比曲线

a—CDP=200；b—CDP=450；c—CDP=600；d—CDP=750；
e—CDP=1000；f—5 个 CDP 点在速度模型上的具体位置

4.7 全波形反演速度建模方法研究

全波形反演（Full Waveform Inversion，简称 FWI）技术是一种基于全波场正演模拟技术，从地震数据反演出地球物理参数的方法。该方法能够充分利用叠前地震波场的运动学及动力学信息建立地下速度建模，具有揭示复杂地质背景下构造与岩性细节信息的潜力，与传统方法相比具有更高的分辨率。根据研究需要，全波形反演可以在时间域、频率域或者 Laplace 域实现。

全波形反演的理论框架早在 20 世纪 80 年代已提出，但是一直受限于地震数据量和计算能力的不足，未能在实践中实现。近年来，高密度宽方位角的采集方式、高性能计算机技术发展为全波形反演的实际应用提供了可能，国外一些最新研究成果也揭示了全波形反演技术的应用潜力。

4.7.1 全波形反演研究现状

国外自 20 世纪 80 年代 Tarantola 借鉴逆时偏移的思想，实现了二维时间域波动方程全波形反演以后，针对时间域、频率域以及 Laplace 域的全波形反演理论开展深入研究，并且取得了很多重要进展。但是长期以来，受制于当时计算能力的影响，一直没有在实际生产中得到推广应用。Tarantola（1984，1986）提出了基于广义最小二乘反演理论的时间域全波形反演方法[50]；Kosloff（1982，1984）提出了伪谱法来提高声波和弹性波正演模拟的计算精度；Virieux（1984，1986）提出交错网格有限差分法实现高精度的地震波场正演模拟；Gauthier（1986）及Mora（1987，1988）开展了理论模型的声波和弹性波全波形反演试验，揭示了全波形反演技术的应用前景，同时也分析了该方法的缺陷；Marfurt（1984）通过研究发现频率域有限元或有限差分法是实现大量炮点波动方程正演模拟的最有效手段；Pratt（1990，1998）结合Marfurt的思想和Tarantola的全波形反演方法，发展起了频率域声波及弹性波全波形反演方法[51,52]；Bunks（1995）提出了时间域多尺度波形反演法[53]；Shin（2008）提出了Laplace域全波形反演方法[54~56]。

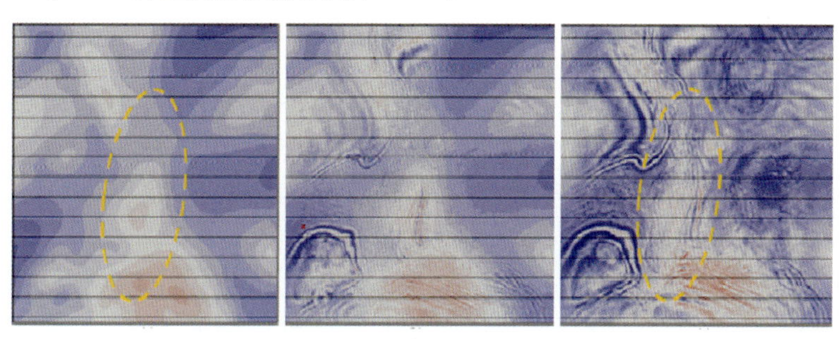

图4.7.1　层析反演速度（a）、2～10Hz迭代5次（b）、2～3Hz，2～4Hz，2～6Hz，2～8Hz迭代8次（c）的结果

近年来，随着计算机水平的不断提升，全波形反演的实际应用成为可能，而该项技术也成为国际地球物理界研究的热点。近几年SEG年会刊登的有关全波形反演的论文数也是呈递增趋势，尤其是自2009年开始，设立了专门的全波形反演专题，2009年SEG年会收录专题论文16篇，而2010年更是达到了惊人的32篇。同时，近年来在Geophysics上也有多篇全波形反演的相关论文相继发表。其中展示的很多实例都取得了良好的应用效果。如图4.7.1所示为H. Li等2011年SEG展示的实际数据全波形反演成果，a图为层析反演速度切片，b图为2～10Hz迭代5次结果，c图为2～3Hz，2～4Hz，2～6Hz，2～8Hz迭代8次的速度切片。速度模型的分辨率和精度均得到明显提高，展示了全波形反演的应用前景。

4.7.2　梯度导引全波形反演方法

基于牛顿类的反演方法和基于梯度导引的方法都需要通过求取目标泛函对模型参数的导数，来寻找迭代更新的方向。首先依据共轭状态（Adjoint State）方法的思想。基于声波方程求取二次型误差范函的梯度。通过求取一个迭代步长，实现梯度导引类的迭代算法。

4.7.2.1　时间域目标泛函的梯度求取方法

尽管频率—空间域的全波形反演有其诸多优势（主要表现在尺度优势），但当前受限于正演模拟手段的不足，不能在实际地震资料处理中加以应用。因此，这里的分析还是建立在时间—空间域。事实上，全波形反演的理论在时间域和频率域的建立过程是完全统一的。因此，这里基于时间域的分析结果经过傅里叶变换完全适用于频率域方法。

野外观测最直接的方法是炮道集，反演也针对炮集数据来进行。另外，在模型尺度上，为方便起见，这里的讨论限定在二维空间。由于正反演是在炮集进行的，这里建立的框架同样可以方便地移植到三维情况。

在声波方程意义下，模型参数变为速度场 $\boldsymbol{v}$（当然还可以定为慢度或慢度的平方，同样可以导出类似的方程）。记观测得到的炮集波场为 $\boldsymbol{d}_{obs}$（t，$\boldsymbol{x}_r$，$\boldsymbol{x}_s$），模拟得到的全波场。这里，首先考虑最基本的情况，即子波正确、噪声符合高斯分布（在统计意义下可以忽略）。定义误差范函为

$$E(\boldsymbol{v}) = \frac{1}{2}\sum_{x_s}\sum_{x_r}\sum_{t}\left[\boldsymbol{Ru}(t,\boldsymbol{x},\boldsymbol{x}_s;\boldsymbol{v}) - \mathbf{d}_{obs}(t,\boldsymbol{x}_r,\boldsymbol{x}_s)\right]^2 \tag{4.7.1}$$

可以用变分原理来推导梯度，误差泛函的变分可以写为

$$\begin{aligned}\delta E(\boldsymbol{v}) &= \frac{1}{2}\delta(\boldsymbol{Ru} - \boldsymbol{d}_{obs},\boldsymbol{Ru} - \boldsymbol{d}_{obs})\\ &= [\delta(\boldsymbol{Ru} - \boldsymbol{d}_{obs}),\boldsymbol{Ru} - \boldsymbol{d}_{obs}]\\ &= (\boldsymbol{R}\delta\boldsymbol{u},\boldsymbol{Ru} - \boldsymbol{d}_{obs})\end{aligned} \tag{4.7.2}$$

问题转化为求取 $\delta\boldsymbol{u}$。$\delta\boldsymbol{u}$ 可以写为

$$\delta\boldsymbol{u} = \lim_{\varepsilon\to 0}\frac{\boldsymbol{u}(\boldsymbol{v}+\varepsilon\delta\boldsymbol{v}) - \boldsymbol{u}(\boldsymbol{v})}{\varepsilon} \tag{4.7.3}$$

上式中，$\boldsymbol{u}$（$\boldsymbol{v}$）和 $\boldsymbol{u}$（$\boldsymbol{v}+\varepsilon\Delta\boldsymbol{v}$）均满足波动方程，可得到下列方程，即

$$\frac{1}{\boldsymbol{v}^2}\frac{\partial^2\boldsymbol{u}}{\partial t^2} - \Delta\boldsymbol{u} = \delta(\boldsymbol{x} - \boldsymbol{x}_s)f_s(t) \tag{4.7.4}$$

$$\frac{1}{(\boldsymbol{v}+\varepsilon\delta\boldsymbol{v})^2}\frac{\partial^2\boldsymbol{u}_\varepsilon}{\partial t^2} - \Delta\boldsymbol{u}_\varepsilon = \delta(\boldsymbol{x} - \boldsymbol{x}_s)f_s(t) \tag{4.7.5}$$

$$\left(\frac{1}{\boldsymbol{v}^2}\frac{\partial^2}{\partial t^2} - \Delta\right)\delta\boldsymbol{u} = \left(\frac{1}{\boldsymbol{v}^2}\frac{\partial^2}{\partial t^2} - \Delta\right)\left(\frac{\boldsymbol{u}_\varepsilon - \boldsymbol{u}}{\varepsilon}\right) = \frac{2\delta\boldsymbol{v}}{\boldsymbol{v}^3}\frac{\partial^2\boldsymbol{u}}{\partial \mathrm{t}^2} \tag{4.7.6}$$

方程式（4.7.6）就是波动方程的表达式。因此，其含义表示以右端项为源的波场传播出的波场为 $\delta\boldsymbol{u}$，即

$$\delta\boldsymbol{u} = \boldsymbol{L}\left(\frac{2\delta\boldsymbol{v}}{\boldsymbol{v}^3}\frac{\partial^2\boldsymbol{u}}{\partial t^2}\right) \tag{4.7.7}$$

因此，由公式（4.7.2）定义可得出

$$\begin{aligned}\delta E(\boldsymbol{v}) &= (\boldsymbol{R}\delta\boldsymbol{u},\boldsymbol{Ru} - \boldsymbol{d}_{obs})\\ &= \left[\boldsymbol{L}\left(\frac{2\delta\boldsymbol{v}}{\boldsymbol{v}^3}\frac{\partial^2\boldsymbol{u}}{\partial t^2}\right),\boldsymbol{R}^*(\boldsymbol{Ru} - \boldsymbol{d}_{obs})\right]\\ &= \left\{\frac{2\delta\boldsymbol{v}}{\boldsymbol{v}^3}\frac{\partial^2\boldsymbol{u}}{\partial t^2},\boldsymbol{L}^*[\boldsymbol{R}^*(\boldsymbol{Ru} - \boldsymbol{d}_{obs})]\right\}\end{aligned} \tag{4.7.8}$$

方程（4.7.8）的推导过程应用了两次共轭。则范函对速度模型的梯度为

$$\boldsymbol{g}(\boldsymbol{v}) = \frac{\delta \mathrm{E}(\boldsymbol{v})}{\delta\boldsymbol{v}} = \frac{2}{\boldsymbol{v}^3}\sum_{x_s}\sum_{t}\frac{\partial^2\boldsymbol{u}}{\partial t^2}\boldsymbol{L}^*[\boldsymbol{R}^*(\boldsymbol{Ru} - \boldsymbol{d}_{obs})] \tag{4.7.9}$$

可见，梯度方向的值由正传播场在时间上的二阶导数与剩余数据的反传波场在时间上的内积得到。每一炮的正反传波场都是独立计算的。最终求取的梯度值为每一炮求取结果的叠加。式（4.7.9）涉及一炮的两次波场传播，实现流程如图 4.7.2。对每一炮，执行以下步骤：

（1）计算并记录每一时刻的正传波场 $\boldsymbol{u}$；

(2) 计算检波点位置的波场残差；

(3) 将波场残差反传播到模型空间，得到反传播数据；

(4) 求反传波场与正传波场在时间上的二阶导数在时间内积，得到单炮梯度。

叠加所有炮求取的梯度值，得到与模型空间的全局梯度。可得到无论是梯度导引类还是牛顿类反演方法的梯度方向。这里，我们是基于全波场模拟的方法求取正反传波场的，由此得到的梯度是全波形反演的梯度。当然，由（4.7.9）式定义的梯度方向中的波场算子同样可以由其他的算子得出。例如，可以用射线追踪的方法得到波场，此时的梯度就变为层析的梯度方向。

Pratt 建立的频率域反演策略与 Tarantola 建立的时间域反演策略在本质上是相同的。但在频率域，可以分析出一些明确的物理含义。式（4.7.9）中正传波场对时间的二阶导数在频率域可以表现为一个频率的高通滤波。因此，FWI 对高频和高波数的速度结构更为敏感，这也导致 FWI 容易陷入局部极小值。如果给定的模型较为偏离真实模型的话，很难得到一个更好的收敛效果。

方程（4.7.9）定义的梯度规定了反演的方向。因此，只要方向大致正确（不至于出现符号反转），完全可以对梯度作相应的平滑。甚至可以用近似的波场算子如射线追踪或基于 Beam 类的方法来快速的求取梯度值。

图 4.7.2 表示了梯度法全波形反演的流程。在每次迭代过程中，求取梯度的部分需要计算两次全波场模拟，而基于单炮的策略容易实现炮的计算机并行。基于步长抛物寻优的策略需要计算一次波场正演，此过程中，同样可以实现炮并行以求取最优步长。每一次迭代过程中的计算耗时主要是用于三次波场模拟的过程。三次波场模拟都可以实现炮并行。基于多节点多核 CPU 计算机群的并行化能够为全波形反演的实用化提供硬件支持。

4.7.2.2 全波形反演理论数值算例

Marmousi 模型是近年 SEG/EAGE 年会中，大家经常看到用以做全波形反演的模型。为此，我们也对此模型进行了测试，以便于做方法对比。为了保证正演过程中的稳定性，对原模型进行了重采样，生成数据。水平坐标范围 0～2376m。图 4.7.3 显示了速度模型。速度值范围为［3000，7000］m/s。地表放炮，共放 40 炮，第一炮的位置在第 56m 处。利用主频为 30Hz 的零相位雷克子波激发，地表全孔径接收。时间采样率 0.5ms，采样点数为 1500 个。

用一个常梯度模型作为反演的起点，速度值从地表 3000m/s 变化到最深 6000m/s。对该模型进行 200 次迭代，第 100 次，第 200 次的结果如图 4.7.4。可见，反演取得了较好的效果，边界清晰，且速度值收敛到了真实值附近。图 4.7.5 显示了第 120 道在迭代次数为 100 次、200 次时的更新速度，可见速度能够逐渐收敛到真实值附近。

根据这些分析，可以断定，尽管 Marmousi 模型看起来速度结构复杂，然而其变化幅度并不大，用一个常梯度的背景介质已经能够很好地描述波场的旅行时信息。在低频信息正确的情况下，全波形反演显示了它在高频区域的描述能力。因此，只要给出的初始速度在旅行时匹配上较为正确，可以相信 FWI 可以给出一个理想的反演结果。

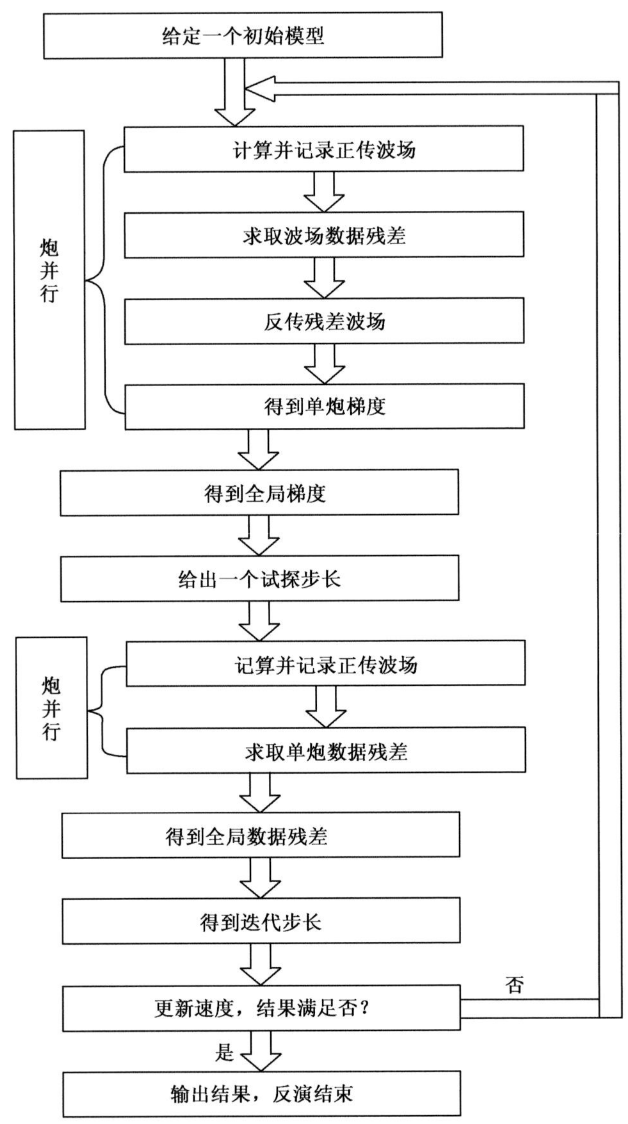

图 4.7.2　梯度法全波形反演流程图

4.7.3　FWI 问题探讨及下一步发展方向

虽然近年来全波形反演取得了长足进步，但是仍然存在很多问题有待解决。FWI 至今没有全面实用化，特别是陆地资料应用难度很大。主要在于野外实际数据与合成数据有很大的区别。我们认为问题主要存在于以下方面：(1) 地震波在地下的传播规律不能简单地用常密度声波方程描述。实际数据中有面波干扰、各种波型的转换（P－S、S－P 等）、各种来源的噪声和可能受到介质的吸收衰减效应等；(2) 震源子波未知。对于深海资料，我们可以相对容易的获得一个相对真实的震源子波。然而对于陆上资料以及浅水资料，提取子波也是一个比较困难的工作。

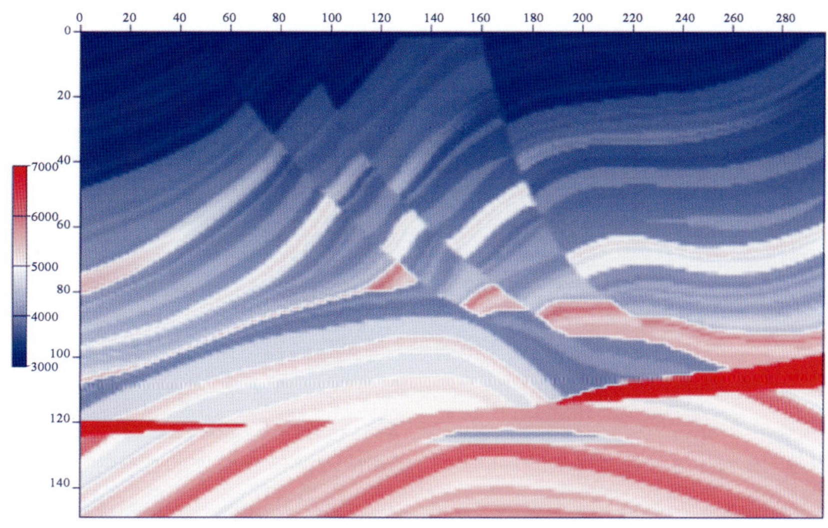

图 4.7.3　Marmousi 真实速度模型

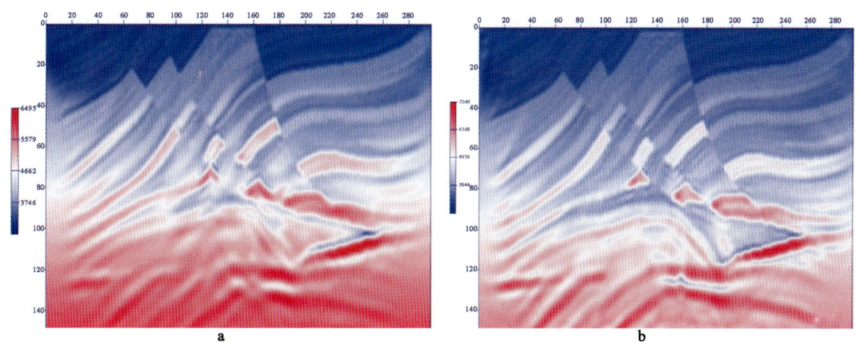

图 4.7.4　Marmousi 模型反演结果

a—第 100 次迭代；b—第 200 次迭代

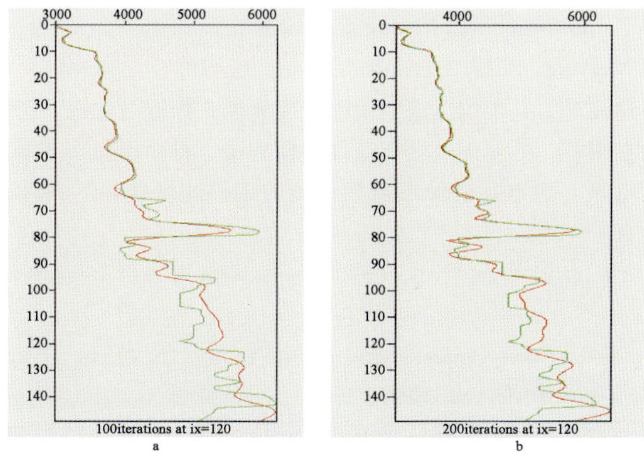

图 4.7.5　第 120 道不同迭代次数速度值的大小

a—第 100 次迭代；b—第 200 次迭代。

绿线表示真实值；红线表示反演结果

为了能够开展FWI的研究工作，需要首先从野外数据估计震源子波（仅仅是相对大小，子波的振幅不具有参考价值）。然后利用估计到的震源子波和已知的初始速度模型正演合成炮记录，与相应的野外炮记录对比。分析合成记录与野外炮记录之间的差异。同时，计算效率问题仍然是制约全波形反演大规模应用的瓶颈问题，各向异性和弹性波全波形反演将是未来的重要发展方向。

参考文献

[1] 叶勇．三维约束Dix反演层速度方法及其应用研究．石油地球物理勘探，2008，43（4）：443～446

[2] Mora P. Inversion migration tomography. Geophysics，1989，54（12）：1575～1586

[3] 杜世通．地震层析方法中的速度分析算法．石油地球物理勘探，1989，24（1）：6～15

[4] 陈爱琼，周霞，朱海东等．地震走时层析成像反演在速度模型中的应用．长江大学学报（自然科学版），2011，8（6）：41～43

[5] 陈湛文，张关泉．用道集信息修正偏移速度模型的层析成像法．地球物理学进展，2004，19（1）：154～160

[6] Liu Z. An analytical approach to migration velocity analysis. Geophysics，1997，62：1238～1249

[7] Liu Z，Bleistein N. Migration velocity analysis：theory and an iterative algorithm. Geophysics，1995，60：142～153

[8] MacKay S，Abma R. Depth－focusing analysis using a wavefront－curvature criterion. Geophysics，1993，58：1148～1156

[9] MacKay S，Abma R. Imaging and velocity estimation with depth－focusing analysis. Geophysics，1992，57：1608～1622

[10] 王成祥，张关泉，刘超颖等．速度模型反演的CFP方法．石油地球物理勘探，2003，38（2）：139～146

[11] Nurul Kabir M M，Verschuur D J. A constrained parametric based on CFP technology. Geophysics，2000，65：1210～1222

[12] Jeannot J P，Faye J P and Denelle E. Prestack migration velocities from depth focusing analysis. 56th Annual International Meeting，SEG，Expanded Abstracts，1986：438～440

[13] 李振春，穆志平，张建磊等．共聚焦点道集偏移速度建模．物探与化探，2003，27（5）：403～406

[14] 辛可锋，王华忠，马在田等．共聚焦点层析速度建模方法．石油物探，2005，44（4）：329～333

[15] 陈辉，李录明，孙雷鸣等．基于共成像点道集评价的偏移速度建模．石油地球物理勘探，2010，45（4）：485～490

[16] Einar Maeland. Seimic migration and velocity analysis. Geophysical Prospecting，1997，45（4）：641～651

[17] Liu W，et al. 3D residual velocity analysis and update toolkit for offset－domain prestack depth migration.71st Annual International Meeting，SEG，Expanded Abstracts，2001

[18] John B Dubose. A technique for stabilizing interval velocities from the Dix equation. Geophysics，1988，53（9）：1143～1150

[19] 李振春，王华忠，马在田．共中心点道集偏移速度分析．石油物探，2000，39（1）：20～26

[20] 李振春，姚云霞，马在田等．波动方程法共成像点道集偏移速度建模．地球物理学报，2003，46（1）：86～93

[21] 叶勇，郑雄．偏移速度分析技术新进展．勘探地球物理进展，2003，26 (2)：136～142

[22] 叶勇．三维约束 Dix 反演层速度方法及其应用研究．石油地球物理勘探，2008，43 (4)：443～446

[23] Mora P. Inversion migration tomography. Geophysics，1989，54 (12)：1575～1586

[24] 杜世通．地震层析方法中的速度分析算法．石油地球物理勘探，1989，24 (1)：6～15

[25] 陈爱琼，周霞，朱海东等．地震走时层析成像反演在速度模型中的应用．长江大学学报（自然科学版），2011，8 (6)：41～43

[26] 陈湛文，张关泉．用道集信息修正偏移速度模型的层析成像法．地球物理学进展，2004，19 (1)：154～160

[27] Liu Z. An analytical approach to migration velocity analysis. Geophysics，1997，62：1238～1249

[28] Liu Z，Bleistein N. Migration velocity analysis：Theory and an iterative algorithm. Geophysics，1995，60：142～153

[29] MacKay S，Abma R. Depth－focusing analysis using a wavefront－curvature criterion. Geophysics，1993，58：1148～1156

[30] MacKay S，Abma R. Imaging and velocity estimation with depth－focusing analysis. Geophysics，1992，57：1608～1622

[31] 王成祥，张关泉，刘超颖等．速度模型反演的 CFP 方法．石油地球物理勘探，2003，38 (2)：139～146

[32] Nurul Kabir M M，Verschuur D J. A constrained parametric based on CFP technology. Geophysics，2000，65：1210～1222

[33] 李振春，穆志平，张建磊等．共聚焦点道集偏移速度建模．物探与化探，2003，27 (5)：403～406

[34] 辛可锋，王华忠，马在田等．共聚焦点层析速度建模方法．石油物探，2005，44 (4)：329～333

[35] Jeannot J P，Faye J P and Denelle E. Prestack migration velocities from depth focusing analysis. 56th Annual International Meeting，SEG，Expanded Abstracts，1986：438～440

[36] 王西文，刘全新，苏明军等．多井约束下的速度建模方法和应用. 石油地球物理勘探，2003. 38：263～267

[37] 王西文，刘文卿，王宇超等．共反射角叠前偏移成像研究及应用．地球物理学报，2010，53 (11)：2732～2738

[38] Guojian Shan，et a1. Velocity sensitivity of reverse－time migration. 78th Annual International Meeting，SEG，Expanded Abstracts，2008，2321～2325

[39] Xu S，Chauris H and Noble M. Common－angle migration：A strategy of imaging complex media. Geophysics，2001，66，1877～1894

[40] Operto M S，Xu S and Lambaré G. Can we quantitatively image complex structures with rays? Geophysics，2000，68，1065～1074

[41] Prucha M，Biondi B and Symes W. Angle-domain common－image gathers by wave－equation migration. 69th Annual International Meeting，SEG，Expanded Abstracts，1999，824～827

[42] Xie X B and Wu R S. Extracting angle domain information from migrated wavefield. 72nd Annual International Meeting，SEG，Expanded Abstracts，2002，1360～1363

[43] Biondi B and Symes W. Angle－domain common－image gathers for migration velocity analysis by wavefield－continuation imaging. Geophysics，2004，69，1283～1298

[44] Sava P and Fomel S. Coordinate－independent angle－gathers for wave equation migration. 75th Annual International Meeting，SEG，Expanded Abstracts，2005，2052～2055

[45] Xu S，Zhang Y and Tang B. 3D angle gathers from reverse time migration. Geophysics，2011，76：S77～S92

[46] Yoon K, Marfurt K J and Starr W. Extracting angle related image from migrated wavefield: 74th Annual International Meeting, SEG, Expanded Abstracts, 2004, 1057～1060

[47] Zhang Q and McMechan G A. Direct vector—field method to obtain angle—domain common—image gathers from isotropic acoustic and elastic reverse time migration. Geophysics, 2011, 76: WB135～WB149

[48] Stork C. Reflection tomography in the post migrated domain. Geophysics, 1992, 57: 680～692

[49] Biondi B and Symes W. Angle-domain common-image gathers for migration velocity analysis by wavefield-continuation imaging. Geophysics, 2004, 69: 12 83～1298

[50] Tarantola A. Inversion of seismic reflection data in the acoustic approximation. Geophysics, 1984, 49: 1259～1266

[51] Pratt R G. Seismic waveform inversion in the frequency domain, part Ⅰ: theory and verification in a physical scale model. Geophysics, 1999, 64: 888～901

[52] Pratt R G and Worthington M H. Inverse theory applied to multisource cross-hole tomography, Part 1: acoustic wave-equation method. Geophysical Prospecting, 1990, 38: 287～310

[53] Bunks C, Saleck F M, Zaleski S, et al. Multiscale seismic waveform inversion. Geophysics, 1995, 60: 1457～1473

[54] Shin C and Cha Y H. Waveform inversion in the Laplace-Fourier domain. Geophysical Journal International, 2009, 177: 1067～1079

[55] Shin C, Min D. Waveform inversion using a logarithmic wavefield. Geophysics, 2006, 71 (3): R31～R42

5 应用实例

在以往的地震勘探实践中，为了满足构造解释需求，地震资料成像常常追求高信噪比，对资料的保真度和保幅性考虑较少。如今，随着油气勘探精细化程度的推进，地震资料成像处理的保真度要求越来越高。近几年，笔者在这方面开展了大量的研究工作，逐步形成了保真成像的研究思路及方法流程，前文对整体思路和一些关键技术方法做了介绍，本章主要从实际应用方面介绍几种不同领域的针对性保真成像处理措施及应用效果。

5.1 三维逆时叠前深度偏移在盐下成像中的应用

5.1.1 盐下地震勘探面临的主要问题

盐下地震勘探面临的问题很多，最主要是速度和成像方法。盐下成像的速度问题主要包括：(1) 漂浮古沉积位于盐顶部之上，产生了沉积淹没盐顶部的结果，使得盐的底部难以成像；(2) 合理地指定盐的边界极其困难且不可预测；(3) 多次盐侵入碰撞产生了被沉积指状物分离的复杂盐构造，需进行盐覆盖和沉积覆盖的多次迭代以获得适当的盐边界定义；(4) 即使在盐边界清晰成像的情况下，也很难在计算机上产生忠实于图像的边界描述；(5) 在盐顶部存在深槽的地方，可能会出现已成像盐底部看起来位于已成像盐顶部之上的现象；(6) 盐体速度是空间变化的。对于成像方法来讲，目前常规的积分法地震成像技术难以刻画盐下成像，而双程波动方程偏移（WEM）方法（逆时间偏移）可在合成复杂深盐构造上产生优质图像。采用逆时偏移成像技术可以解决盐下成像问题，对垂直断层、盐丘侧翼、盐丘等倾角较大的构造成像效果显著提高，消除盐丘速度异常对下伏地层造成的畸变，使盐下地层在深度域能够准确成像。

5.1.2 滨里海盆地特征及地震地质条件

滨里海盆地为世界上特大型含油气盆地，现已发现了阿斯特拉汗、田吉兹、扎纳诺尔、北特鲁瓦等大型油气田，表明该盆地拥有极其丰富的油气资源。研究区块位于滨里海盆地东缘隆起带的中部，也是油气聚集最丰富的构造带，面积约为 2930km^2。该盆地在下二叠统孔谷阶发育盐层，并形成多个巨厚盐丘，盐丘厚度为 200～3000m。主要目的层为盐下石炭系的碳酸盐岩地层。由于盐丘与围岩速度存在巨大差异、速度横向变化剧烈等导致时间域不能使盐丘边界准确成像，在常规时间地震剖面上，存在盐下地震资料品质差及盐下地层的严重上拉等问题（图 5.1.1）。

区内各时代地层之间存在比较明显的波阻抗差异，形成了多套地震反射波组，主要为 T、P1、KT－1、MKT、VISEAN，其反射波能量（振幅）中等—强，连续性好，反射特征较为清晰，易于对比解释（图 5.1.2）。

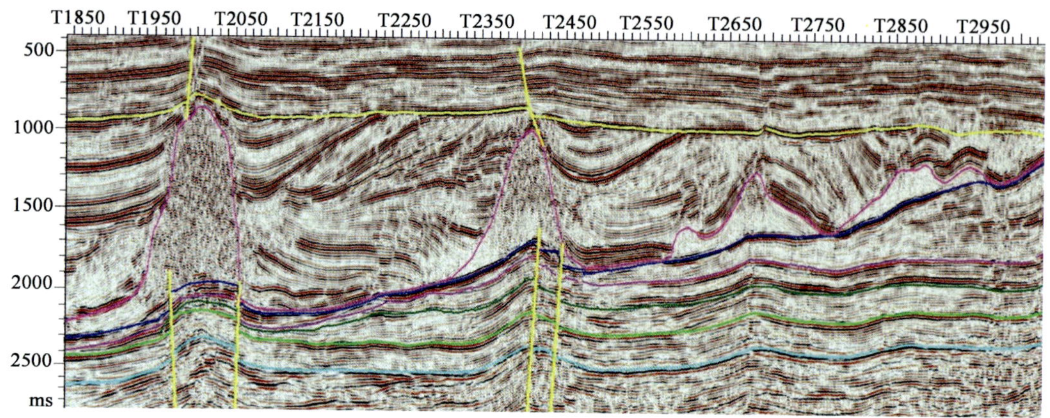

图 5.1.1　通过盐丘的时间地震剖面

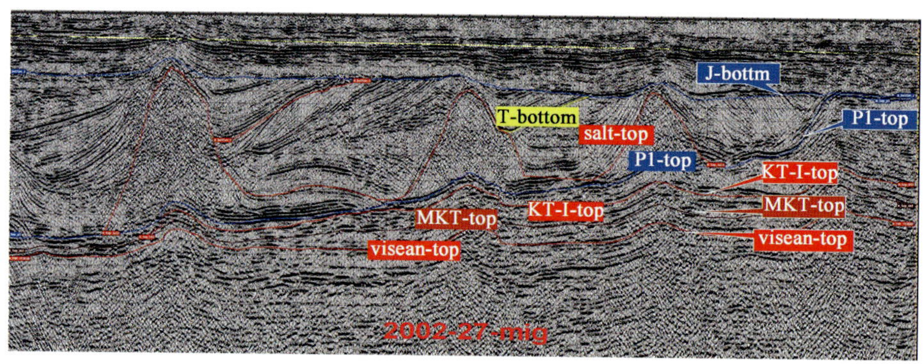

图 5.1.2　地震剖面上主要地质层位反射波特征

J 底波：侏罗纪—新生界构造层，与下伏地层存在明显的角度不整合接触关系，地震剖面上表现为一组平行中—强振幅，连续性特征；P1 底波：孔谷阶盐岩底界与下伏地层之间的界面，较强振幅，较连续；KT－1 波：上石炭统中格热尔组—中石炭统上莫斯科组波多尔层顶面反射波，为一套浅海相浅灰色灰岩和白云岩，中—强振幅，连续性好；MKT 波：中石炭统莫斯科组波多尔层界面反射波，岩性为泥岩夹粉砂岩和砂岩薄互层，振幅强度不稳定，较连续；VISEAN 波：泥盆统—下石炭统中维宪组地层界面反射波，主要为一套滨海相灰、深灰色泥岩与砂岩—粉砂岩互层，间夹砾石振幅变化较大，较连续。

在以往的地震勘探中尽管发现了 2 号构造和北特鲁瓦两个含油气构造，但由于盐下构造不落实以及圈闭类型、储层岩性的复杂性，甩开探井都未能见到好的效果，盐下的构造形态与高点仍不准确。如何识别盐下构造，恢复盐下构造的真实形态，已成为该区勘探急需解决的重要技术难题。为此，通过地震正演模拟分析盐下构造的特征和影响因素，提出了定量识别盐下构造的方法，同时基于地震叠加速度谱建立三维速度场，实现了地震解释时间层位的时深转换和变速成图，通过逆时叠前深度偏移方法和速度模型的迭代，对盐下构造进行精确成像，在深度域恢复了盐下构造的真实形态。

5.1.3 滨里海盆地地质结构

在大地构造分区上滨里海盆地属于东欧地台的东南隅，盆地的北部和西部与东欧地台南部的一些隆起构造单元相邻，而东部和南部与海西期褶皱带（包括南乌拉尔、南恩巴和卡拉库尔等）相邻。滨里海盆地是一个晚元古代以来的叠合盆地，基底具有断块结构的特点，呈断阶（西部和北部）或缓坡（东部和东南部）由盆地边缘向中心逐渐下降，其上覆盖了上元古界（里费系）—第四系巨厚的沉积盖层（6～15km，在盆地中心最大沉积厚度达 22km），上二叠统孔谷组盐岩层将盆地分为盐上和盐下两大构造层，它们具有完全不同的构造特征。盐下油气组合储层以泥盆—下二叠统的碳酸盐岩为主，油气藏类型主要为生物礁型和背斜型，盐上油气组合储层以侏罗系—白垩系的砂岩为主，油藏类型主要为与盐丘有关的断块、断背斜等构造型油气藏。盐下层古生界在盆地边缘厚 3～4km，向盆地中心增加到 10～13km，如图 5.1.3 所示。

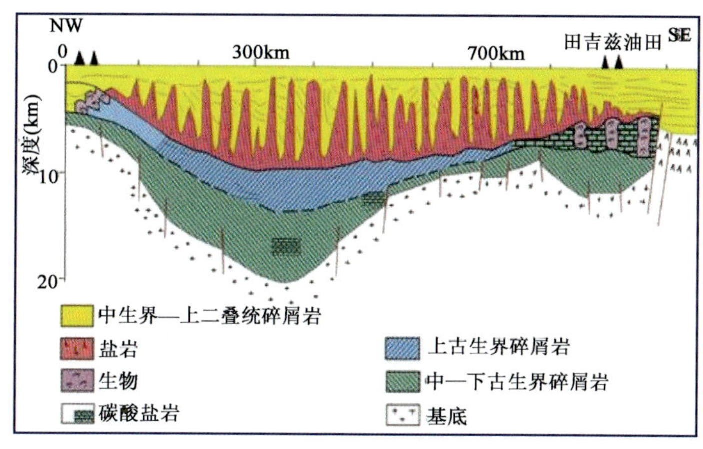

图 5.1.3　滨里海盆地区域地质结构图

5.1.4 盆地沉积演化及地层特征

如图 5.1.4 所示，滨里海盆地沉积演化史经历以下几个阶段：(1) 早古生代（$S-C_1V_2$）凹陷带（ⅠA）为台缘凹陷带的陆棚碎屑沉积阶段（VISEAN）；(2) 早石炭世（$C_1V_3-C_2b_1$）凹陷带（ⅠA）相对上升与卡一延隆起带合并，为台缘隆起的浅海碳酸盐岩台地沉积阶段（KT－Ⅱ的中、下部）；(3) 晚巴什基尔期（C_1b_2）为暴露成陆的停积阶段；(4) 早莫斯科世（C_2m_1）为台缘隆起带的浅海碳酸盐岩台地沉积阶段（KT－Ⅱ的上部）；(5) 晚莫斯科世波多尔斯克期（C_2m_2po）为台缘凹陷的陆棚碎屑沉积阶段（MKT）；(6) 晚石炭世（C_2m_2po 上$-C_2$）为台缘隆起的浅海碳酸盐岩台地沉积阶段（KT－Ⅰ）；(7) 石炭纪末为因东侧地槽回返而引起的暴露为陆地的剥蚀阶段。

中区块石炭系自上而下划分为 KT－Ⅰ油层组（包括格热尔阶、卡西莫夫阶和莫斯科阶上部）碳酸盐岩和膏盐层、MKT（莫斯科阶中部）碎屑岩层、KT－Ⅱ油层组（莫斯科阶下部、巴什基尔阶、谢尔普霍夫阶、维宪阶上部）碳酸盐岩和少量泥岩层以及维宪阶中下部及以下的多内昔阶砂泥岩层。

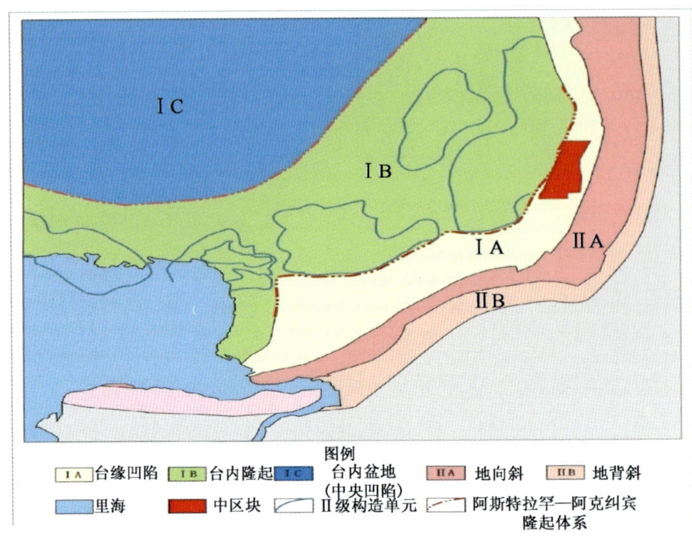

图 5.1.4　中区块区域构造分区图

5.1.5　盐下地震资料特征分析

该区三维连片处理的资料（2005 年、2006 年、2007 年、2008 年、2009 年采集）都是可控震源采集的三维地震资料。从原始记录看，地震资料浅、中、深层反射波组较齐全，能量适中，信噪比较高，多套反射波组清晰连续。工区噪声比较发育，主要有线性干扰、面波、声波、脉冲干扰等。图 5.1.5 为 2005 年和 2007 年采集的野外单炮，从这些野外单炮可以看出，由于有规则噪声、面波等干扰，因而影响了资料的品质。

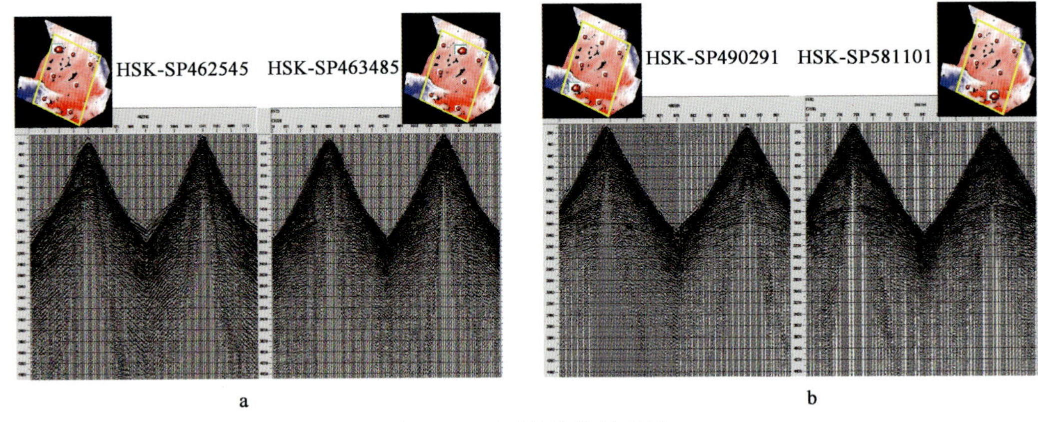

图 5.1.5　原始单炮品质图

a—2005 年采集；b—2007 年采集

由于工区内几块三维工区采集年度不同，三维地震资料连片处理时必须对不同工区的原始单炮进行差异分析。抽取 2005 年和 2007 年同一位置单炮（图 5.1.6），可以看出它们存在一定的时差。图 5.1.7 为叠加剖面，可以明显看到 2005 年和 2007 年采集的剖面存在一定的系统时差。

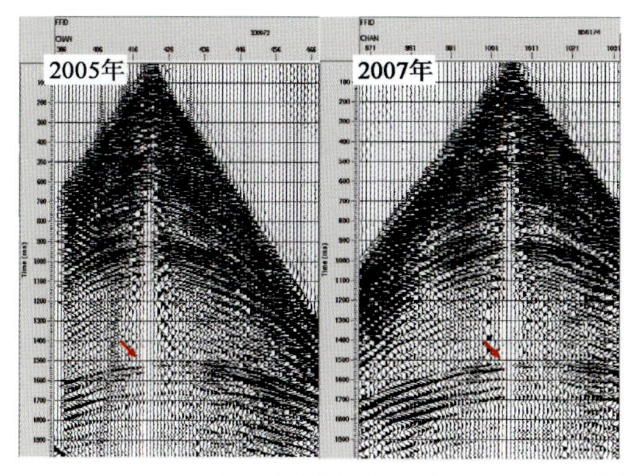

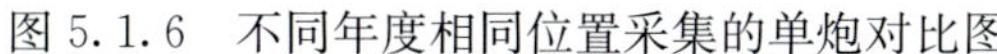

图 5.1.6　不同年度相同位置采集的单炮对比图

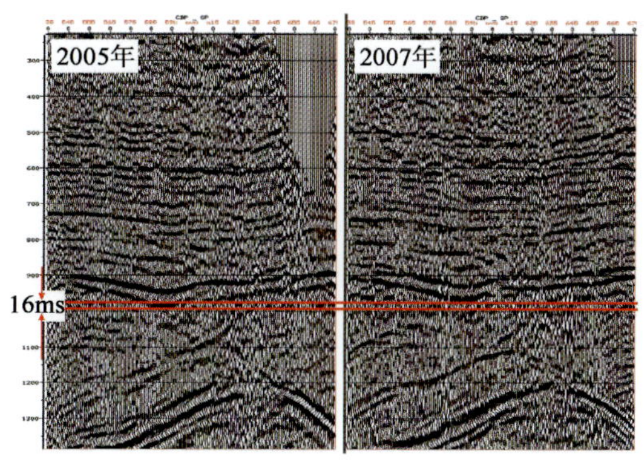

图 5.1.7　不同年度相同 CDP 位置上剖面对比

由于本工区的地表岩性横向变化较大，受采集方法等诸多因素影响，原始资料的品质、信噪比随施工位置的不同而相差较大。根据地震资料分析，工区内大小分布有 21 个盐丘，盐丘大体分丘状和条状两种，主要分布在工区的中部。盐丘向北、向南变小、变薄，向西逐渐消失，向东变大、增厚。这些盐丘没有一个固定的走向，但大多呈北东一南西走向。各盐丘的厚度变化为 400～2600m，单个盐丘的平面展布范围一般较小，多数盐丘的侧翼较陡。如何做好盐丘边界和盐下构造的准确成像是最大的难点。

5.1.6　盐下构造地震成像难点及问题分析

滨里海盆地下二叠统发育厚逾千米的盐丘，盐丘在工区的西部最厚达 2600m，在工区东部一般为 400～500m。钻井资料表明，本区的盐层的层速度为 4500m/s，上二叠统围岩的平均速度约为 3800m/s（仅几口井统计），且围岩的速度变化很大。对于海相沉积地层而言，盐下沉积层速度横向变化较稳定，在时间域，受上覆盐丘的影响，盐下地层的速度场异常，即对应于高速岩丘异常体下的叠加速度及 RMS 速度均表现为盐丘两翼速度偏高，中间速度偏低的现象，其中盐丘顶部正下方位置，速度最低，如图 5.1.8 所示。产生这种异常的主要原因为：当上覆盐丘速度与围岩速度差别较大时，远、近炮检距射线穿越地层的速度不同，远、近炮检距时差变化引起叠加速度的变化。由于盐丘速度比围岩的速度高，当炮点移动至盐丘顶部并逐渐移向翼部时，远、近炮检距的时差开始增大，叠加速度开始变小。故在时间域，盐丘高速异常体下伏地层速度异常是正常的地球物理现象[13]。但对于深度速度建模而言，若将时间域速度作为初始速度模型，必须对时间域速度异常进行校正。

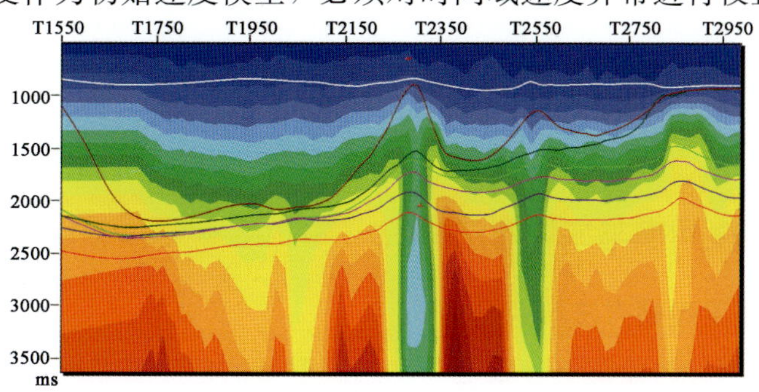

图 5.1.8　时间域速度剖面（盐下速度异常）

速度异常的变化趋势和范围在时间域难以准确估计，同时速度存在不确定性。采用序贯高斯模拟方法模拟出最大可能的速度结构，采用趋势约束速度反演方法，解决时间域速度异常问题并建立时间域层速度模型。同时，由于盐膏层与围岩之间存在速度差，使得地震剖面上盐丘以下的地震同相轴出现上拉现象。这种现象对盐下圈闭造成很大影响，同时由于盐丘对地震信号的屏蔽作用，使得盐下能量低于周边地层，给盐下构造识别带来很大困难。地震资料处理提供的速度谱，往往在盐丘部位表现为速度异常低。通过速度谱得到的速度仅仅是成像速度，如何对速度资料进行时深转换，准确落实圈闭，仍是摆在我们面前的难题。

5.1.7 正演模拟定量识别盐下假构造

通过对中区块 48 口井的 VSP 测井速度统计和前人对含盐盆地的勘探经验，认为盐岩的层速度比较稳定，介于 4400～4600m/s 之间。影响盐下构造的主要因素是盐层与围岩层的速度差异、盐丘形态分布和厚度等。因此，要解决盐下构造问题必须注重对盐丘边界的精细刻画和速度的横向变化分析。假定围岩平均速度为 3600m/s，盐岩厚度为 400m、800m、1200m、1600m，速度为 4500m/s，并根据实际工区的地层发育情况，建立了含有多个盐丘的地质模型，通过地震正演模拟得到相应的时间地震剖面（图 5.1.9）。

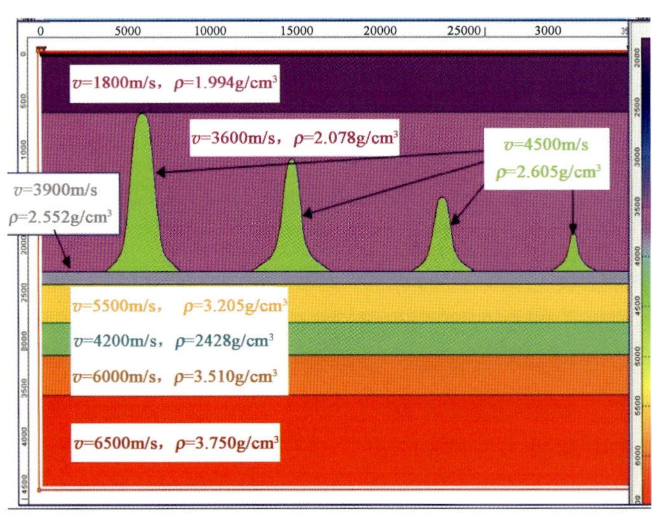

图 5.1.9 正演地质模型

正演结果表明：盐下地层的上拉幅度与盐岩厚度具有一定线性关系，盐岩厚度越大，上拉幅度越大。在时间域地震剖面上，可以利用这种线性关系初步地识别盐下假构造（图 5.1.10）。因而，可以得出以下结论：在剖面上量取的盐下构造幅度大于计算的幅度，则是真构造；反之为假构造。

5.1.8 盐下地震速度建模与成像方法研究

5.1.8.1 盐下地震速度建模方法研究与应用

速度是叠前深度偏移的最重要参数之一，速度模型的建立要兼顾地球物理方法原理和工区的地质规律，同时利用现有的先验信息，如测井、钻井分层、综合录井等数据，以达到消

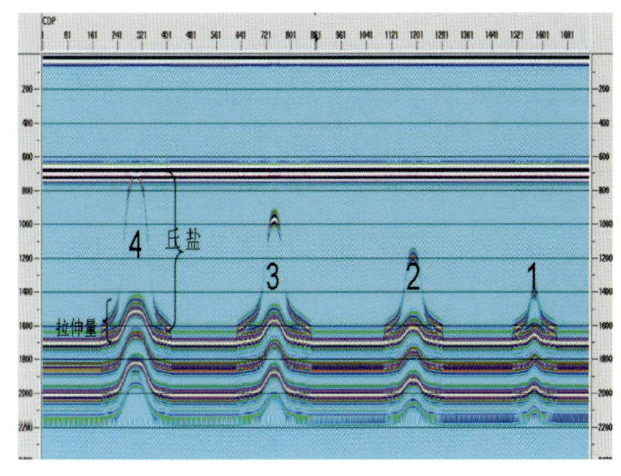

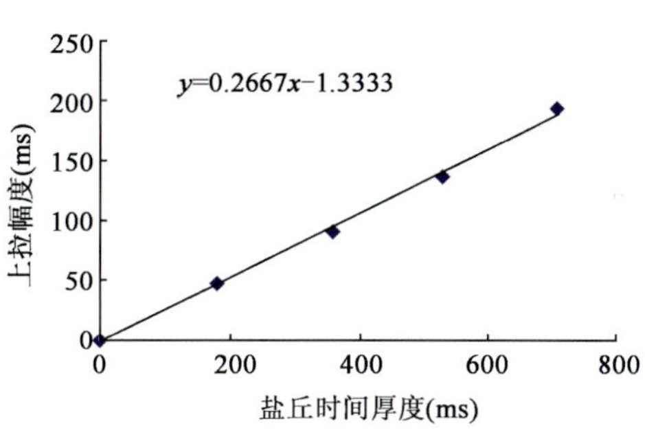

图 5.1.10 盐丘时间厚度与上拉高度关系

除求解过程的多解性，提高速度求取精确度的目的。

对于本区盐丘异常体，困扰盐下速度建模的关键问题仍然是盐丘空间刻画及地震速度的求取。主要建模方案为在了解沉积体系及地质信息的基础上，针对陆上盐丘区的地震地质特点，采用层控方法在多井约束下建立深度层速度模型。首先对盐上沉积层建模、盐间碎屑沉积层建模，其次刻画出盐丘的空间分布，最后对盐下沉积层建模，如图 5.1.11、图 5.1.12。

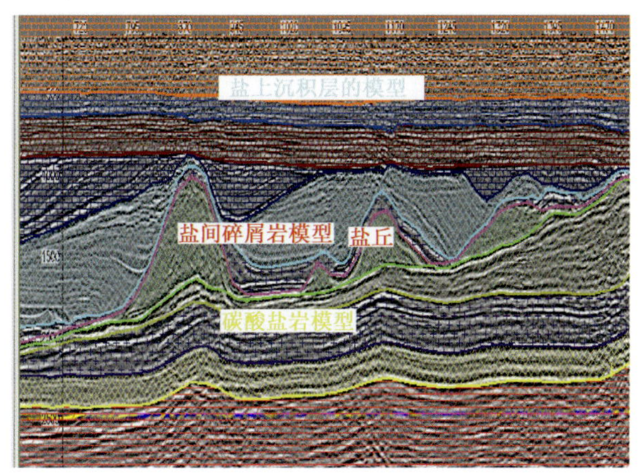

图 5.1.11 层控法建立时间域模型

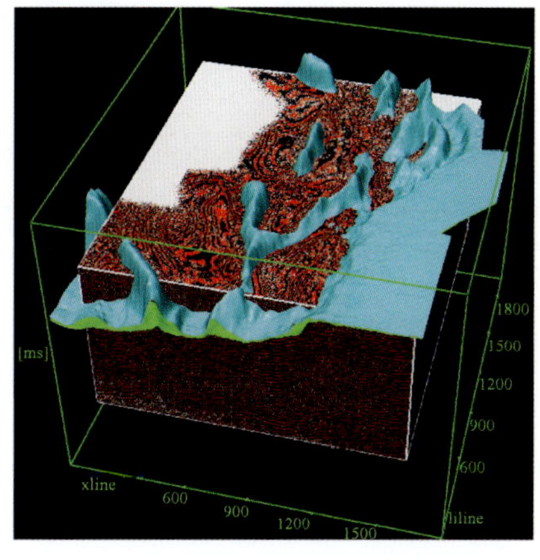

图 5.1.12 盐丘空间雕刻

盐丘复杂构造地震速度建模，主要存在两个难点：(1) 只利用测井数据（井速度）建模，大范围的盐间速度结构很难得到准确估计；(2) 若只利用基于模型反演的地震速度建模，则很难反映井附近小尺度结构变化。因此，利用井速度、地震速度变量之间的空间相关性，对其中的几个变量进行空间约束反演估计，通过构建克里金方程式求解空间变量最佳约束系数，用井间区域数据（井速度）约束反演地震速度，速度纵横向变化更合理（图 5.1.13）。

5.1.8.2 盐下 Kirchhoff 成像方法应用

正如 NMO 和叠前时间偏移一样，叠前深度偏移的目的是为了消除地震波旅行时的影响。当存在陡倾角和速度的横向变化时（例如由于盐丘引起的），地震波的旅行时曲线一般为非双曲线型。这时，NMO 会产生共中心点发散，叠前时间偏移也会产生振幅误差和成像

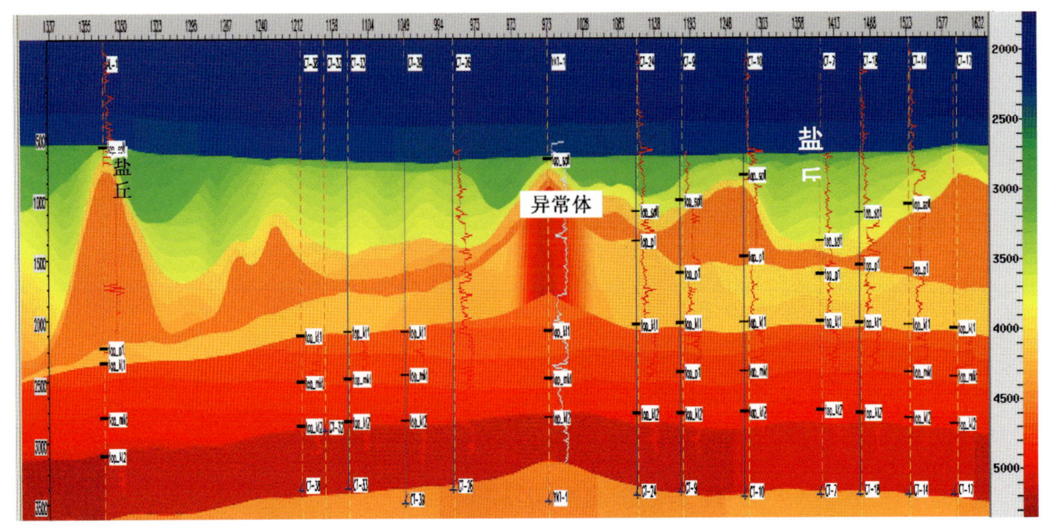

图 5.1.13　多井约束建立速度—深度模型

在横、纵方向的位置误差，只有叠前深度偏移才能真正把属于同一反射点的反射在深度域内精确归位，同时实现同相叠加。要达到这个目的，叠前深度偏移需要正确的偏移算法和准确的速度模型。

采用克希霍夫积分法进行地震成像与速度模型优化。克希霍夫积分法以点反射的非零炮检距方程为基础，沿非零炮检距的绕射曲线旅行时间轨迹对振幅求和，其原理描述如下：

按照波动原理，在均匀各向同性介质中，三维地震波场 E 满足波动方程

$$\frac{\partial^2 E}{\partial x^2}+\frac{\partial^2 E}{\partial y^2}+\frac{\partial^2 E}{\partial z^2}=k^2\frac{\partial^2 P}{\partial t^2} \tag{5.1.1}$$

式中，k 为传播常数，当不考虑介质对地震波的吸收，则 $k^2=1/v^2$（v 为地震波的速度）围绕观测点 P（x_P，y_P，z_P）取一个闭合面，该闭合面的上半面取地表观测面 S_1，下半面为半径无限大的半球面，则 P 点地震波场强度 E（x_P，y_P，z_P，t）可由地表观测面上的地震波场强度表示，即

$$E(x_p,y_p,z_p,t)=\frac{\pi}{2}\iint\left[\frac{\partial\frac{1}{r}}{\partial n}-\frac{1}{vr}\frac{\partial r}{\partial n}\right]\frac{\partial^2 E\left(x,y,0,t\;\frac{r}{v}\right)}{\partial t}\mathrm{d}s_1 \tag{5.1.2}$$

式中，$r=\sqrt{(x-x_p)^2+(y-y_p)^2+z_p^2}$；$n$ 为地表的法线方向；$\frac{\partial}{\partial n}=-\frac{\partial}{\partial z}$（$z$ 垂直地面向下）；r 为输入点（x，y，0，t）到输出点（x，y，z，$t=0$）的距离。我们在克希霍夫积分中考虑了波场的发散效应和振幅随入射角变化的影响。所以，深度偏的结果是保幅的同时也能准确恢复盐下真实构造形态，如图 5.1.14 所示。

叠前深度偏移与常规叠前时间偏移相比，对于高陡盐丘边界和盐下地层界面的成像效果，其构造位置更准确可靠、成像更清晰；时间域偏移，由于盐丘引起的速度的横向变化，在高陡盐下的反射界面成像方面存在成像效果差异和上拱的现象，只有叠前深度偏移才能解决这些问题。

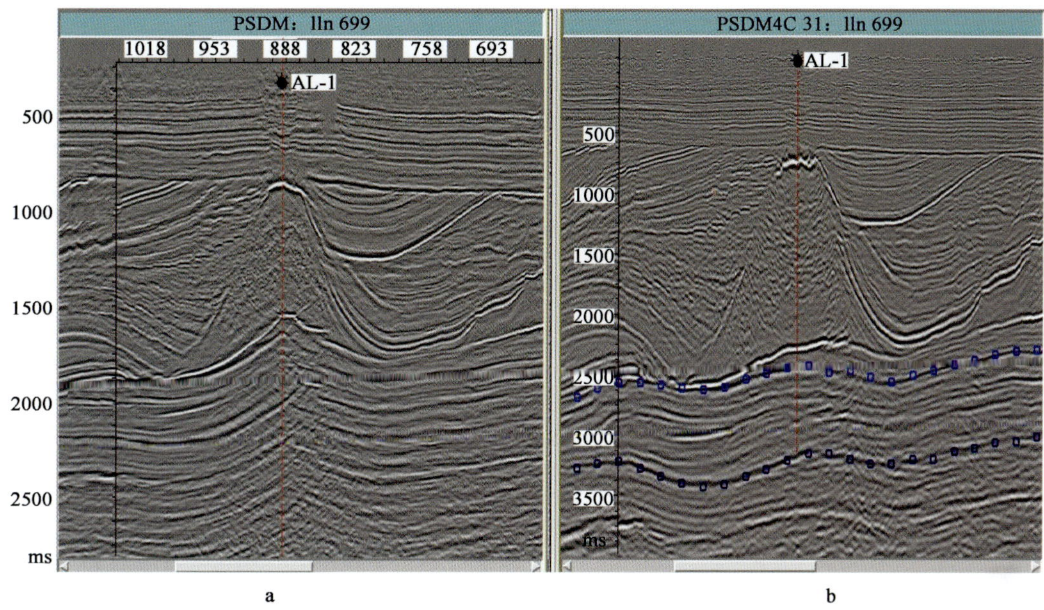

图 5.1.14 时间偏移（a）与深度偏（b）对比

过 AL－1 井线（东西向）

5.1.8.3 盐下逆时偏移成像方法研究应用

目前，实现工业化生产的偏移方法主要有两种：克希霍夫积分法和单程波波动方程方法。克希霍夫积分偏移计算效率高，是目前应用最为广泛的偏移算法，该算法能适应陡倾角成像，但不能处理单成像点多值走时的问题。另外，克希霍夫积分法只能描述波在光滑介质中的传播，因而，克希霍夫积分偏移对于复杂构造成像存在一定局限性。单程波波动方程偏移经波场分解后，波场只能向下或向上传播，波的传播方向受到 90°倾角的限制，无法对回转波等特殊波场进行成像[1]，同时单程波波动方程在描述大角度传播时，相位和振幅都存在误差。因此，单程波波动方程和克希霍夫积分法偏移都无法对回转构造成像，地球物理勘探家将目光重新转向逆时偏移。

1978 年 Hemon 阐述了有限差分法求解波动方程实现逆时偏移的思想[1]，1982 年 Whitemore[2]真正提出逆时偏移实现方法。此后，Baysal、McMechan 等[3,4]将其应用于叠后偏移，因存在艰难的数值计算效率和存储等问题，逆时偏移方法一直没有实现工业化应用。

近年来，GPU/CPU 协同高性能计算大大提高了计算效率，使 3D 逆时深度偏移工业化应用成为可能。逆时偏移研究工作主要有两个方面：（1）波动方程的逆时外推算法；（2）逆时偏移成像条件及计算方法。波动方程逆时延拓算法的研究主要包括波场延拓算子构造、数值频散压制和边界条件构建等内容。波动方程逆时外推算法主要是基于有限差分方法求解波动方程的算法。逆时偏移的瓶颈是计算量大，在逆时偏移实现策略方面，国内外学者做了大量研究。2007 年，Symes[5]提出在 Checking-Points 上记录两个时间层的波场，节省存储外推震源波场的硬盘空间。2009 年，中国科学院基于 GPU 开展了逆时偏移研究[6,7]，应用随机边界思想，使波场外推过程不用考虑吸收边界条件，在 GPU/CPU 协同平台上有很高的加速比。中国石油勘探开发研究院西北分院由声波方程的高阶有限差分近似入手，在前人研究基础上提出了精确且高效的差分格式逆时波场外推算法，基于 GPU/CPU 异构平台实现了逆时偏移，分析了高阶有限差分格式的稳定性与频散关系。以 CPU/GPU 作为计算核心，将计算量最大的波场逆时外推通过 GPU 实现，并利用随机速度边界的思想提高波场外推算法的并行性，解决了大规模存储的 I/O 问题。经数值模型和实际资料验证其有效性，并与单程波偏移方法作比较，结果表明，叠前逆时偏移突破了成像倾角限制，对垂直断层、盐丘等特殊构造成像效果显著提高。

5.1.8.3.1 逆时偏移方法原理

逆时偏移方法是通过双程波波动方程在时间域上对人工给予的震源子波正向传播和接收到的地震资料进行反向传播，结合成像条件实现偏移（Claerbout，1971）[8]。相对于单程波场延拓而言，逆时偏移运用的是双程波进行波场延拓，避免了上行波、下行波的分离处理，因而成为最准确的成像算法，且不受倾角的限制，并能实现回转波和多次波成像。

三维介质双程声波方程表示为

$$\frac{1}{v^2}\frac{1}{\rho}\frac{\partial^2 P}{\partial t^2}=\frac{\partial}{\partial x}\left(\frac{1}{\rho}\frac{\partial P}{\partial x}\right)+\frac{\partial}{\partial y}\left(\frac{1}{\rho}\frac{\partial P}{\partial y}\right)+\frac{\partial}{\partial z}\left(\frac{1}{\rho}\frac{\partial P}{\partial z}\right)+s(x,y,z,t) \tag{5.1.3}$$

式中，$P=P(x,y,z,t)$ 为介质中的压力场；$\rho=\rho(x,y,z)$ 为介质密度；$v=v(x,y,z)$ 为速度场；$s(x,y,z,t)$ 为震源项。Dablain（1986）详细地讨论了三维双程波动方程的高阶有限差分解法[9]。本文仅列出正向和逆时外推的基本计算公式。利用时间二阶中心有限差分近似 $\frac{\partial^2 P}{\partial t^2}$，利用空间高阶中心有限差分近似 $\frac{\partial^2 P}{\partial x^2}+\frac{\partial^2 P}{\partial y^2}+\frac{\partial^2 P}{\partial z^2}$ 可得截断误差为 $O(\Delta x^M,\Delta y^M,\Delta z^M,\Delta t^2)$ 的三维高阶差分波场外推方程为

$$\begin{aligned}u_{i,j,k}^{n\pm1}=&2u_{i,j,k}^{n}-u_{i,j,k}^{n\mp1}+\frac{1}{2}\left(\frac{v\Delta t}{\Delta x}\right)^2\left[\omega_0 u_{i,j,k}^{n}+\sum_{m=1}^{\frac{M}{2}}\omega_m\left(u_{i+m,j,k}^{n}+u_{i-m,j,k}^{n}\right)\right]+\\&\frac{1}{2}\left(\frac{v\Delta t}{\Delta y}\right)^2\left[\omega_0 u_{i,j,k}^{n}+\sum_{m=1}^{\frac{M}{2}}\omega_m\left(u_{i,j+m,k}^{n}+u_{i,j-m,k}^{n}\right)\right]+\\&\frac{1}{2}\left(\frac{v\Delta t}{\Delta z}\right)^2\left[\omega_0 u_{i,j,k}^{n}+\sum_{m=1}^{\frac{M}{2}}\omega_m\left(u_{i,j,k+m}^{n}+u_{i,j,k-m}^{n}\right)\right]\end{aligned} \tag{5.1.4}$$

通过上述方程及系数，可直接写出某一种截断误差的高阶差分方程。若分别用 Δx，Δy，Δz 表示差分网格的间距、$F_{\max}$ 表示子波频率的最大值、$V_{\min}$ 表示速度模型的最小值，那么差分格式的频散条件可表示为

$$\begin{gathered}h\leqslant\frac{V_{\min}}{nF_{\max}}\\h=\max(\Delta x,\Delta y,\Delta z)\end{gathered} \tag{5.1.5}$$

5.1.8.3.2 逆时偏移成像条件及低频噪声压制

逆时偏移成像条件是逆时偏移的关键，Claerbout（1971）提出的上、下行波相关成像条件。但逆时偏移成像是用双程波方程逆时外推波场与沿正时间方向外推的震源波场在空间任何一点进行零延迟的互相关。考虑到复杂波场的可实现性，本文应用 Claerbout 的互相关成像原理。互相关成像条件的成像公式表示为

$$I(x,z)=\int_0^{T_{max}}U(x,z,t)D(x,z,t)\mathrm{d}t \tag{5.1.6}$$

式中，$U(x,z,t)$ 为上行波场；$D(x,z,t)$ 为下行波场；$\mathrm{d}t$ 为延拓步长。双程波偏移中以外推观测波场 $U_R(x,z,t)$ 代替上行波，以震源外推波场 $U_S(x,z,t)$ 取代下行波，（5.1.4）式变为

$$I(x,z)=\int_0^{T_{max}}U_R(x,z,t)U_S(x,z,t)\mathrm{d}t \tag{5.1.7}$$

式中的被积函数 $U_R(x,z,t)U_S(x,z,t)$ 表示 t 时刻对整个波场做一次成像运算，积分说明像空间 $I(x,z)$ 中的像是个时间步长所组成的像的叠加。所以，互相关成像条件充分利用了成像信息，在增强成像信号的同时也有效压制了成像噪声。

从传播路径看，这两个波场从炮点到反射点，再到检波点的整个路径上是相关的。因此，逆时偏移产生很强的低频噪声。2003 年，Mulder[10]提出对成像结果高通滤波可以消除假象，Yoon 等（2004）提出通过对成像条件引入与角度有关的震源与检波点波场信息来挑出合适成像结果，进而去除假象[11]，Fletcher 等（2005）提出在特定区域引入方向阻尼，来压制假象[12]，Liu 等（2007a）提出波场分解的成像条件[13]。

从实用角度讲，可以采用低频滤波的方式滤除低频噪声。成像噪声是低频的，多为直流成分，因此可以采用 Laplace 算子滤除这些噪声成分。Laplace 算子滤波简便，且容易保持逆时偏移的并行计算结构。时空域 Laplace 滤波算子为

$$\nabla^2U=U_{i+1,j,k}+U_{i-1,j,k}+U_{i,j+1,k}+U_{i,j-1,k}+U_{i,j,k+1}+U_{i,j,k-1}-6U_{i,j,k} \tag{5.1.8}$$

通过波场关于 x 的微分近似，（5.1.8）式表示为

$$\nabla^2U\approx\frac{2}{h^2}(\cos(\omega p_x\Delta x)+\cos(\omega p_y\Delta y)+\cos(\omega p_z\Delta z)-3)U \tag{5.1.9}$$

由（5.1.9）式可见，Laplace 算子是一个带通滤波器。它适合消除低波数的噪声成分，可用来压制逆时偏移中的成像噪声，在时空域实现。仅用（5.1.9）式无法控制要压制哪些低频成分，按 Mulder（2003）[10]提出的思路进行改进，从局部平面波传播的角度采用 Laplace 算子滤波，首先对成像条件两边应用 Laplace 算子作用，假定在成像点 P 处入射波和反射波是局部平面波，其方向由射线参数 p_s 和 p_r 决定，则得到

$$\begin{aligned}divgrag(I)&=\int_0^{T_{max}}[\mathrm{div}(U_S(t)\mathrm{grad}U_R(t))+\mathrm{div}(U_R(t)\mathrm{grad}U_S(t))]\mathrm{d}t\\&=\int_0^{T_{max}}[U_S\mathrm{div}(\mathrm{grad}U_R)+\mathrm{grad}U_R\mathrm{div}U_S+U_R\mathrm{div}(\mathrm{grad}U_S)+\mathrm{grad}U_S\mathrm{div}U_R]\mathrm{d}t\\&=\left(\frac{2\cos\gamma}{v}\right)^2\hat{I}\end{aligned} \tag{5.1.10}$$

式中，γ 代表波的入射角度；v 是成像点处的速度。可见，Laplace 算子作用在成像结果上，就是对成像结果进行滤波，滤波算子为 $f_{Laplace}=\dfrac{4\cos^2\gamma}{v^2}$。

5.1.8.3.3 逆时偏移算法实现策略

逆时偏移的成像条件就是对同一时刻的震源波场和逆时反传播记录波场进行相关。其中

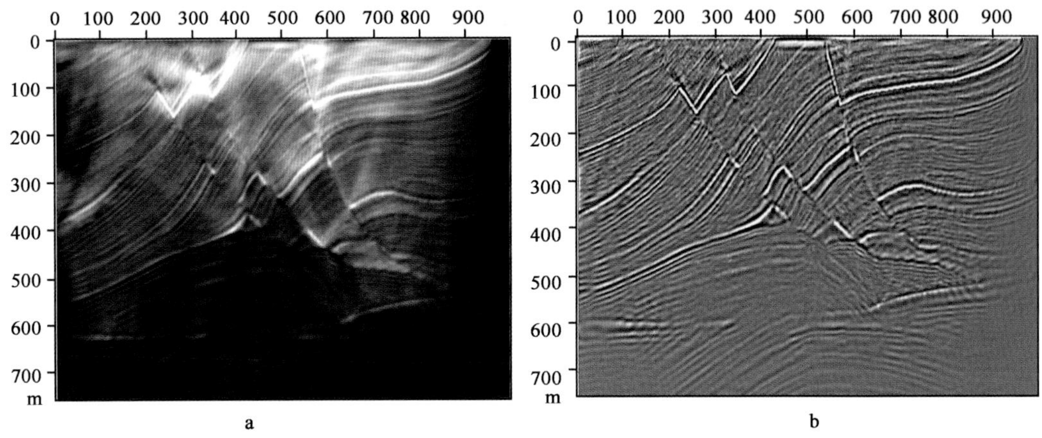

图 5.1.15 Marmousi 模型 RTM 结果低频噪声压制前（a）后（b）效果对比

震源波场为正传波场，逆时反传播记录波场为反传波场，若想同时得到相同时刻的两个波场，则必须存储一个波场的传播过程。最简单的办法是存储 T_0 到 T_n 的波场，然后反传记录波场，当传播的某个时刻时读取该时刻的激发点波场相关成像，但这种方法存储量十分巨大，实际计算中难以实现。通过研究提出如下方法：借助 GPU/CPU 计算平台，采用随机速度边界模型，将激发点波场传至 T_n 时刻，然后以 T_n 时刻的波场为初始条件，反传激发点波场和接收点波场，并同时利用成像条件成像。这样就避免了额外的存储空间，虽然激发点波场需要重复计算一次，但利用 GPU 计算波场延拓，其耗时与大规模的磁盘 I/O 读写及存储相比是值得可取的[14,15]。

本文基于 2009 年 Robert[16,17] 提出的随机速度边界模型提出一种有利于 GPU 计算的逆时偏移实现方法。本文构造随机边界函数为

$$v(\vec{x},z)=\bar{v}(\vec{x},z)+[I(x)-0.5]\times\frac{|\vec{r}|}{R}\times\alpha \tag{5.1.11}$$

式中，α 为与速度有关的系数；R 代表随机边界区域的厚度；$|\vec{r}|$ 代表随机边界区域中的点距边界距离；$I(x)$ 代表由种子数 x 产生的随机数，$I(x)\in(0,1)$；$v(\vec{x},z)$ 代表随机速度值；$\bar{v}(\vec{x},z)$ 代表随机边界外一点的速度值。通过调节 α 和 R 可以得到合适的成像结果。

理论模型试算：利用三维盐丘模型来研究不同叠前成像方法算法的精度及适用性。针对该模型设计以下观测系统参数进行模型正演：共 4780 炮，每炮 68 道，炮间距 80m，道间距 40m，时间采样率 8ms，采样数 615 个。数值试验偏移参数为：主频：20Hz，频率范围：5～55Hz；偏移孔径：Aperture _ x＝6000m、Aperture _ y＝3000m；成像输出间隔：dx＝dy＝20m，dz＝10m；偏移时效对比：采用 60 节点 CPU 系统总耗时 3510min；采用 12 节点 GPU/CPU 协同系统（S1070），总耗时 298min。因此，单节点加速比：GPU∶CPU＝58.89∶1。通过试算该算法不仅具有高效的加速比，而且成像精度最高，如图 5.1.16 所示。

从上图可看出，在速度模型准确时，深度域成像都能恢复下伏地层真实构造形态，但对于特殊构造，无论是积分偏移还是单程波动方程偏移都不能精确成像。逆时偏移通过对复杂

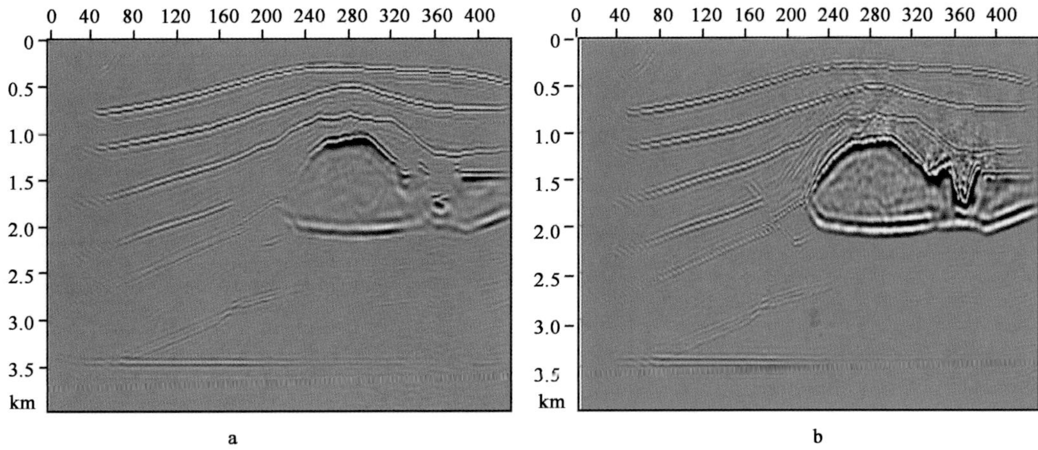

图 5.1.16 盐丘模型单程波偏移（a）与逆时偏移结果对比（b）

速度结构的波场精确传播，能使陡倾角地层及复杂构造成像。从 2100m 深度切片（图 5.1.17）可以看出，逆时偏移对盐丘边界的刻画及地质界面的成像都很精确。

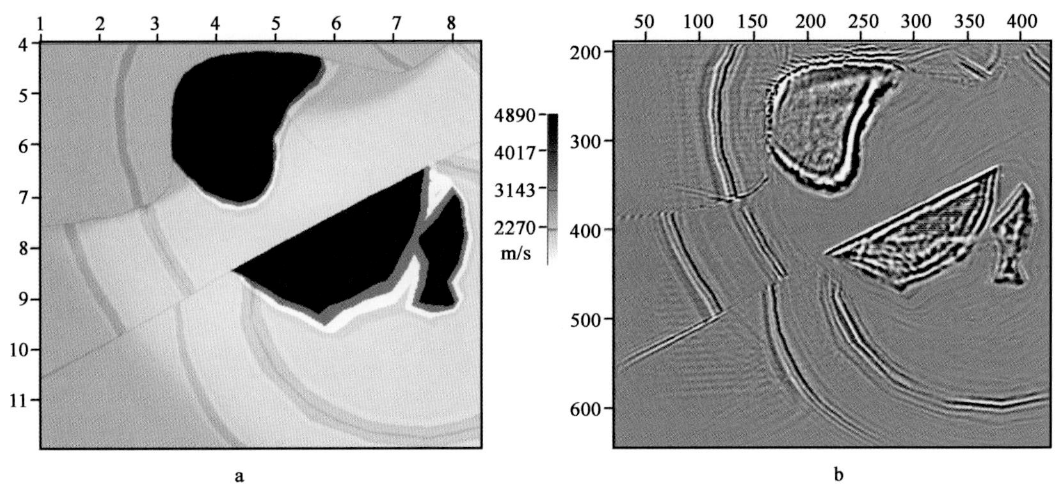

图 5.1.17 盐丘模型速度切片（a）及逆时偏移深度切片结果对比（b）

5.1.9 逆时偏移成像效果对比研究

速度建模与偏移算法的结合是地震精确成像的关键。逆时偏移是当前精度最高的深度域成像方法，可以实现各种波精确成像，使高角度反射界面（甚至超过 90° 反射界面）精确成像。从逆时偏移成像结果来看，双程波波动方程深度域成像技术在解决盐下、盐丘侧翼的成像方面明显优于单程波波动方程，实现了对盐丘边界及盐丘侧翼的准确归位，如图 5.1.18 和图 5.1.19 所示，同时消除了盐丘速度异常对下伏地层造成的时间域构造畸变，使盐下地层在深度域能够准确成像[18]。盐丘顶界面、盐侧翼边界、大于 90° 盐侧翼特殊盐下构造能精确成像[19]。像盐丘这样的复杂地质体是用许多波道来照明的，陡峭的盐岩侧翼波至来自棱镜波照明，这些盐体不能用常规单程传播算子来成像。通过采用双程波动方程偏移方法，能明显地改善盐丘侧翼及盐下的成像[20,21]。

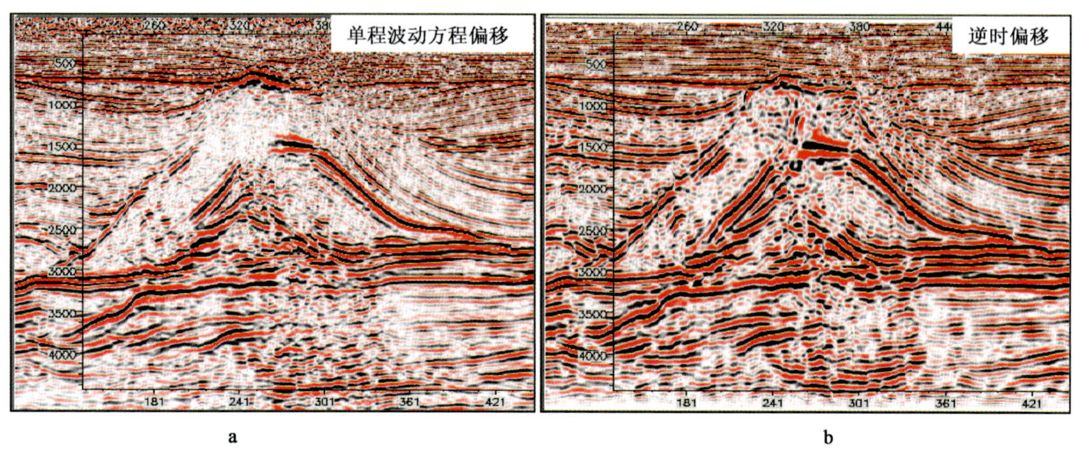

图 5.1.18　盐下构造单程波偏移（a）与逆时偏移（b）成像结果对比

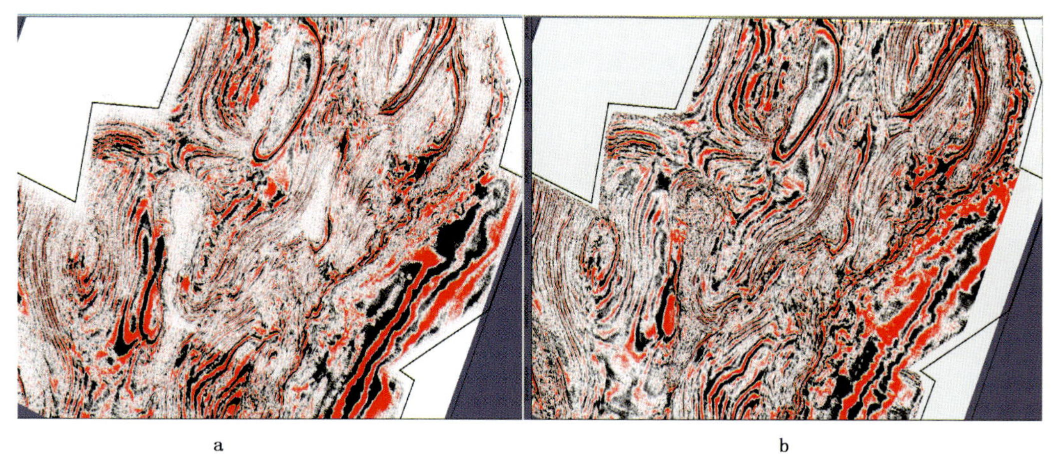

图 5.1.19　盐下构造单程波偏移（a）与逆时偏移（b）成像切片对比

5.1.10　盐下构造特征研究及主要圈闭描述

P1 顶构造形态（盐底）：整体表现为东高西低的单斜，等 t_0 图在工区中部发育一系列局部圈闭，而由逆时偏移结果得到的构造图上圈闭并不发育（图 5.1.20）。通过地震剖面特征分析，发现在工区的东部发育有地震异常体带，经钻探（YKT－1）得以证实。

KT－Ⅰ构造形态：在 KT－Ⅰ顶面等 t_0 图上，KT－Ⅰ表现为东南高、北西低的单斜，西部沿 NIK3－NIK3 以西 KT－Ⅰ缺失。该层主要发育 6 个构造圈闭，走向以北东方向为主，少数为北西向，除北特鲁瓦构造和 2 号圈闭以外，其他面积相对较小，如图 5.1.21。KT－Ⅱ顶面构造形态：由于 KT－Ⅰ和 KT－Ⅱ两个层位在地震剖面上为两个近于平行的反射层，故两者的等 t_0 图和构造形态具有大致相同的特征。差异之处在于 KT－Ⅱ地层在全区均有分布，圈闭个数和面积多于 KT－Ⅰ顶面（图 5.1.22）。MKT 顶和 VISEAN 顶地层与 KT－Ⅰ、KT－Ⅱ顶地层也为近于平行的反射层，其等 t_0 图和构造形态与 KT－Ⅰ、KT－Ⅱ顶具有相同的特征（图 5.1.23、图 5.1.24）。

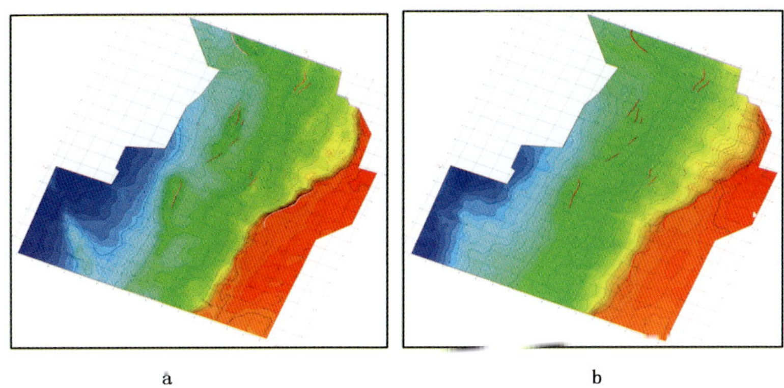

a　　b

图 5.1.20　中区块下二叠系顶部等 t_0 图（a）和构造图（b）

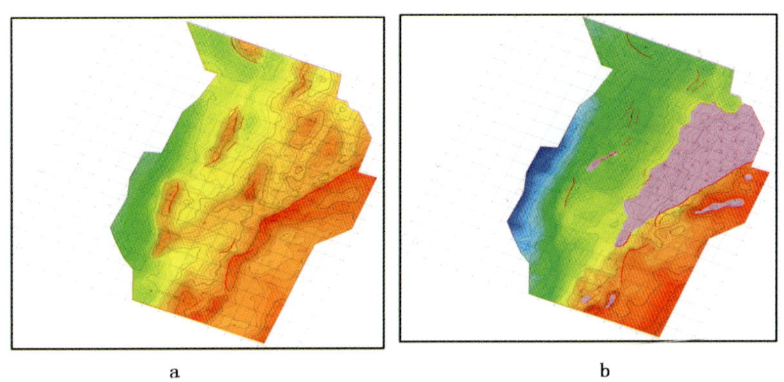

a　　b

图 5.1.21　中区块 KT－I 顶面等 t_0 图（a）和构造图（b）

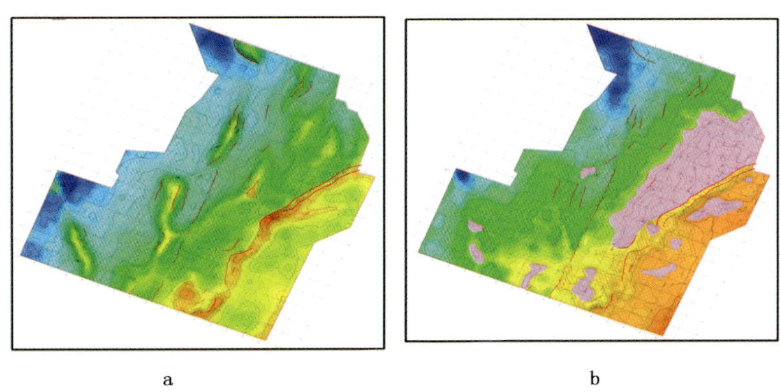

a　　b

图 5.1.22　中区块石炭系 KT－Ⅱ顶部等 t_0 图（a）和构造图（b）

总体来看，盐下构造层位的等 t_0 图和构造图形态差别较大：（1）北特鲁瓦构造在 t_0 图表现为多个圈闭高点，而在构造图上为一个完整的断鼻；（2）W－1，AL－1 井等受上覆盐丘影响，等 t_0 图上幅度很大，而在构造图上构造相对平缓；（3）东部异常体（YKT－1 井）在等 t_0 图上表现为条带状，位置明显高于周围，消除异常体速度影响后的构造图上，高点位置偏移，出现在其右侧，说明部分盐下构造是由于盐丘的速度异常引起的假构造。通过构

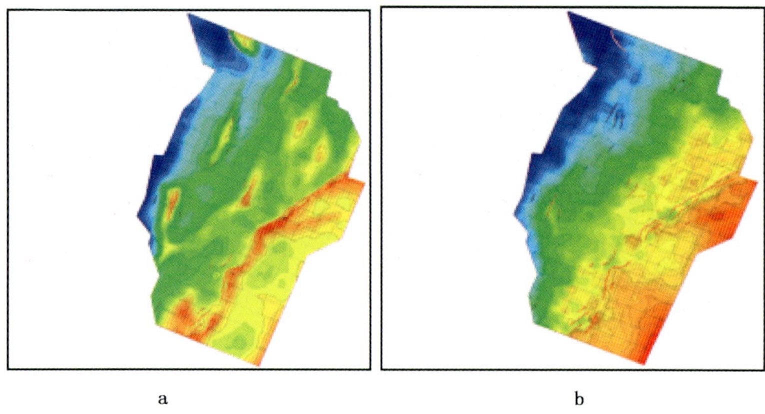

a　　　　b

图 5.1.23　中区块石炭系 MKT 顶部等 t_0 图（a）和构造图（b）

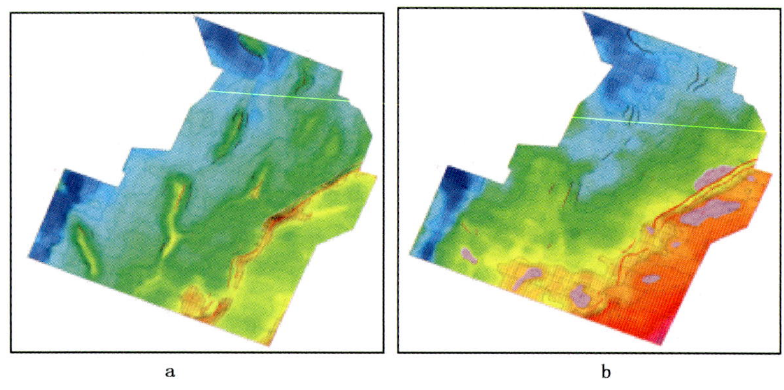

a　　　　b

图 5.1.24　中区块石炭系 VISEAN 顶部等 t_0 图（a）和构造图（b）

造解释和成图，在盐下目的层（KT－Ⅰ、KT－Ⅱ）共发现和落实了 11 个局部圈闭，主要为背斜或断背斜，走向以北东方向为主，北特鲁瓦构造、六号构造以及 2 号圈闭面积相对较大（图 5.1.25）。

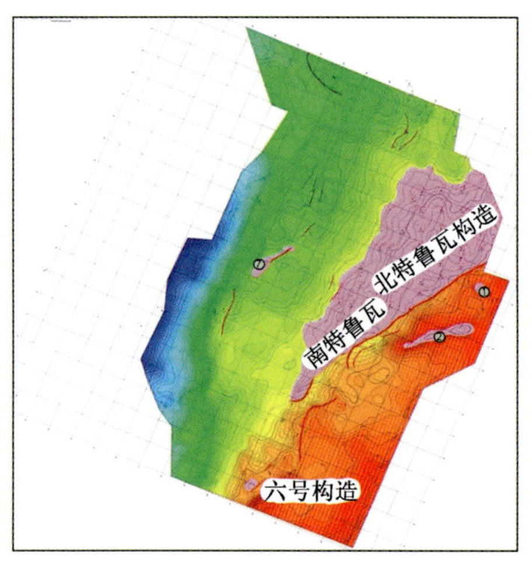

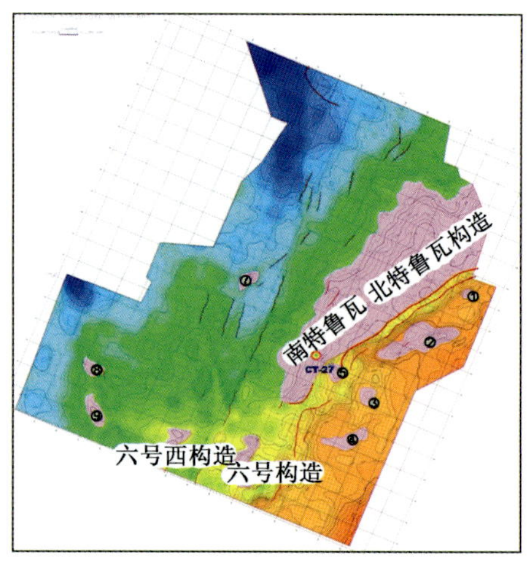

图 5.1.25　中区块 KT－Ⅰ、KT－Ⅱ层顶圈闭分布图

5.2 高密度全方位地震资料处理在碳酸盐岩地区的应用

5.2.1 概述

面对碳酸盐岩常规面元的叠前时间偏移资料，储层内幕[22,23]信噪比偏低、空间分辨率难以满足25m以下溶洞识别的需求，雕刻的溶洞体积与实际相比偏大，而且空间位置上也有差异，此外现有三维地震资料的方位角分布较窄，影响了各向异性处理的成像精度，不能满足裂缝识别和精细储层描述的需求。为了提高碳酸盐岩原始地震资料品质和“串珠”、断裂的成像精度，精细刻画缝洞的发育特征，这里选塔北某井区作为高密度全方位地震资料成像技术研究试验田[24]。

5.2.1.1 研究概况

研究的重点是以非均质性强的奥陶系碳酸盐岩储层为目标，提高碳酸盐岩原始地震资料品质和断裂、缝洞体的成像精度，开展针对分方位裂缝预测和叠前储层预测的资料成像研究工作。

具体研究内容为：(1) 开展基于叠前偏移的面元尺度、覆盖次数、接收和激发线距、纵横比等多种观测方案的数据对比处理分析及论证，为野外优化观测系统、高密度全方位的地震勘探技术的推广应用提供优化设计依据；(2) 开展基于叠前和叠后联合裂缝预测的全方位数据和分方位数据的规则化处理技术和各向异性叠前时间、叠前深度偏移处理技术研究；(3) 开展分方位地震数据处理及其裂隙检测数据体的处理研究，为碳酸盐岩洞缝识别提供高质量的成果数据和道集数据，为高密度全方位地震勘探技术的进一步推广应用奠定技术基础；(4) 开展各向异性保幅叠前深度偏移处理攻关，为碳酸盐岩洞缝储层的识别提供保真度高、保幅性好、各种地质信息丰富的高质量基础数据。

5.2.1.2 工区概况

高密度三维地震研究工区（图5.2.1），行政上隶属于新疆维吾尔自治区库车县境内，地处塔克拉玛干大沙漠腹地北部边缘，北距库车县城约50km，南距塔里木河20km。工区地表类型可以分为胡杨红柳、浮土盐碱地和农田村庄三种类型（图5.2.2）。

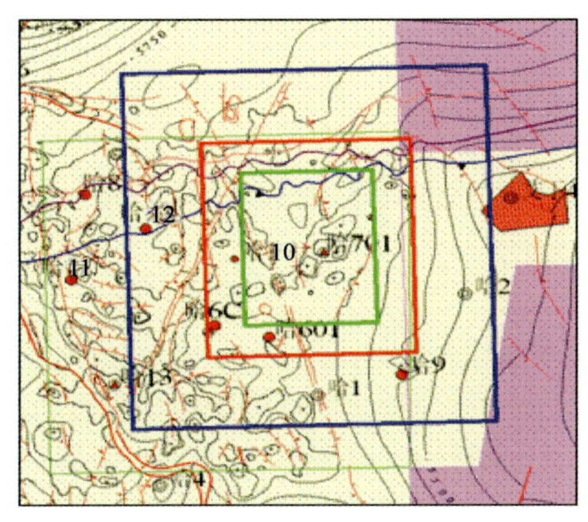

图5.2.1 高密度三维地震勘探部署图

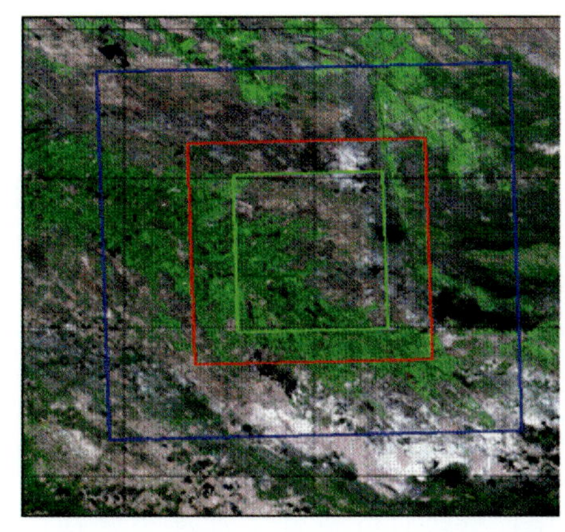

图5.2.2 高密度三维工区地表类型分布图

工区地势总体呈西北高东南低，地表起伏相对比较平缓，海拔高程为975～955m，相对高差在20m以内（图5.2.3）。表层结构较为简单，为低速和高速两层结构。其中低速层的厚度一般为1～11m，极个别部位最大可达20m（图5.2.4），低速层速度为360～550m/s。高速层顶界面为一个较平缓的潜水面，西高东低，速度为1600～1700m/s。所有炮点均在潜水面以下激发，激发条件较好。

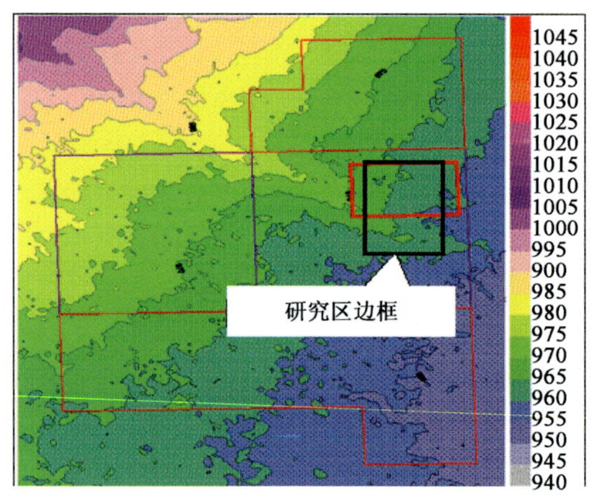

图5.2.3　高密度三维地表高程平面变化图

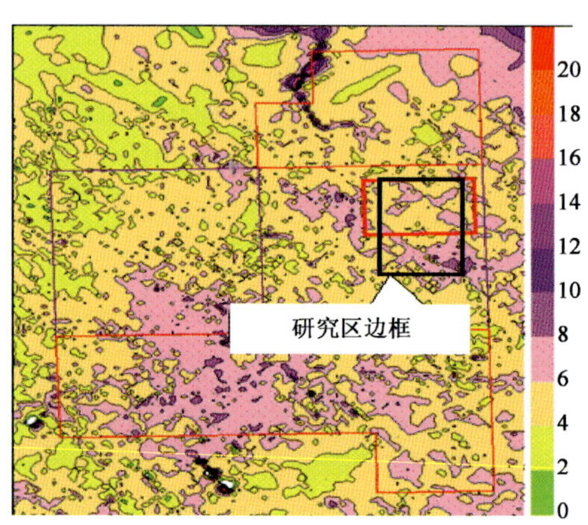

图5.2.4　高密度三维低速带厚度变化图

5.2.1.3　面临的问题和难点分析

5.2.1.3.1　地质问题

由于碳酸盐岩储层本身的强非均质性及受低频、低信噪比地震资料解释的限制，许多石油地质条件的认识仍比较薄弱，仍需加强基础研究和方法攻关。归纳起来地质问题有以下几个方面：

（1）储层类型多。奥陶系碳酸盐岩储层的主要储集空间首推溶洞，其次是构造缝和网状微裂缝系统，第三是缝合线、缝合线伴生溶孔，晶间孔和晶间溶孔、粒间溶孔，粒内溶孔和微孔隙对储层的贡献很低。储层主要的渗滤通道是构造缝和微裂缝系统。

（2）有效储层层系多、类型多，横向变化大，导致有效储层不易识别。

（3）构造多期活动，形成复杂的断裂体系，增强了储层空间的复杂性。

（4）储层横向变化大。

（5）流体识别和含油气预测难度大。

其中储层横向变化大，主要是有效储层识别和预测，含油气性识别和预测这两个方面难度大，在勘探生产中降低了钻井成功率。

5.2.1.3.2　原始资料分析

从两方面对原始资料进行品质分析。第一，分析资料的信噪比、能量、频率和以往处理资料的特点，找到原始资料存在的问题，把握处理过程中需要解决的重点，找到解决问题的方法。第二，从地质任务出发，结合叠前偏移的具体技术特点，要求资料有较高的信噪比和分辨率，从而对资料各个处理步骤作出详细的分析判断，并据此选择合理的处理方法和参数。

（1）干扰波分析。

受地表、近地表条件的影响，工区内面波比较发育，主要干扰波为面波干扰，面波的最高速度达 1200m/s。从频谱分析可以清楚地看到，在低频端，面波的频谱能量远远大于该频段有效波能量，面波频率范围在 2～12Hz 之间。另外原始单炮记录上还发育一些高频噪声、高能量的异常振幅、线性干扰波以及随机噪声等（图 5.2.5）。

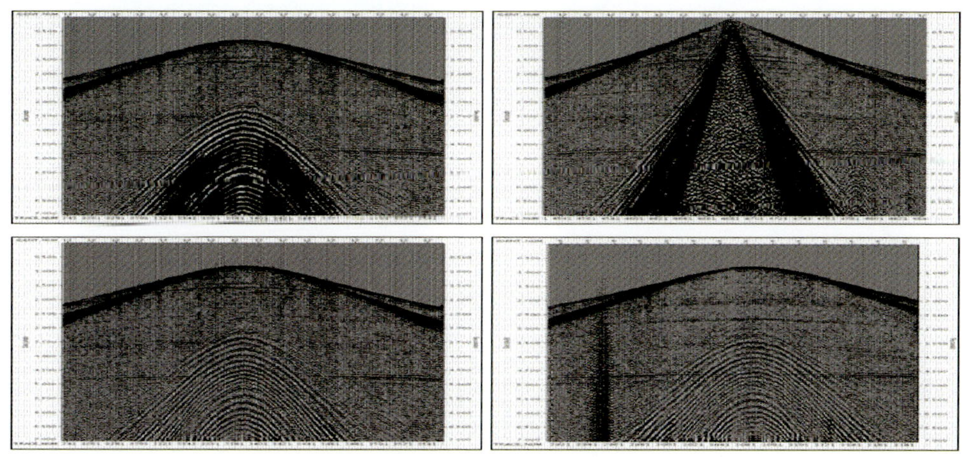

图 5.2.5　干扰波分析

（2）频率分析。

研究区目的层相对于浅层碎屑岩而言原始主频比较低，高频信号弱。通过原始单炮记录频谱分析，浅层反射波的原始主频在 24 Hz 左右，目的层反射波的原始主频在 22Hz 左右（图 5.2.6）频率范围集中在 6～60Hz，面波主频在 8Hz 左右。

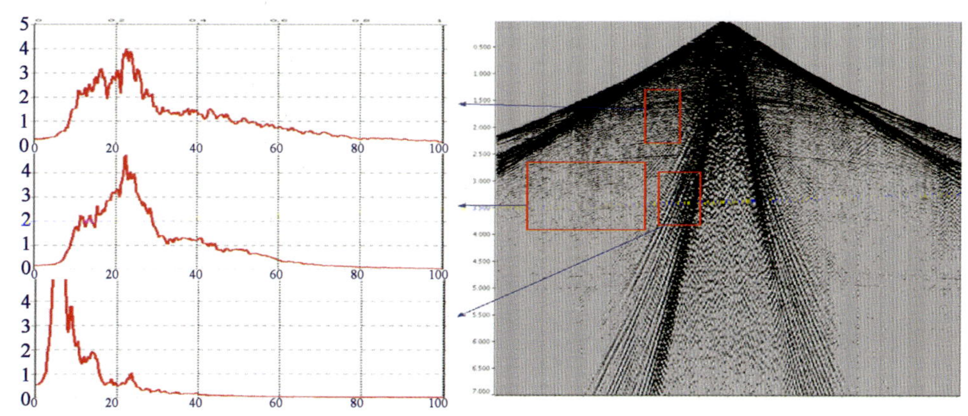

图 5.2.6　频谱分析

（3）高密度全方位采集与常规采集原始资料对比。

图 5.2.7 为炮点、检波点位置完全相同的高密度全方位和常规采集三维的两个排列，可以看出原始单炮在能量、频谱等方面整体特征相近，但从单炮来看，高密度全方位采集的资料面波等低速噪声和有效信号都要强，从频谱来看，高密度全方位采集的资料要比常规资料频带宽，低频和高频成分都丰富。另外由于高密度全方位采集资料道距小，高频成分更丰

富，因此抗假频能力更强。

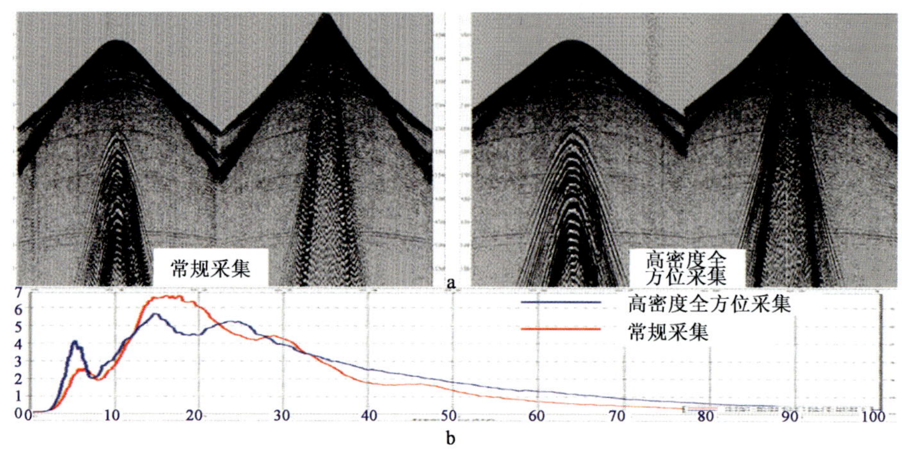

图 5.2.7 常规采集与高密度全方位采集资料的单炮（a）和频谱（b）对比图

（4）信噪比分析。

该区的信噪比在空间上呈现一定的展布规律，从图 5.2.8 中的信噪比属性可以看出，信噪比整体呈西低东高、南低北高的趋势。从地震剖面上来看，由浅到深，石炭系以上地层反射层连续性好、信噪比较高；主要目的层奥陶系埋藏较深，碳酸盐岩特有的复杂性，在其内部很难形成波阻抗界面，反射微弱，成像较差，内幕资料分辨率和信噪比相对较低。

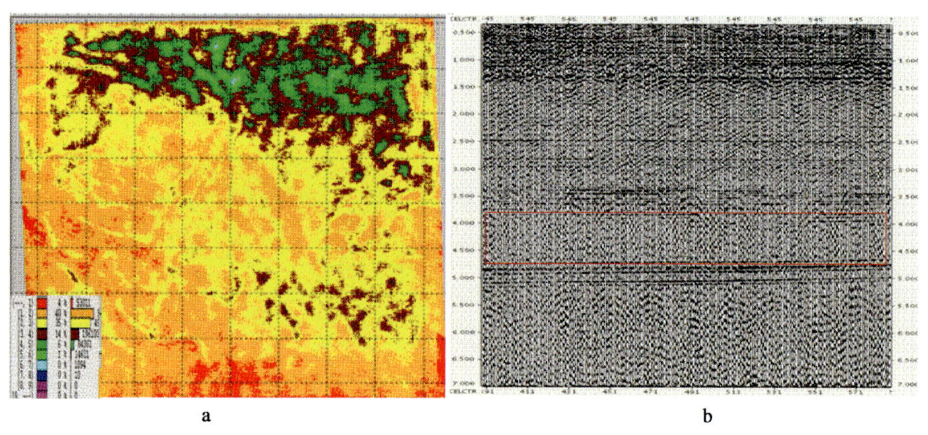

图 5.2.8 信噪比属性图（a）与原始叠加剖面（b）

（5）各向异性分析。

高密度、宽方位角采集的地震资料包含有丰富的裂缝和储层信息，为叠前分方位角处理提供了良好的基础数据。研究区高密度全方位地震资料按 30°等分为 6 个方位，每个方位角道集覆盖次数都在 30～40 次之间，可以满足叠前预测的需求。从分方位角叠加速度分析（图 5.2.9）中可以明显看出，速度随方位角变化，存在各向异性问题。

（6）数据采样均匀性分析。

近几年叠前偏移成像技术逐渐常规化，而叠前成像技术对采集的观测系统提出了更高的

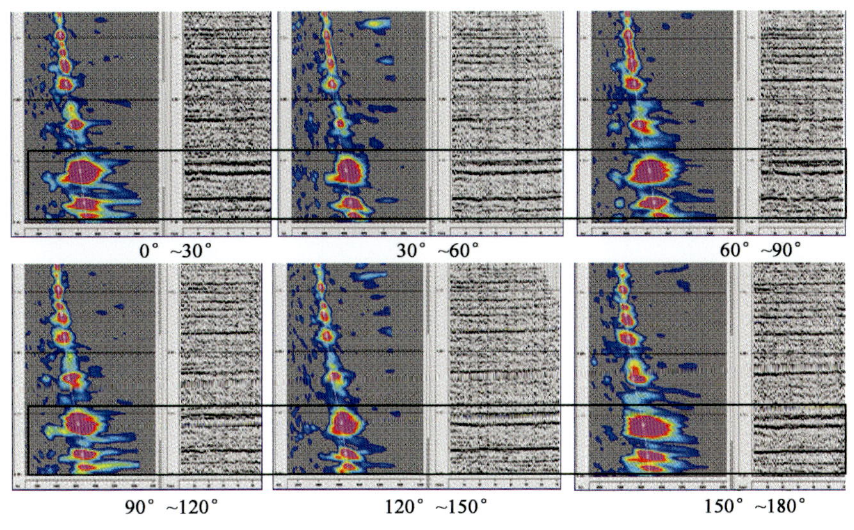

图 5.2.9　高密度全方位资料不同方位角的速度谱及道集对比

要求，偏移过程中共中心点和偏移距采样不足可导致严重的空间假频。数据均匀性应该从多方面分析，仅仅 CMP 道集覆盖次数均匀不代表空间采样均匀，更重要的是要从共偏移距、共方位角进行分析。研究工区内高密度全方位资料的覆盖次数均匀，方位角也比较均匀，在偏移距达到 5000m 左右时，方位角可以达到 360°，但是偏移距存在明显不均匀现象，尤其是在近偏移距、远偏移距端，共偏移距道集采样稀疏（图 5.2.10），因此仍然需要数据规则化处理。

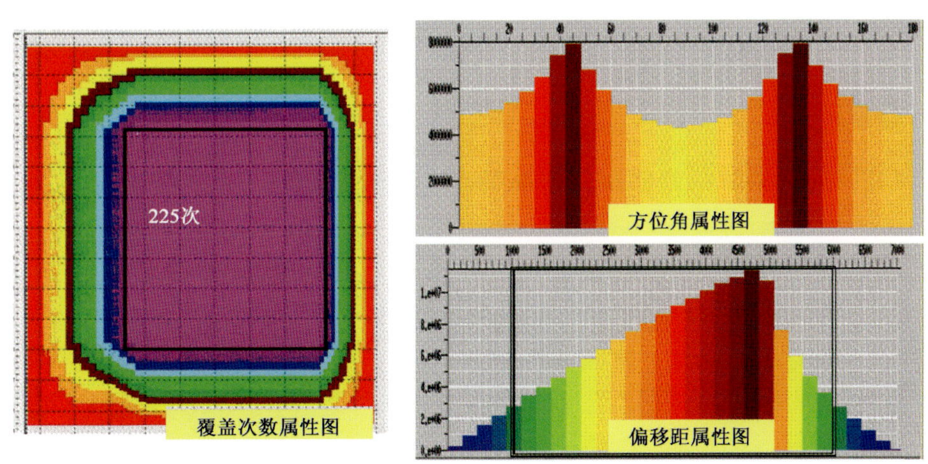

图 5.2.10　工区覆盖次数、方位角、偏移距属性图

5.2.1.3.3　地球物理问题及处理难点

由于该区构造复杂及碳酸盐岩储层预测本身难度带来的更高的成像要求，导致该区勘探开发中地震资料成像还存在如下两方面的问题和难点：

（1）碳酸盐岩油藏类型复杂，储层纵横向非均质性强，溶洞充填程度差异大，油水关系复杂。如何提高资料振幅保真度、合理提高地震信号分辨能力是第一个难点。

(2) 该区断层发育，“串珠”、尖灭、不整合等地质现象多，成像精度要求高。偏移速度敏感，如何有效提高成像精度是第二个难点。

因此，应用叠前地震技术预测有效储层分布及流体识别，关键是要在保真处理的前提下，进行提高主频与信噪比处理，同时利用叠前时间偏移处理思路，提高成像品质，并利用逆时偏移技术提高串珠归位精度[4,5]。

5.2.2 研究思路及技术对策

5.2.2.1 研究思路

由于本研究区含油气分布极其复杂，碳酸盐岩内幕地震资料信噪比偏低、空间分辨率难以满足 25m 以下溶洞识别的需求。此外，常规三维地震资料的方位角分布较窄，影响了各向异性处理的成像精度，难以满足裂缝储层精细描述。因此，针对上述问题，要从成像和解释上充分而全面地挖掘高密度全方位地震资料的潜力和优势，采取处理、解释一体化及地质、地球物理一体化的研究思路，在整个处理过程中按照第 1 章节讨论的保幅处理思路开展工作，确保处理成果的保真、保幅性。

根据高密度全方位资料的特点，结合研究地区的地质情况。首先，从地震资料精细处理开始，开展多种观测方案的数据对比处理分析，开展基于叠前和叠后联合裂缝预测的全方位数据和分方位数据的规则化处理以及各向异性叠前时间、叠前深度偏移处理技术研究，后续解释开展分方位数据的构造解释、断裂解释以及叠后、叠前裂缝预测工作，对比高密度与常规资料在储层预测和流体识别方面的优势，分析“非串珠”储层与“串珠”储层的反射特征[26,27]。

5.2.2.2 技术对策

针对研究区复杂碳酸盐岩储层的地质特点，在叠前处理方面采取了以下的主要技术对策：

(1) 相对保真的地震资料处理技术[28,29]。

整个处理过程中，处理模块、参数的选取，要充分考虑方法的保真性，采用宽频处理流程，最大限度的保护低频成分，使成果剖面保幅性好，分辨率明显提高，断点清晰。目的层“串珠”状反射特征更明显，CMP 道集的信噪比适中，但保幅性好且具有方位信息，能够合理预测裂缝分布规律。

(2) 各向异性叠前深度偏移成像技术。

各向异性叠前深度偏移能够很好地解决速度横向变化的问题，与时间偏移相比“串珠”归位更准确，且剖面的各种流体响应与井的吻合度更高，保持了数据的真实信号。

(3) 分方位角叠前深度偏移成像技术。

分方位角道集叠前偏移技术，能使裂缝预测精度更高，从沿层切片上观测，断裂系统在不同方位角空间展布存在明显差异。

5.2.3 关键处理技术

5.2.3.1 高保真全方位噪声压制技术

本次研究形成了一套针对全方位角地震资料的线性噪声压制技术系列[30,31]，使噪声得到合理的压制，保证了碳酸盐岩内幕储层的信噪比和振幅信息。在整个噪声压制过程中，根据噪声的发育特点，在处理的不同阶段进行多步压制。

（1）分频区域异常振幅处理。

区域异常振幅处理是根据地震记录能量符合地表一致性假设，把地震记录能量在共炮集、共检波点集、共偏移距集、共 CDP 集进行四域分解，计算出异常振幅，可以用来衰减强能量的异常振幅。

同有效信号一样，噪声在不同时间段的频率也是不一样的。分频区域异常振幅处理就是根据噪声在不同时间段的频率分布规律，对地震数据进行合理的频带分隔，认识不同频带内信号和噪声的展布规律，实施针对性的处理，能够进一步加强去噪结果的保真度，进而提高数据处理精度。分频区域异常处理较常规的区域异常处理的优势在于，利用干扰波的优势频带提取其特征，而在非优势频带内利用已得到的特征作为约束，进而识别干扰波。

在分频区域异常处理过程中，根据噪声频率特征分三个大时窗进行统计，窗内异常振幅的主频经扫描分别确定为 14Hz、8Hz、6Hz，低频面波作为强能量被统计出来。从叠加剖面上看，折射波、面波得到了很好的压制，如图 5.2.11，图 5.2.12 所示。

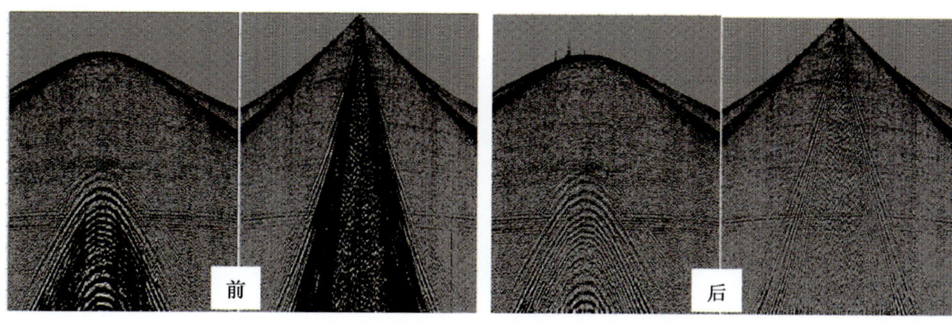

图 5.2.11 分频异常振幅处理前后单炮

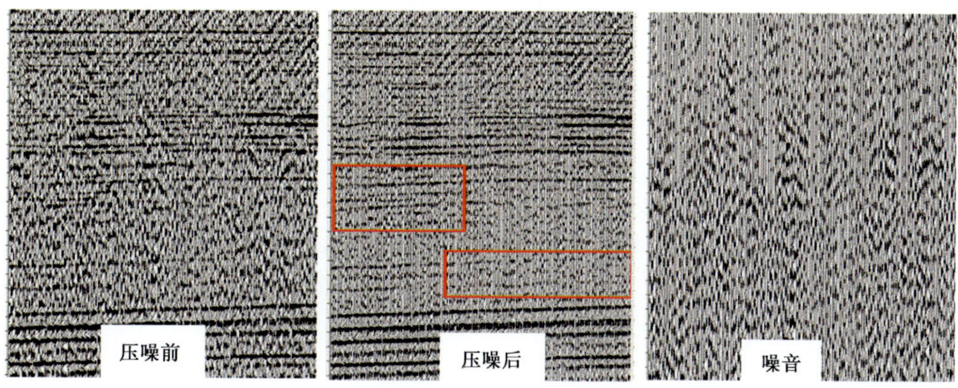

图 5.2.12 分频异常振幅处理前后剖面及噪声剖面

(2) 全方位角线性噪声压制技术。

全方位角数据的观测系统横、纵比大，对于同一个炮集来讲，不同接收线上单炮子集的空间采样均匀性不同，距离炮点位置最近的单炮子集采样最为均匀，相反，距离炮点位置越远的排列，其采样越不均匀，这就导致了远炮点排列上的线性干扰形态发生变化。线性噪声压制技术如 $f-k$ 变换等要求数据采样相对均匀，由于全方位角数据采样不能满足算法的要求，使得线性噪声很难被压制掉。这里采用两种技术压制线性干扰波：基于十字交叉排列的三维 $f-k$ 和线性时差校正联合二维 $f-k$，这两种方法从不同角度调整地震数据的空间采样，使其变得均匀，满足 $f-k$ 变换的要求，均能很好地压制全方位角数据的线性干扰波。

①十字交叉排列上的 $f-k_x-k_y$。

十字交叉排列和炮集、CMP道集一样，是一种数据选排方式，即为一条检波线和与其相交的一条炮线所接收到的地震信息的集合，也可以简单地理解为三维数据体中局部的一小块单次覆盖剖面。对于叠后数据来讲，空间采样是均匀的，规定 inline 方向为 x 方向，xline 方向为 y 方向，这样一来，就可以把叠前偏移距分解为 x 和 y 两个垂直分量，实际空间采样率相应的分解为检波点距与检波线距两个分量，使得 inline 和 xline 两个方向都具有均匀的采样。高密度采集与常规采集相比检波点距与检波线距更小（图 5.2.13），这就表示空间采样率更小，空间假频更易于被压制。因而，在十字交叉排列上三维 $f-k$ 可以很好的估算出线性噪声的速度分布范围。

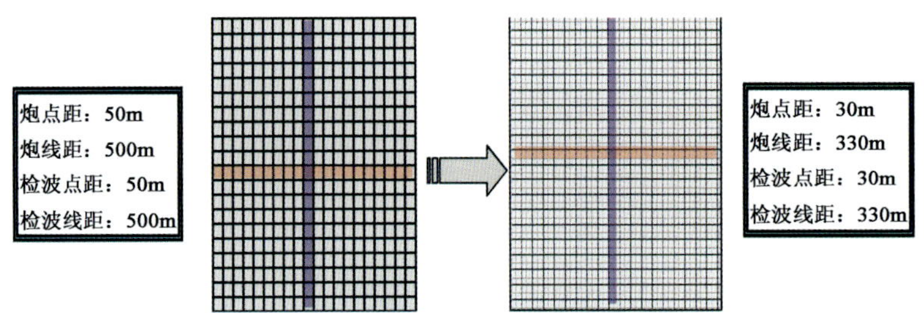

图 5.2.13 十字交叉观测系统图

十字交叉排列道集上，面波在三维空间呈锥形分布，线性噪声在该方向上可以很好的被预测或拟合，并且空间采样也是规则的，因此三维 $f-k_x-h_y$ 锥形滤波法在十字交叉排列数据体上，可以很好的压制面波等线性噪声，实现真正的叠前三维滤波。其去噪效果要好于二维 $f-k$，如图 5.2.14 所示。从剖面上可以看出，低频的线性干扰得到很好的压制，另外，从噪声单炮上看，三维 $f-k_x-k_y$ 滤除掉的噪声更加合理，保真度较二维去噪方法也大幅度提高。

②线性时差校正与二维 $f-k$ 联合技术。

该方法从地震波传播路径出发，消除横向偏移距对道距的影响，使得各个排列的道间距均为常数，满足 $f-k$ 变化的要求，以达到较好的压制远排列的线性噪声的目的[32,33]。如图 5.2.15 所示，地下折射层速度为 V_2，R_1、R_2 分别为两条平行检波线上相同位置的接收道，炮点 S 落在 R_1 检波线上，则 R_1、R_2 检波线接收到的折射波的旅行时分别为

$$T_{R_1}=\frac{M_1}{V_2}+T_0 \tag{5.2.1}$$

$$T_{R_2}=\frac{M_2}{V_2}+T_0 \tag{5.2.2}$$

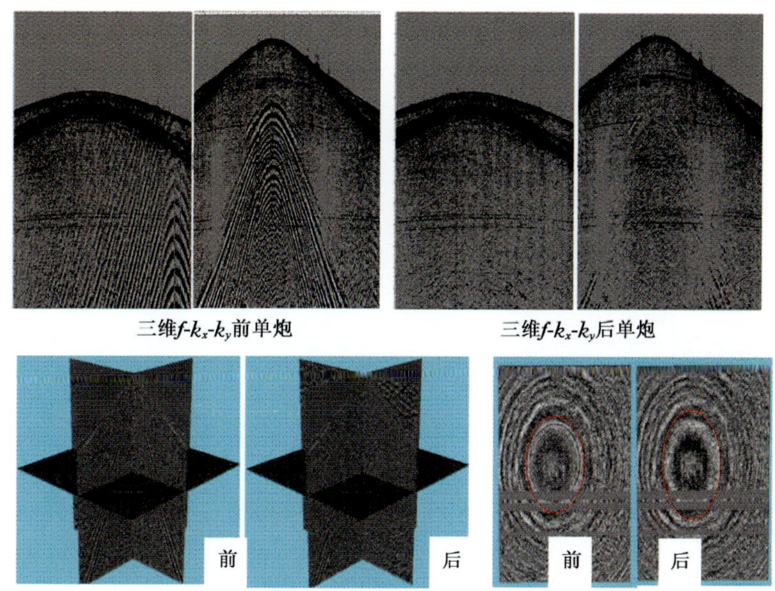

图 5.2.14 十字交叉排列道集上三维 $f-k_x-k_y$ 去噪前后单炮

因为是同一折射层，以上两式中的交叉时 T_0 与折射层速度 V_2 相等，所以不同排列的折射波时距曲线形态仅与偏移距有关。设 R_1、R_2 两检波线的距离（检波线距）为 M，则 M_1、M_2 存在以下关系：$M_2=\sqrt{M_1^2+M^2}$。

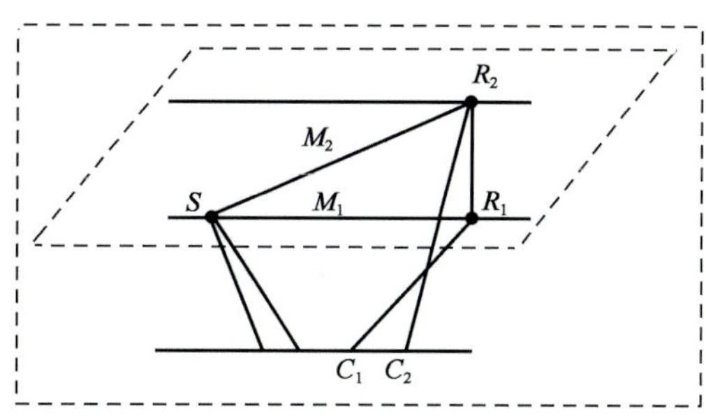

图 5.2.15 横向偏移距不同的排列折射波示意图

与计算反射波正常时差实现过程类似，本文通过计算折射波时差，作线性时差校正，消除横向偏移距的影响，将各排列的道间距恢复为观测系统设计的道距。

式（5.2.3）为线性时差计算公式，即

$$\Delta T = T_{R_2} - T_{R_1} = \frac{M_2 - M_1}{V_2} \tag{5.2.3}$$

线性时差校正实现步骤：

计算各排列横向偏移距 M；

计算各排列的各个地震道在横向偏移距为 0 时的偏移距 M_1；

求取线性时差 ΔT，应用到各个排列上，消除横向偏移距的影响；

运用 $f-k$ 等线性噪声压制技术对线性噪声进行衰减；

进行线性时差反校正，恢复正常偏移距。

应用线性时差校正后，消除了横向偏移距对道间距的影响，如图 5.2.16 所示，所有排列的道距都归一化为 30m，数据空间采样均匀。

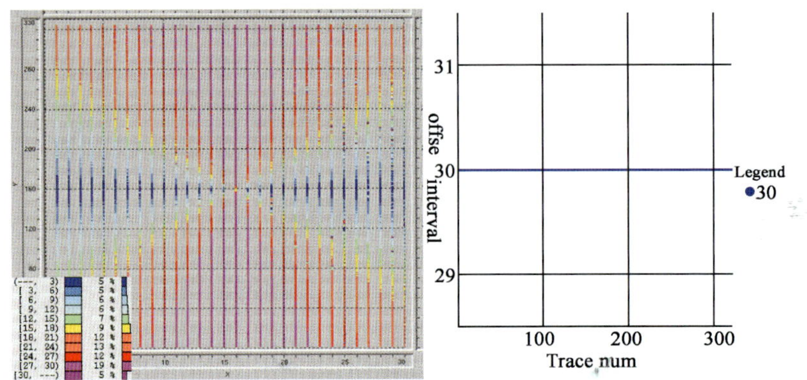

图 5.2.16 线性时差校正前、后的道距分布图

图 5.2.17 为线性时差校正与 $f-k$ 联合去噪的效果图。线性时差校正后，消除了横向偏移距影响，所有排列都校正到横向偏移距为零时的接收状态，即二维数据，线性干扰波恢复了线性形态，此时二维 $f-k$ 滤波取得了很好的效果，反校正之后，单炮恢复正常偏移距，线性噪声得到有效的压制。

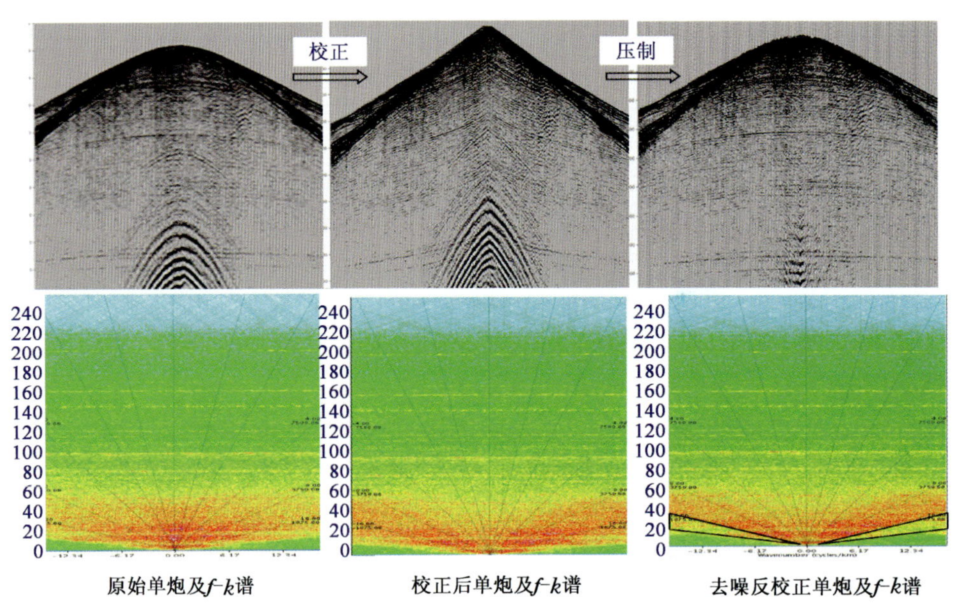

图 5.2.17 线性时差校联合二维 $f-k$ 实现过程示意图

(3) 三维叠前随机噪声衰减。

工区内原始数据上的噪声除面波干扰、规则的线性干扰之外还有一些相干性较差的随机噪声。尤其是目的层信噪比低，CMP 道集上有效波难以连续追踪，随机噪声的存在严重影响地震资料的信噪比，直接影响叠前预测的结果。针对这一类型的干扰波，经过大量的试验，最终确定在十字交叉排列上用三维叠前随机噪声衰减的方法来压制这些随机噪声，取得了很好的效果。叠前随机噪声压制后的 CMP 道集的信噪比明显提高，尤其目的层段。尤为重要的是，CMP 道集质量的提高为后续的叠前时间偏移及油气藏叠前描述提供了很好的基

础道集资料。图 5.2.18 为三维叠前随机噪声衰减前后的 CMP 道集。

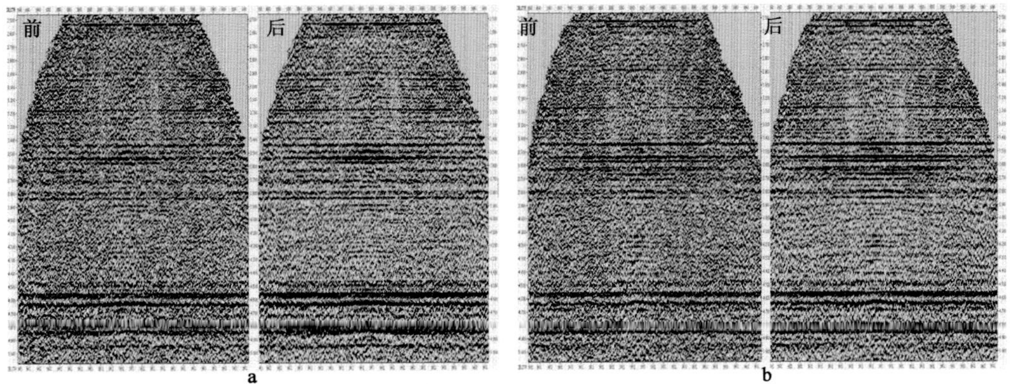

图 5.2.18 三维叠前随机噪声衰减前后的 CMP 道集（a，b）对比

5.2.3.2 叠前提高纵向分辨率技术

在碳酸盐岩地区，地震记录所包括的裂缝、溶洞等有效信号比较弱，难以与其他信号分离，这就涉及地震信号的信噪比和分辨率两大根本问题。针对这种情况，需要在地震资料处理过程中加强分辨率、信噪比的处理。反褶积子波处理技术是提高分辨率的关键技术，在碳酸盐岩地区，既要做到保真，又要提高地震资料的分辨率，反褶积方法的选取是十分关键的。

工区目的层主要为石灰岩，频率低，主频在 22Hz 左右，信噪比较低，因此反褶积方法、参数的选取应当十分慎重，处理时应做好如下的工作：(1) 采用多时窗反褶积技术，以消除地震子波的时变性对叠加剖面的影响。(2) 提高分辨率必须兼顾信噪比。若在叠前将分辨率提得过高，会导致地震记录的信噪比降低，对后续的速度分析，剩余静校正不利，尤其对叠前地震资料的储层预测和油气检测不利，要逐步提高分辨率。(3) 消除非地表一致性因素。理论上，不同的接收点接收到的由同一震源激发的地震波具有相同的地震子波特征。但实际上，由于受地表条件变化的影响，不同的激发条件使不同的单炮产生不同的地震子波，采用地表一致性反褶积能够消除影响地震子波空间相位不一致的因素。

研究区碳酸盐岩内部缝洞十分发育，尤其是在工区北部，溶洞的密度非常大。缝洞的识别能力与地震的分辨率关系密切，实际上地震的识别能力有限，小规模的缝洞难以被识别出来，因而，需要在地震资料的有效频带范围内尽可能地提高资料的分辨能力。

根据研究区溶洞发育的特点，地震资料的分辨率不可能一次就能提升到最佳结果，在此采用串联反褶积的方法，综合各种反褶积的优势。首先采用地表一致性反褶积，地表一致性反褶积的主要目的是消除地表因素的影响，使反褶积后的结果更加真实地反映地层岩性的变化，是相对振幅保持处理模块，并且信噪比较高。在此基础上串联调谐反褶积，以达到既保持信噪比又提高分辨率的目的。另外，叠前时间偏移后使得资料横向分辨率大大提高，但是纵向分辨率较偏移前有所降低，因此在叠前时间偏移的 CRP 道集和叠后数据上串联调谐反褶积，使得最终道集与偏移数据体的分辨率达到最佳。

由于在处理中处理好了信噪比与分辨率的关系，在保持信噪比的前提下，提高了目的层的分辨率，这样更有利于“串珠”的成像，从而不会使弱的“串珠”反射淹没在低频背景当中。使得断层更加清楚、“串珠”反射顶界面更清楚，如图 5.2.19 所示。

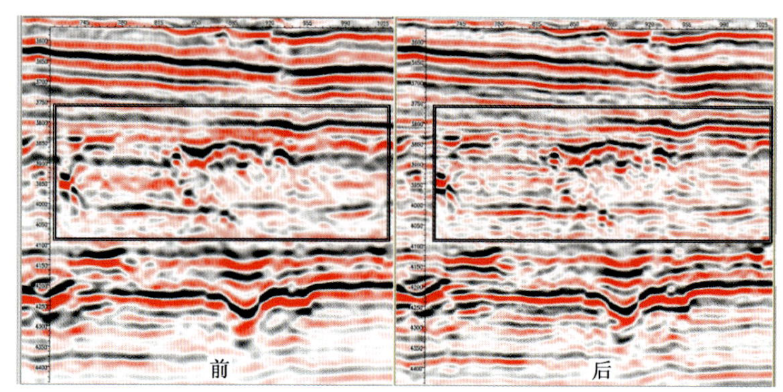

图 5.2.19 串联反褶积前后剖面对比

5.2.3.3 数据规则化技术

由覆盖次数属性图可以看出该区覆盖次数十分均匀，但是炮检距分布不均匀。在叠前成像过程中，这种不均匀就会导致共偏移距剖面上空 CMP 的出现，造成空间假频的出现和偏移划弧，降低资料的信噪比。在此，采用数据规则化技术消除共偏移距剖面上的空 CMP，使其覆盖次数比较均匀，改善成像效果。

目前，实现数据规则化的技术比较多[34,35]，有插值法、借道法、DMO、DMO^{-1}等，针对该区碳酸盐岩内幕小尺寸缝洞发育的特点，采用在共偏移距道集上从相同面元借道的方法，达到无混波、保真度高的目的。

在偏移距的两端小于 1500m 和大于 5000m 的共偏移距道集上（图 5.2.20），由于空间采样稀疏，故数据规则化技术不能够将所有的空 CMP 补偿起来，但是规则化之后，覆盖次数属性改善明显。而在优势偏移距 2000～5000m（图 5.2.21）之间，由于空间采样密集，规则化技术发挥了很好的作用。

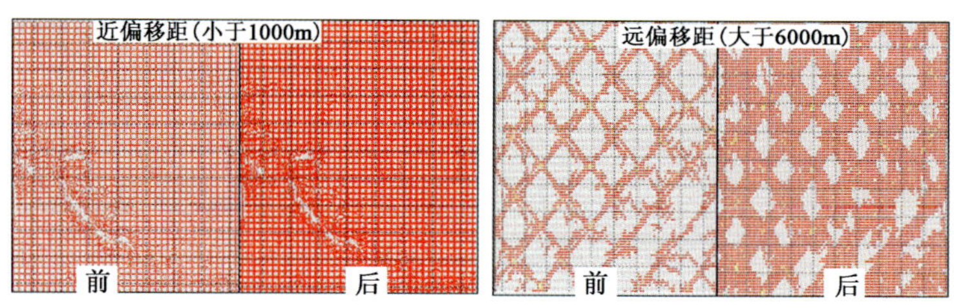

图 5.2.20 数据规则化前后共偏移距覆盖次数图对比

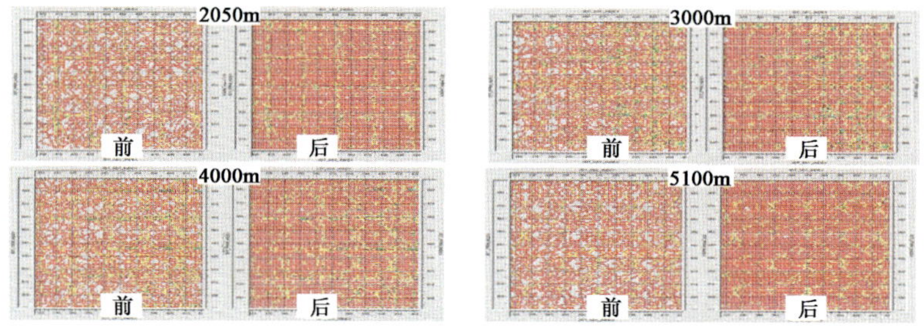

图 5.2.21 数据规则化前后共偏移距覆盖次数图对比

同样，从叠前成像剖面（图 5.2.22）上看，数据规则化后剖面的振幅特征得到很好的保持。CRP 道集近偏移距、远偏移距（图 5.2.23）振幅特征改善明显，更有利于叠前 AVO 属性的提取。

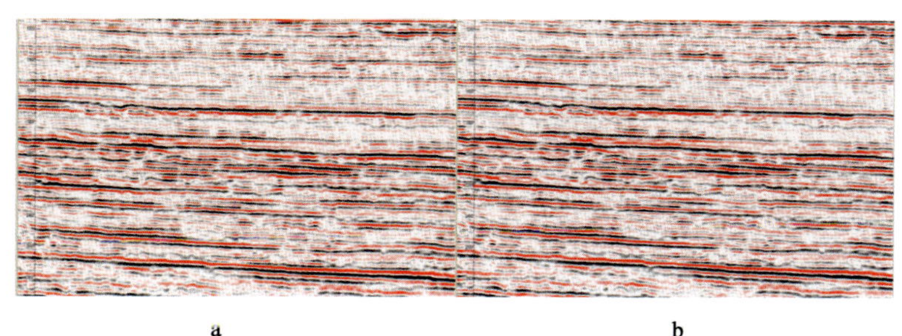

a　　　　b

图 5.2.22　数据规则化前（a）后（b）剖面对比

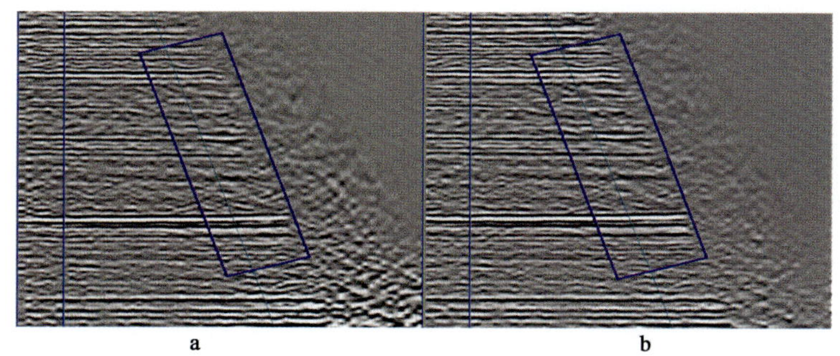

a　　　　b

图 5.2.23　数据规则化前（a）后（b）剖面对比

5.2.3.4　高精度偏移速度建模技术

5.2.3.4.1　叠前时间偏移均方根速度建模技术

工区缝洞十分发育（图 5.2.24），尤其是工区北面溶洞非常密集，每一个溶洞都可以被看做是一个小的地下异常体，并且这些溶洞的速度非常敏感，在偏移过程中很小的速度差异就会导致成像的很大差异。针对这一特点，采用高精度速度分析的技术思路（图 5.2.25），首先用较大的偏移速度网格来控制全工区速度变化，然后逐步加密速度网格，不断提高溶洞的成像精度，整个工区速度网格密度控制在 150m×150m。速度谱加密可以更好地使“串珠”反射成像、“串珠”边界刻画得更清楚，横向分辨率大大提高，为井位的准确定位提供了更加可靠的基础资料。

偏移速度是影响叠前时间偏移的主要因素，偏移速度的精度直接影响偏移成像效果，叠前时间偏移是对偏移速度和偏移处理不断迭代的过程。初始速度模型的建立过程不仅是一个数据处理的过程，而且是一个对工区内地下地质构造形态、各种地质现象以及各地质层序间关系划分等地质概念的分析和认识的过程[36]，可以说初始速度模型的建立是叠前时间偏移成像技术的关键环节。本工区初始速度模型来自于前期处理得到的叠加速度，该工区地下层系接近水平层状介质，所以其叠加速度可以近似看成均方根速度。

速度模型优化与处理迭代是获得准确成像的主要手段，为求得准确的速度，采用垂向偏移速度迭代分析方法及偏移速度扫描的方法相结合来修改和优化偏移速度。用叠前 CRP 成像道集同相轴是否拉平作为判断偏移速度正确性的主要手段。若 CRP 成像道集的同相轴平直，偏移剖面成像效果好，说明偏移速度是正确的。若 CRP 道集未平直，存在“上翘或下弯”现象，说明用于偏移的速度偏小或偏大，这就要对偏移速度进行调整与优化，直到 CRP 道集平直、偏移剖面正确成像为止（图 5.2.26）。

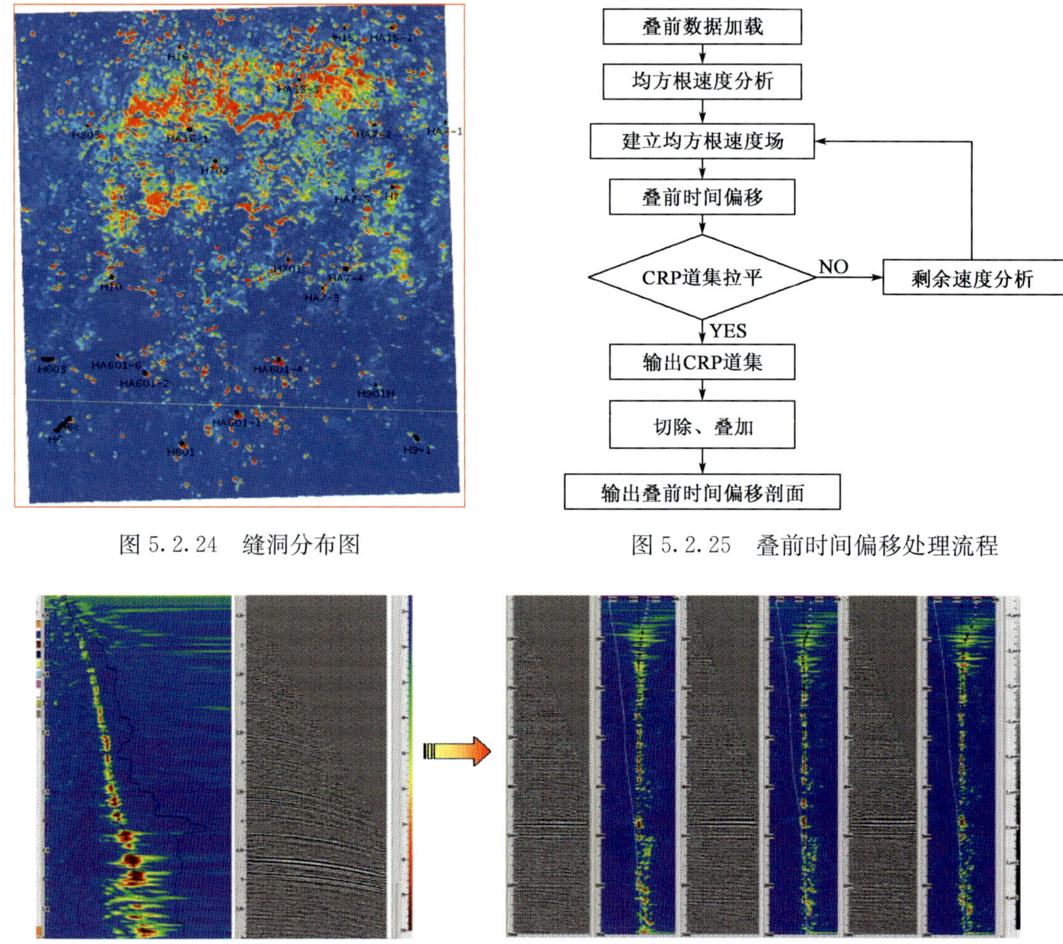

图 5.2.24　缝洞分布图

图 5.2.25　叠前时间偏移处理流程

图 5.2.26　速度分析速度合理性判定准则

通过目标线叠前时间偏移的多次迭代与偏移速度优化，可以更好地建立时间偏移速度模型，进而得到准确成像的三维叠前时间偏移成像速度体。由于计算机运算速度加快，这给巨大的偏移运算量的快速实现带来了极大的方便。为了验证所求取的最终偏移速度的准确性，对其进行百分比扫描，选取最终偏移速度的不同百分比的速度分别对目标线进行叠前时间偏移运算而得到相应的 CRP 道集和叠前时间偏移剖面。对比显示，进行选优微调，确定最优化的叠前时间偏移速度（图 5.2.27）。

5.2.3.4.2　叠前深度偏移深度—层速度建模技术

叠前深度偏移较叠前时间偏移而言，要考虑地震波在地下的传播走时和速度界面上的折射现象，因此，必须提供反映地下速度变化及速度界面深度的模型。速度模型的建立是做好

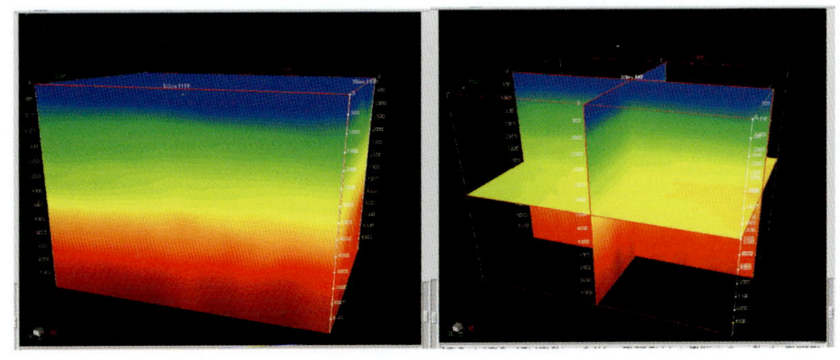

图 5.2.27　最终叠前时间偏移均方根速度模型

叠前深度偏移的关键，叠前深度偏移需要比较准确的深度域层速度模型。由于叠前深度成像对速度的误差比时间偏移更敏感，从而引出两方面问题：一方面如果速度场不准确导致的成像误差很容易抵消甚至超过偏移方法上的改进；另一方面，叠前深度偏移的速度场不准确会产生假构造。

该区受火成岩和碳酸盐岩速度的影响，再加上“串珠”对速度比较敏感以及小断层较多，建立准确速度模型较为困难。针对研究区资料特点，提出纵横向联合速度建模技术。首先拾取地质层位，利用构造约束速度建模的方法求取宏观速度，控制全局速度格局。而后针对缝洞型储层这种小尺度的速度异常体，利用纵向速度分析，准确求取“串珠”成像速度，使其更加收敛，边界也刻画得更为清楚，从而解决目的层“串珠”速度局部异常和敏感的问题。

（1）时间层位模型建立。

工区内构造不是很复杂，首先，在时间偏移域解释构造层位，在解释过程中与地质层位紧密结合，控制速度界面的变化规律，如图 5.2.28 所示。而后利用射线偏移及比例的方式把时间层位投影到深度域，通过初始速度的偏移，利用层位和成像道集得到水平的延迟谱，通过拾取延迟谱，再利用旅行时层析反演的方法对速度进行优化迭代；其次，拾取垂向延迟，利用约束层速度反演的方法，对“串珠”成像速度进行优化迭代。

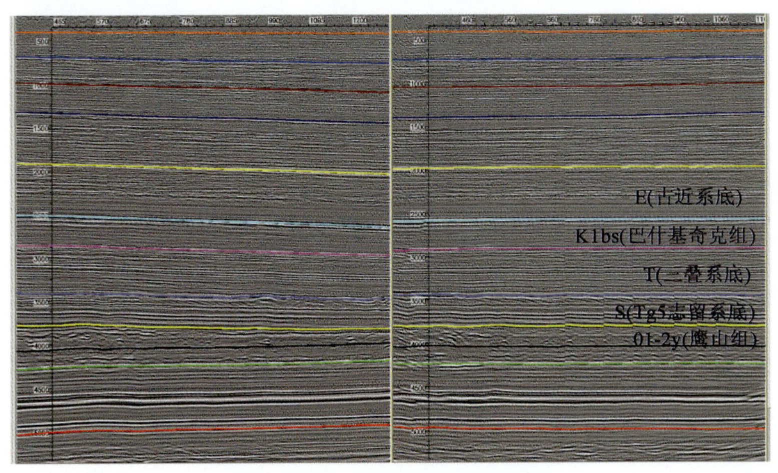

图 5.2.28　建立时间层位模型

（2）反射波层析成像优化层速度。

基于深度偏移道集的层析成像法是一种以深度偏移道集的层析成像为基础的速度模型优化方法。该方法是沿 CRP 射线路径，将偏移后的 CRP 道集上的深度误差转换为相应的时间误差，因而可以使用常规的旅行时层析成像法。通过层析成像我们对叠前深度偏移层速度进行了迭代优化，使沿层剩余延迟谱聚焦并趋于零，如图 5.2.29 所示，通过多次迭代，宏观速度基本准确。

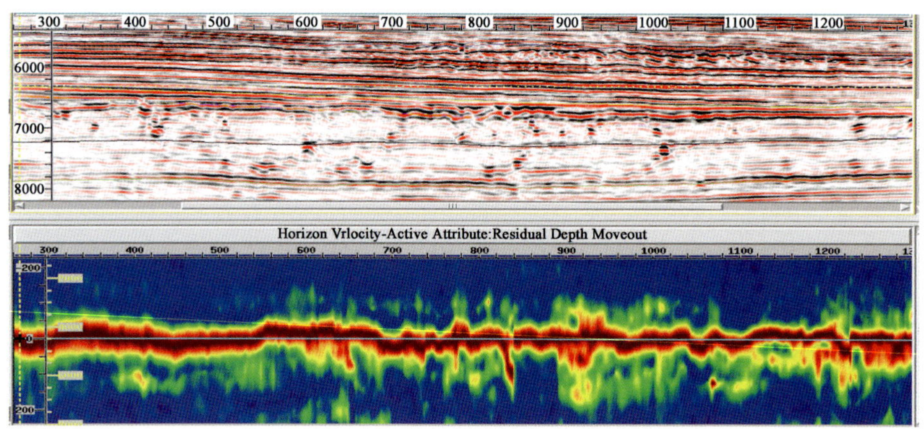

图 5.2.29　目的层横向延迟谱

在求取了准确的宏观速度之后，微调目的层的“串珠”成像速度，利用垂向的剩余延迟对其进行优化，最终得到一个不错的成像效果（图 5.2.30、图 5.2.31）。从图 5.2.32 可以看出纵横向联合速度建模的优势明显优于传统建模方法。

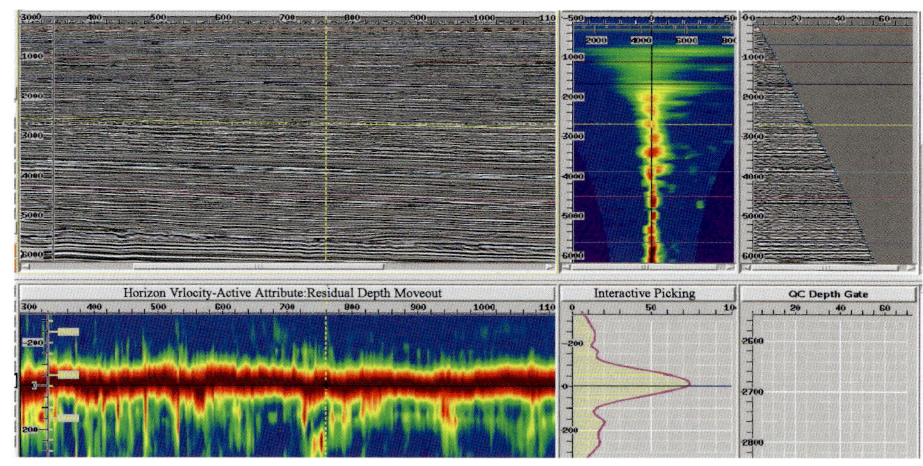

图 5.2.30　纵横向速度分析和质控

5.2.3.5　分方位角叠前深度偏移及效果

工区地震数据为高密度、全方位角地震资料，包含了丰富的裂缝和储层信息，选择运用克希霍夫叠前深度偏移技术对资料进行了分方位角处理。叠前深度偏移结果表明全方位角数

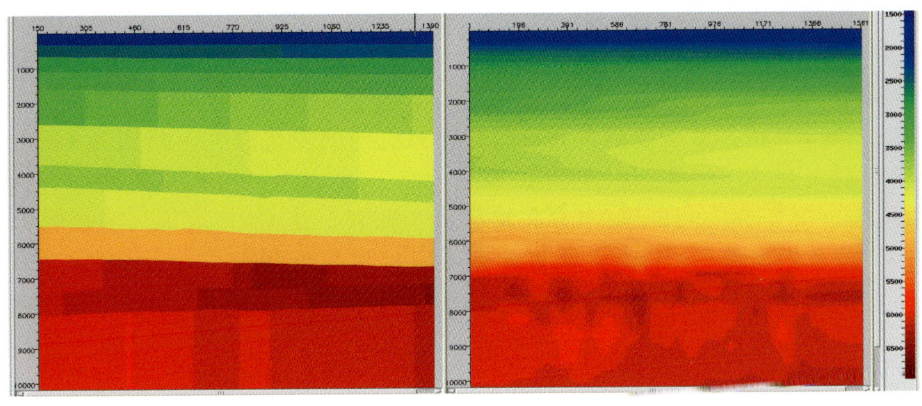

图 5.2.31 纵向速度建模和横向速度建模的速度剖面

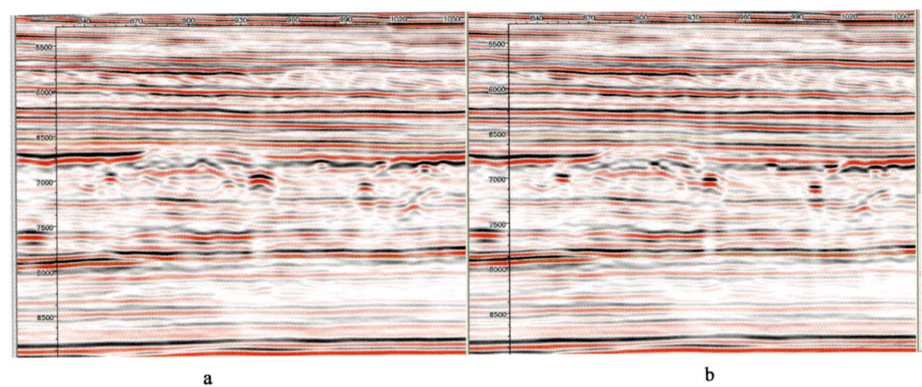

图 5.2.32 纵向建模和纵横向联合速度建模成像剖面对比

a—沿层横向速度调整后结果；b—纵向速度精细调整结果

据具有明显的裂缝识别能力，正确利用方向速度差异、方向振幅差异、方向波形和相位差异获得更多的裂缝储层信息，达到帮助设计水平钻井及开采的目的，同时也为非串珠储层预测打下良好的基础。

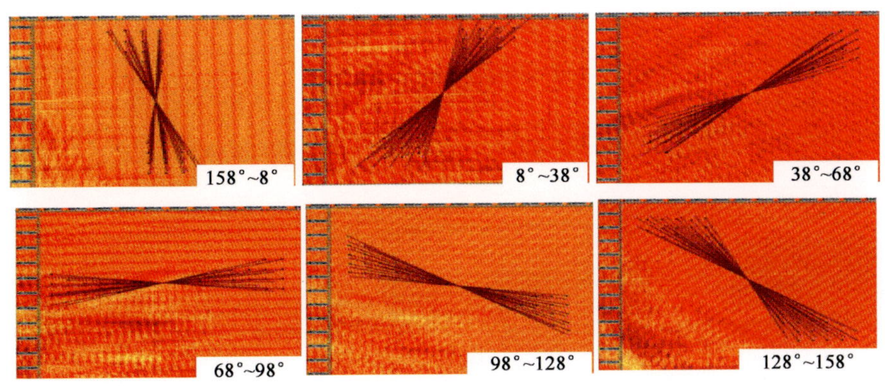

图 5.2.33 六个方位角覆盖次数、方位属性图

本次研究根据分析裂缝走向和分布规律将整个数据等分为六个方位（图 5.2.33）：158°～8°、8°～38°、38°～68°、68°～98°、98°～128°、128°～158°。六个方位角覆盖次数均在 30～40 次左右，基本满足需求。

通过剖面、CRP 道集分析该区裂缝、缝洞随方位角的变化情况。图 5.2.34 展示了三条断裂，其中断裂 1 在 158°～8°、8°～38°、98°～128°三个方向特征较另外三个方向要明显。而断裂 3 在 38°～68°、98°～128°两个方向特征最为明显。从 CRP 道集（图 5.2.35）上看，断裂处不同方位角的振幅、相位存在明显差异。同时图 5.2.36 展示了“串珠”反射在不同方位角上存在振幅、形态的差异，这些充分说明了这个区域断裂、“串珠”的振幅、相位、速度等各种地质特征信息在不同方位角上存在明显差异，各向异性特征明显。

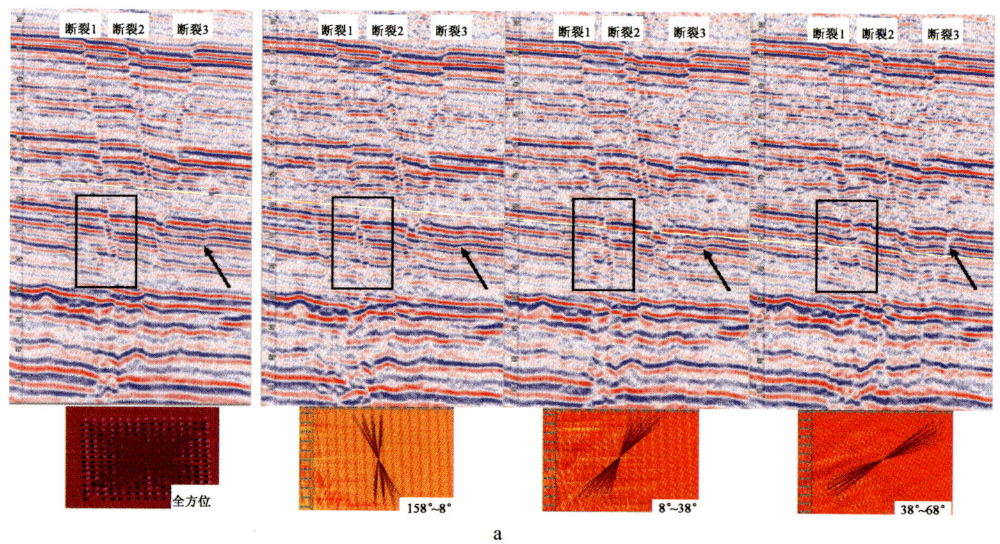

a

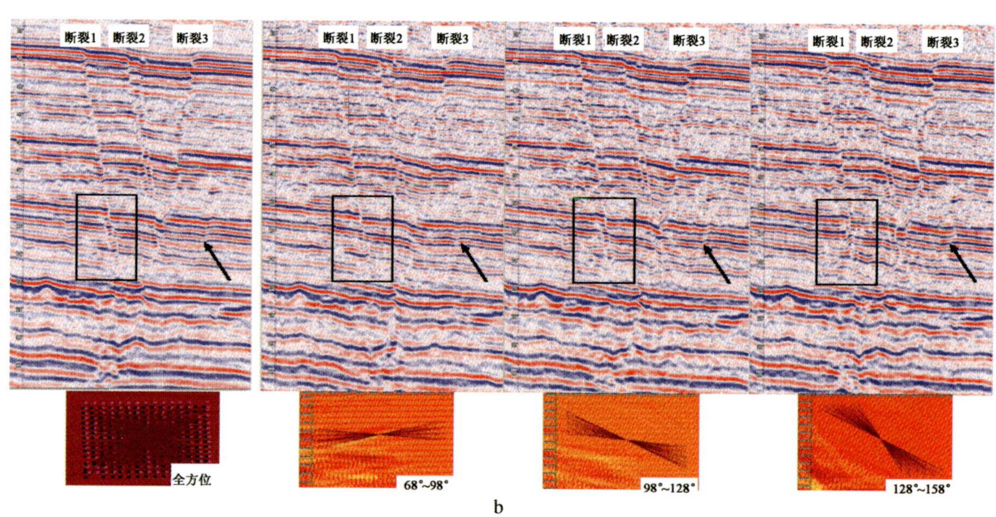

b

图 5.2.34 不同方位角剖面上断裂对比图

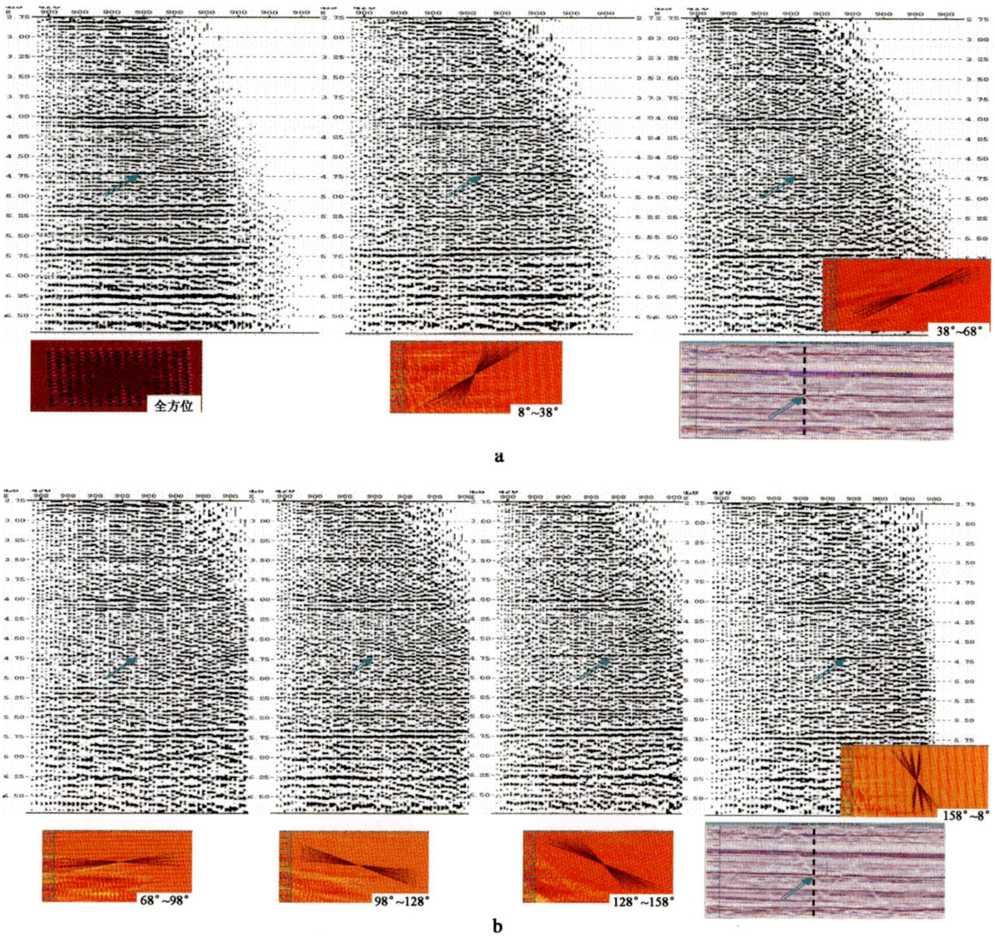

全方位 8°~38° 38°~68°

a

68°~98° 98°~128° 128°~158° 158°~8°

b

图 5.2.35 裂缝在不同方位角道集上存在明显的振幅差异

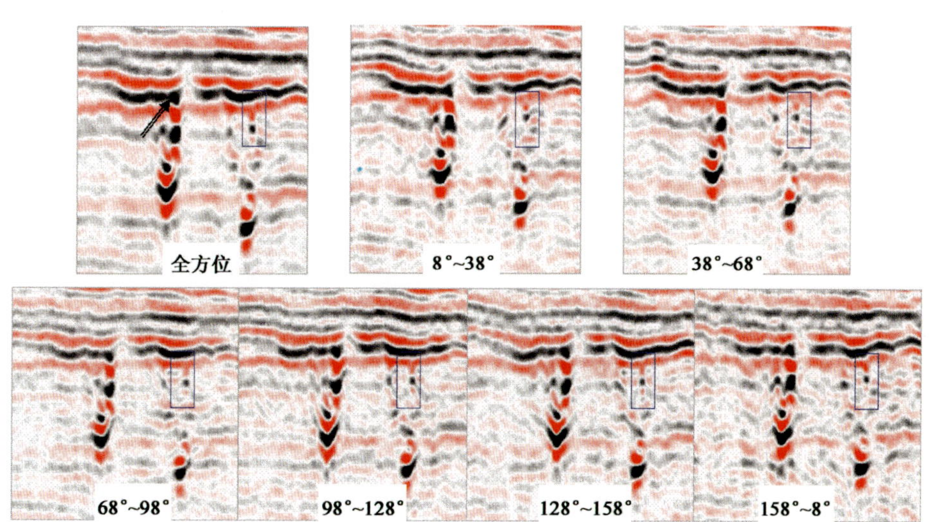

图 5.2.36 “串珠”在不同方位角存在速度差异

因而，分方位角处理为叠前、叠后裂缝预测提供了更加丰富、多样的信息，对更加深入的了解地下岩石的特征及各种参数响应打下了坚实的基础。

5.2.3.6 各向异性叠前深度偏移

各向异性克希霍夫叠前深度偏移在旅行时计算过程中，引入了各向异性参数。各向异性叠前偏移的关键在于各向异性参数的求取。在研究区，上覆地层岩性为砂岩、页岩及火成岩，而且裂缝发育，从而导致地震波速度传播方向的各向异性。各向异性校正意义重大，不仅有利于 AVO 分析，在各向异性比较严重的区域，成像质量也会大幅度提高[37,38]。

各向异性参数 ε、δ 可以通过三种方法求取。直接的方法是对采集到的岩石样本进行测量，这种方法直接可靠，但实际上几乎不能找到可供测量的岩石样本。第二种方法是采用 Walk-away VSP 资料进行计算，研究区内只有一口井的 Walk-away VSP 资料，利用其得到一个各向异性参数体，对其进行各向异性深度偏移，但结果不甚理想。因为一口井很难控制全区的各向异性，故最后采用地震和测井资料间接计算的方法（第三种方法）得到各向异性参数体，在此过程中，利用 13 口测井资料并结合一口井的 Walk-away VSP 资料，对 Thomsen 参数进行了求取。

各向异性叠前深度偏移处理流程如下：

（1）数据加载；

（2）求取各向同性速度—深度模型；

（3）δ 值计算，η 函数扫描，ε 值计算，生成初始各向异性层速度场；

（4）反几何扩散补偿，目标线各向异性叠前深度偏移；

（5）剩余延迟分析，ε 值修正，各向异性层速度场优化；

（6）各向异性叠前深度体偏移。

由于测井分层资料的不充足，通过各向异性参数 ε 迭代，只求取到三层（图 5.2.37，图 5.2.38）的各向异性参数，但通过三层的各向异性参数的求取，也很好地消除了上覆火成岩对下覆构造的成像影响（图 5.2.39），在已知井大约 6600m 深的位置误差也大幅度减小，由原来的 190m 误差减小到 50m 的误差。

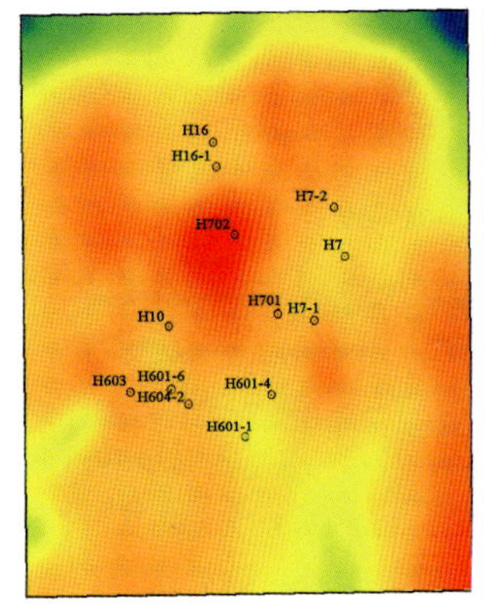

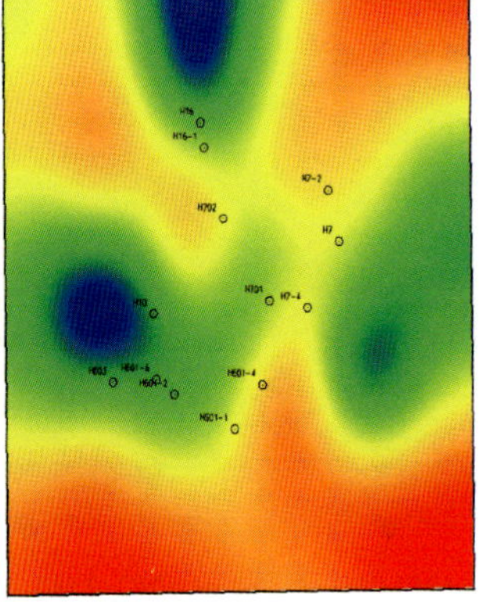

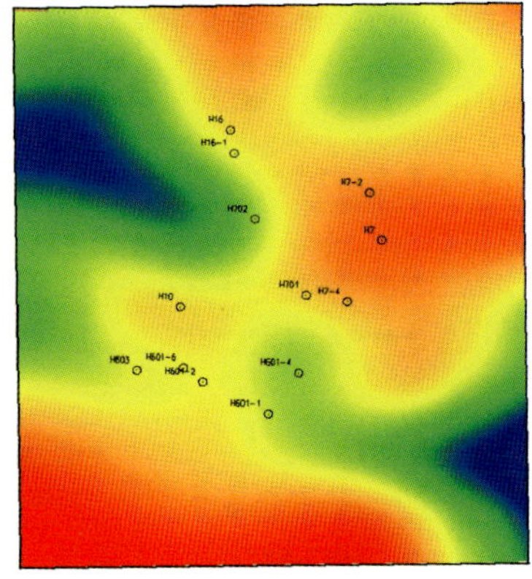

图 5.2.37　求取的各向异性参数 δ 平面图

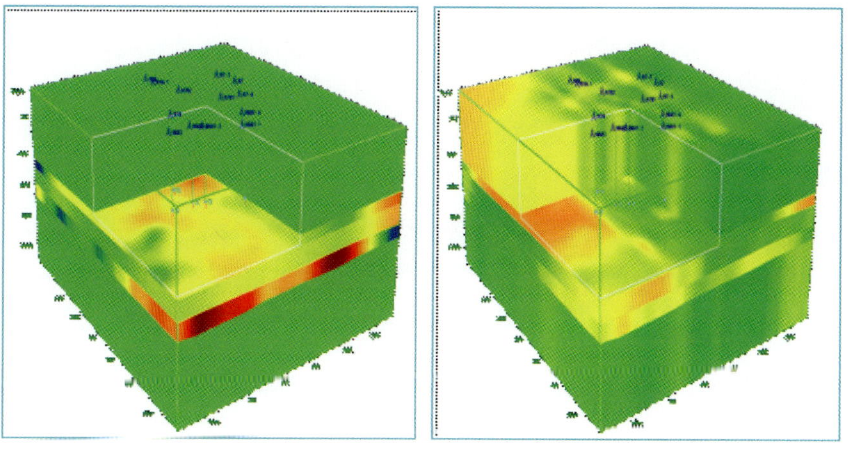

图 5.2.38　各向异性参数 δ 体与 ε 体

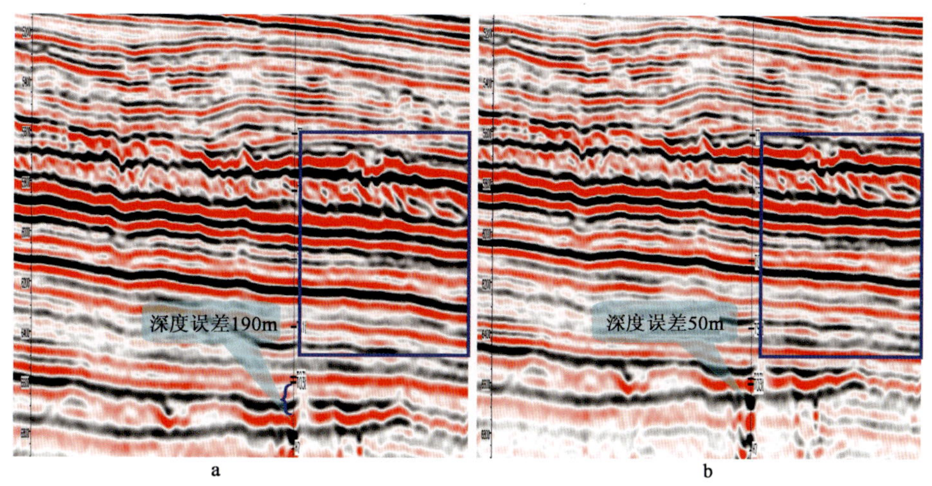

图 5.2.39　各向同性深度偏移（a）与各向异性深度偏移（b）对比

5.2.3.7　逆时偏移

逆时偏移主要包括基于双程波方程逆时波场外推和应用成像条件两个步骤[39,40]。逆时偏移流程如图 5.2.40 所示。对于单炮道集的成像，首先对震源波场利用双程波方程进行正向外推，并保存所有时间步的外推波场。然后对接收波场利用双程波方程进行逆时外推，在时间上每逆时外推一步之后应用成像条件，得到该时刻的成像结果。所有时刻的成像结果累加，得到该炮集的成像结果。所有炮集的逆时偏移结果叠加即可得到最终叠前深度偏移成像。

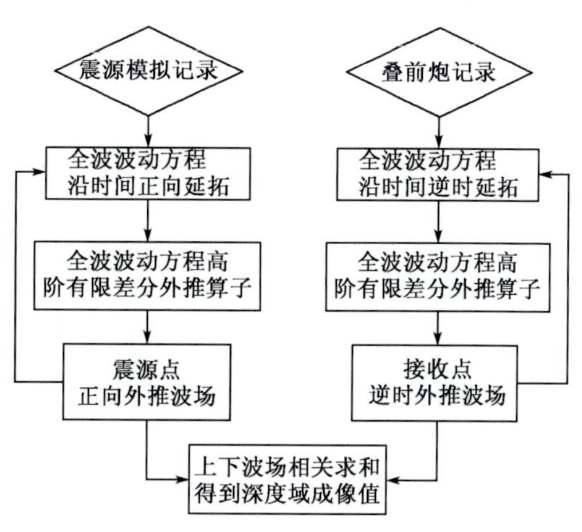

图 5.2.40　逆时偏移流程图

在研究区积极探索了逆时叠前深度偏移技术，由于本区高程变化不大，资料整体信噪比相对较高，通过常规积分法叠前深度偏移建立的速度模型精度相对较高，因此逆时叠前深度偏移在该区同样可以取得明显的效果。如图 5.2.41 为积分法叠前深度偏移与逆时叠前深度偏移的效果剖面对比，可以看出，逆时偏移剖面成像精度更高，“串珠”等缝洞型储层空间的归位更为准确。

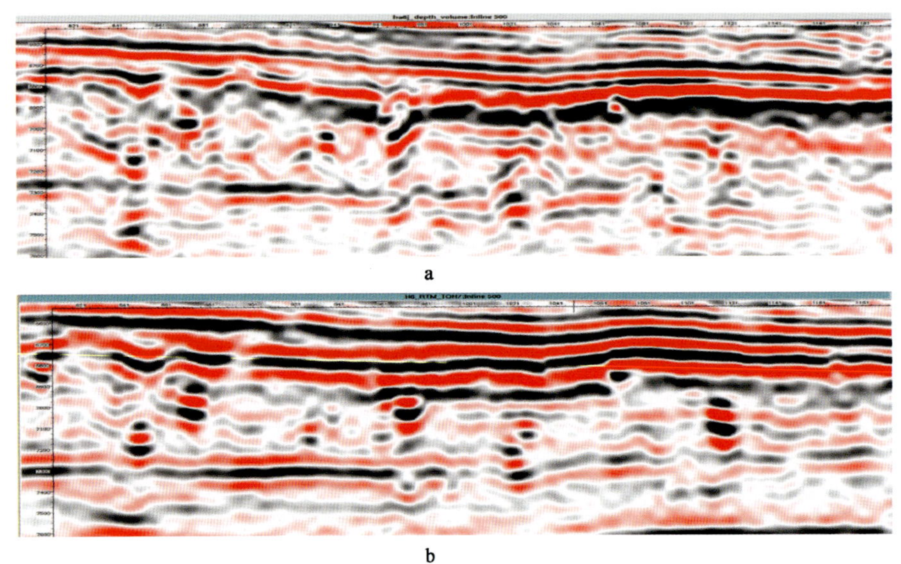

图 5.2.41 积分法叠前深度偏移（a）与逆时叠前深度偏移（b）对比

5.2.4 攻关处理效果分析

通过对研究区高密度、全方位角地震资料的处理、研究、探索，本区碳酸岩盐缝洞精确成像有了新的认识与提高。高密度、全方位角地震资料在研究区显示出了良好的研究价值及实用性，主要总结为以下几个方面：

（1）从研究区高密度全方位与常规窄方位两种不同采集方案地震资料的处理结果来看，高密度全方位资料目的层碳酸盐岩内幕信噪比有了很大的改善，空间分辨率也大大提高，所识别的“串珠”数量明显增多（图 5.2.42）。

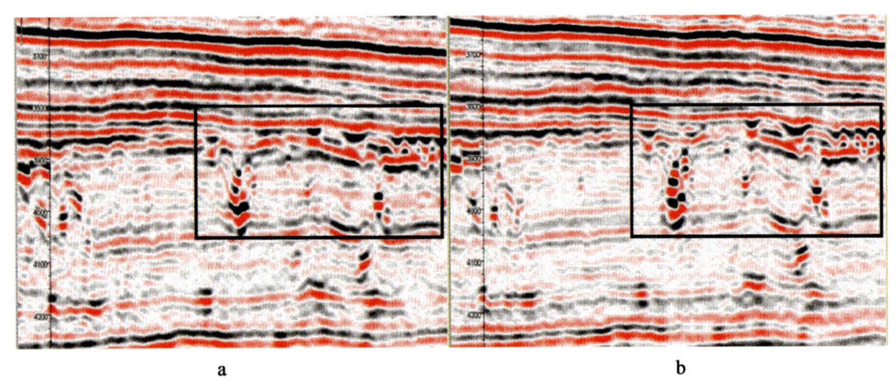

图 5.2.42 常规资料叠前时间偏移（a）与高密度全方位资料叠前时间偏移（b）对比

（2）在成像方面，深度偏移具有更明显的优势，不论是缝洞系统的空间分辨率、数量还是空间位置，都要优于叠前时间偏移，四道左右的小尺寸“串珠”被清晰地刻画出来（图5.2.43），这主要是叠前深度偏移能够解决上覆地层横向变速问题。从叠前深度偏移平面图上（图5.2.44），“串珠”数量较叠前时间偏移平面图明显增多，北部叠前时间偏移与叠前深度偏移串珠位置基本一致，中部叠前时间偏移剖面的串珠位置往北偏离30～45m，南部叠前时间偏移剖面的串珠位置往北偏60～105m。打井证实叠前深度偏移剖面更加吻合。

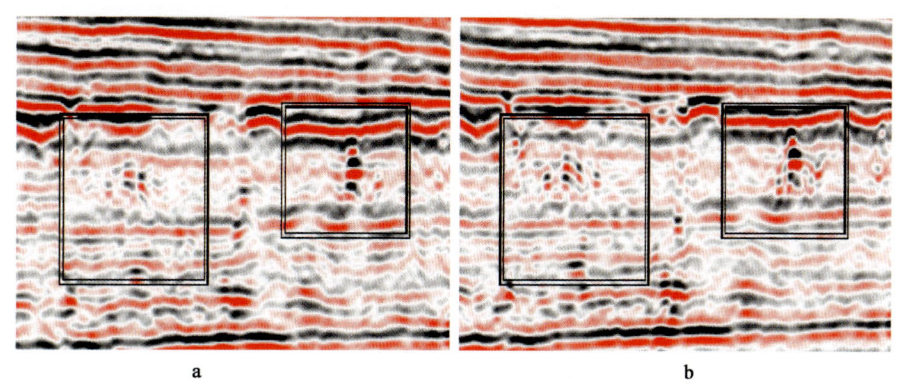

图5.2.43　高密度全方位资料叠前时间偏移（a）与叠前深度偏移（b）对比

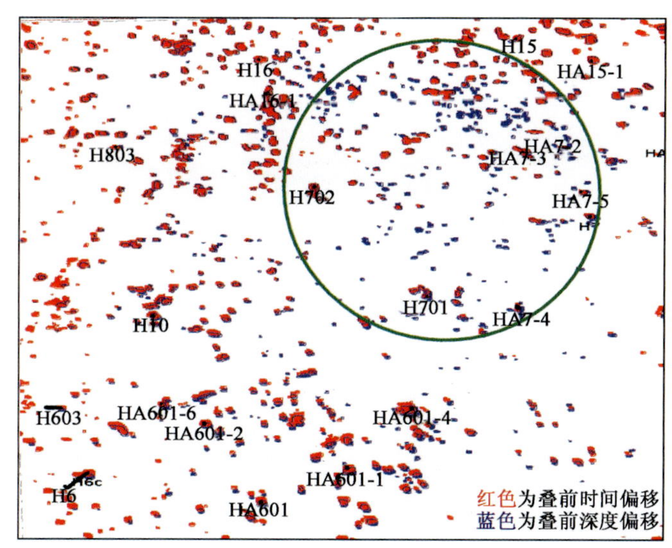

图5.2.44　高密度全方位资料叠前时间与叠前深度偏移串珠轮廓叠合图

（3）高密度全方位采集为分方位角叠前深度偏移处理提供了保障，一般来讲常规采集覆盖次数低，很难保障分方位角道集有足够的覆盖次数。往往在做叠前偏移时，由于空间采样太稀，而导致大量空间假频，剖面、道集的信噪比都非常低，难以满足叠前、叠后预测的需求。而高密度采集的方位角道集有足够的覆盖次数，断裂系统在不同方位具有明显的特征不一致性，达到了预期的处理要求。

（4）探索研究了高密度全方位资料的逆时偏移技术，由于逆时偏移技术的优越性，在速度准确情况下，其较射线偏移技术有更好的保幅性，更高的成像精度，从图 5.2.45 和图 5.2.46 的克希霍夫深度偏移和逆时偏移的效果图对比可以看出，逆时叠前深度偏移能使缝洞性储层空间归位更为准确。从图 5.2.47 上可以发现，两者对于串珠的成像数量基本相当，但逆时偏移对于河道和断层的刻画更为清楚，尤其对陡倾角断层处发育的垂向长串珠聚焦更好，对串珠边界刻画也更精细。

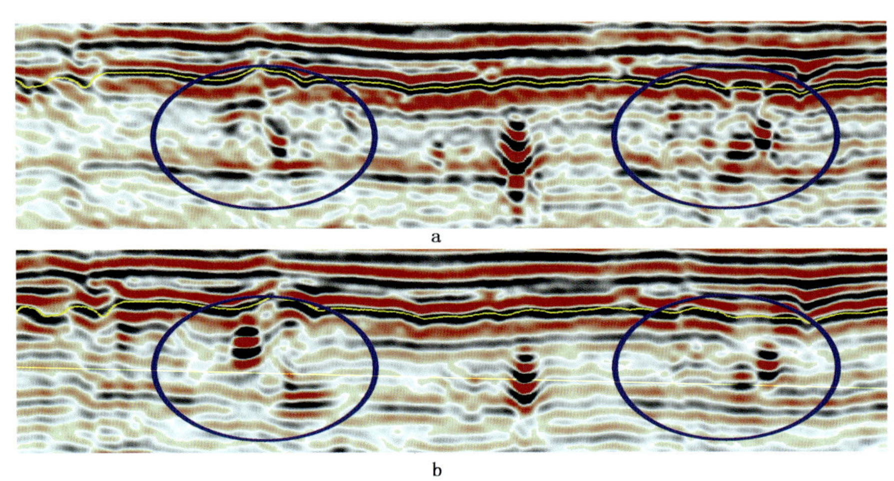

图 5.2.45　克希霍夫深度偏移（a）与逆时偏移（b）效果对比

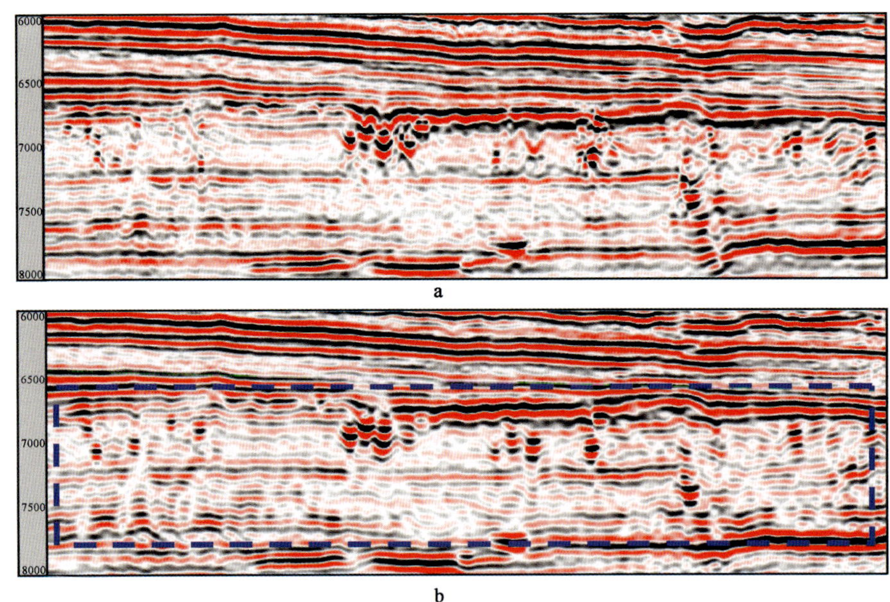

图 5.2.46　克希霍夫深度偏移（a）与逆时偏移（b）效果对比

5.2.5　结论与认识

高密度全方位的地震勘探是今后研究的方向，本文针对碳酸盐岩地震资料开展了高密度全方位的成像技术研究，形成了高密度全方位地震资料的叠前成像技术流程，其中的关键技

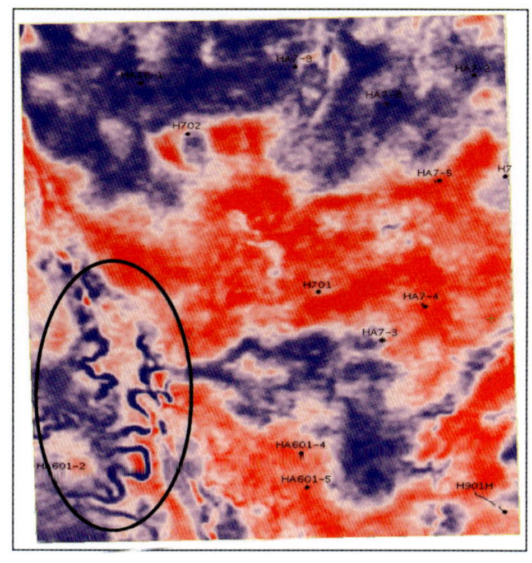

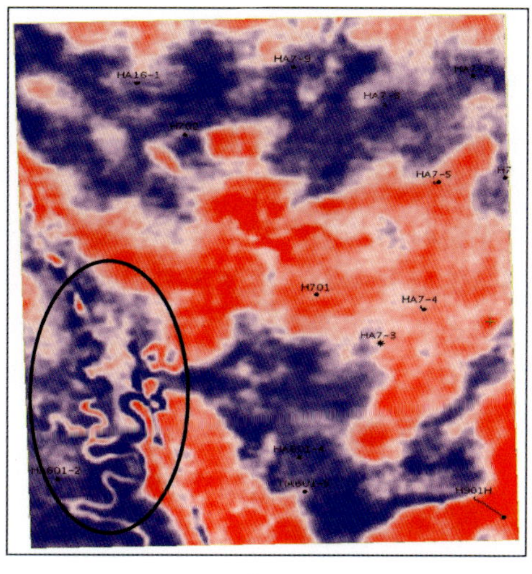

a　　　　　　　　b

图 5.2.47　克希霍夫深度偏移（a）与逆时偏移（b）效果对比

术包括：高保真全方位噪声压制技术、叠前提高纵向分辨率技术、全方位数据规则化技术、全方位高精度偏移速度建模技术、分方位角叠前深度偏移技术、各向异性叠前深度偏移、逆时偏移技术等。

利用上述地震成像技术系列得到的全方位资料目的层“串珠”、溶洞反射清晰，归位准确，断层刻画清楚，奥陶系内幕反射质量比常规三维处理成果有明显改善，其裂缝预测的效果明显优于常规资料，并与成像测井解释结果吻合较好，能够满足精细解释和叠前储层预测的要求。

碳酸盐岩地震叠前成像研究是一个长期的过程，虽然通过近几年的研究取得了一定的进展，特别是高密度全方位地震勘探的实施以及逆时叠前深度偏移新技术的发展，但是仍然存在很多难以完全解决的制约因素，如“串珠”、溶洞及裂缝的定量刻画等，下一步需要开展进一步的攻关研究解决碳酸盐岩内幕的地震成像问题。

5.3　复杂构造地震成像方法在吐哈、酒泉盆地的应用

5.3.1　概述

中国西部盆地大多数地表、地下构造复杂[41,42]，尤其是在构造主体部位，地震资料信噪比低、静校正问题严重、地层倾角陡、断裂发育，导致地震资料难以准确成像，构造难以准确落实，严重制约了该地区油气勘探的步伐[43,44]。为确保玉门油田和吐哈油田进一步的深入发展，大力推进后续接替区块的勘探进程，提升吐哈、酒泉盆地的油气勘探价值，急需在该地区开展系统的物探技术攻关研究，制定适合吐哈、酒泉地区油气勘探地震成像的关键技术和流程，准确落实该地区的地下构造，精细刻画该区断裂发育情况，寻找有利圈闭，扩大储量规模，为井位部署提供依据，促进吐哈、酒泉地区油气勘探有序、高效和快速发展。

为此，中国石油天然气股份有限公司连续几年在吐哈北部山前带、玉门酒泉青西等地区部署了物探技术攻关项目，针对这类地区存在的地震成像、构造解释等技术难点，开展了该区地震叠前成像及解释一体化的深入研究，形成了该区针对性的地震叠前成像技术系列。其中的关键技术主要包括：起伏地表模型约束拟合重构综合静校正技术、煤层屏蔽下储层的保真处理技术、复杂地区“六分法”叠前噪声压制技术、浮动面逆时叠前深度偏移技术等。在研究过程中，坚持科研与生产紧密结合，及时地将研究形成的针对性技术系列应用于油田勘探实践，利用新的研究成果，精确落实了吐哈盆地巴喀地区、温吉桑地区和酒泉盆地青西地区的整体构造形态和局部构造特征，基本查清了断层的规模、走向、平面分布规律以及断裂活动期次和断层演化规律，落实和发现了一批构造圈闭，优选了有利钻探目标。

5.3.1.1 研究区概况

（1）吐哈盆地北部山前带台北凹陷南部斜坡区。

研究区位于新疆维吾尔自治区鄯善县境内，处于博格达山前向南交错叠置的大型冲积扇上，三维部署见图 5.3.1。总的地势为北高南低，地表类型多样，地形起伏变化比较剧烈。研究区地表主要分为三类：戈壁砾石区、丘陵区和巨厚戈壁砾石区。研究区地表主要为第四系砾石所覆盖，地表类型划分如图 5.3.2 所示。从整体趋势上看，由于山前冲积扇互相重叠，加之山体区起伏剧烈，相对高差较大，分布没有一定的规律，导致表层结构纵横向变化较大，低降速带厚度相差在几十米以上。在巴喀地区构造复杂，高陡构造速度变化剧烈，构造两翼资料信噪比高，但目标区分辨率低，不能满足储层预测的需要。而在构造主体部位，资料的信噪比低，静校正问题严重、干扰波发育，地震资料不能准确成像，因此，主体构造边界刻画不清楚，构造难以落实，严重制约了巴喀油气勘探的步伐，某种程度上延缓了这些地区的勘探进程。而在温吉桑区块油气水分布复杂，储层非均质性强，地下地质条件复杂，资料纵向分辨率较低，特别是中、深目的层受煤层屏蔽影响，能量弱、频率低，难以满足精细储层预测及流体检测的需求，为老油田稳产落实储量资源带来困难。

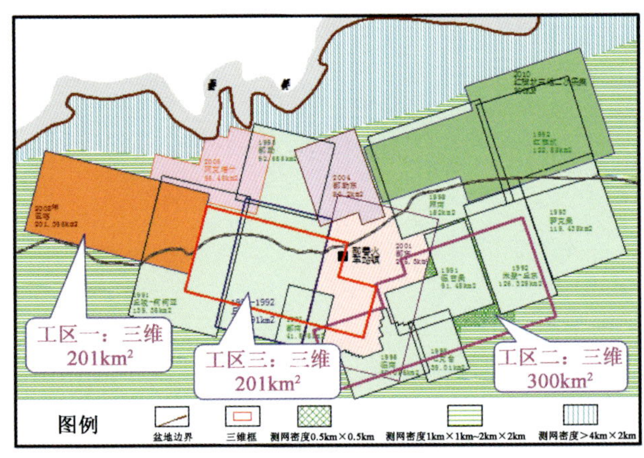

图 5.3.1 吐哈北部山前带三维地震勘探部署图

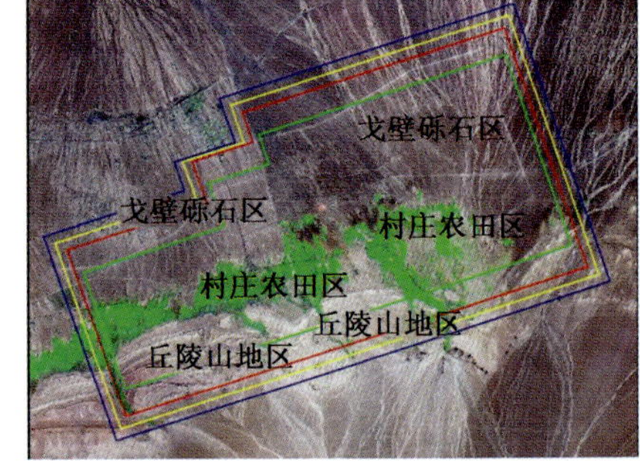

图 5.3.2 研究工区地表类型划分图

吐哈盆地燕山期以来形成类前陆盆地构造格局，发育冲断带及凹陷南缘斜坡带两个有利勘探领域。发育两类致密砂岩气藏：冲断带构造岩性气藏，甜点受构造背景控制；凹陷斜坡

带岩性气藏，边界受生烃强度和沉积体系控制，甜点受有利相带控制。台北凹陷北部山前带恰勒坎—大步冲断带区带面积 3500km²，普遍发育后期改造型致密砂岩气藏，构造高部位是预探首选甜点区，构造转折斜坡区是扩展的勘探有利领域。

（2）酒泉盆地青西凹陷。

玉门油田已有 70 余年的勘探开发历史，随着酒泉盆地各凹陷勘探程度的提高和地质认识的深化，勘探难度在逐年加大，勘探领域由构造向岩性地层发展。盆地西部老君庙、鸭儿峡等油田处于油田开发后期阶段，青西裂缝性油藏产量递减较快，盆地东部的长沙岭油藏由于储层的非均质性强，单井产量不稳定。为保证油田的可持续发展，打牢酒西坳陷稳产基础，以青西凹陷主体部位构造岩性精细勘探领域为重点，加大鸭西白垩系勘探评价力度，加强油藏地质认识和工程技术攻关力度，同时拓展新的储量区块，对玉门油田油气勘探具有重要意义。

酒泉盆地青西凹陷是玉门油田石油地质条件最好、勘探潜力最大的白垩系沉积凹陷，以其为油源在青西凹陷内以及周边形成了窟窿山、柳沟庄、鸭儿峡和老君庙等多个油气藏，是玉门油田最主要的产油地区，也是下步油田滚动扩边、增储上产最为现实的地区之一，研究区勘探部署见图 5.3.3 所示。

研究工区位于祁连山北缘山前冲断带。山地面积约 275km²，占总施工面积的 85%；工区中西部有少部分第四系戈壁区，约 48km²，仅占施工面积的 15%。工区大部分区域为第四系山区，南部少部分为老地层出露的陡峭山地。工区地势南高北低，东高西低，起伏较大，平均海拔约 2600m，最低海拔 1680m，最高海拔 3500m。山前丘陵发育，沟壑纵横，主要从东往西发育 5 条近南北向的东沟、西沟、大小柳沟及大、小风沟等大型冲沟，如图 5.3.4 所示。

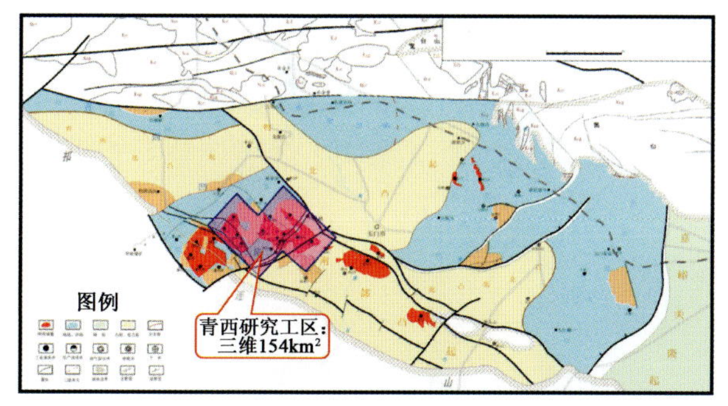

图 5.3.3 酒泉青西凹陷三维地震勘探部署图

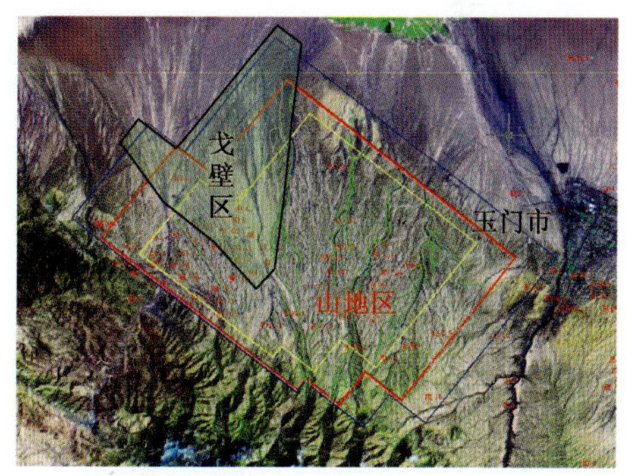

图 5.3.4 研究工区地表类型划分图

5.3.1.2 面临的问题和难点分析

研究区处于博格达山前的大型冲积扇和祁连山北缘山前冲断带上，地表类型复杂多样、起伏剧烈，地下构造复杂，资料信噪比低，静校正问题严重，地层高陡、断裂发育，导致地震资料准确成像及构造落实难度大，无法开展精细构造解释和断裂体系划分。中、深目的层能量弱、频率低、信噪比差，难以满足精细储层预测及流体检测的需求，为老油田稳产落实储量资源带来困难。因此，仍需加强基础研究和方法攻关，努力提高这一领域地震资料的品质和成像精度。开展这一工作，面临着很多的地球物理难题需要攻关解决。

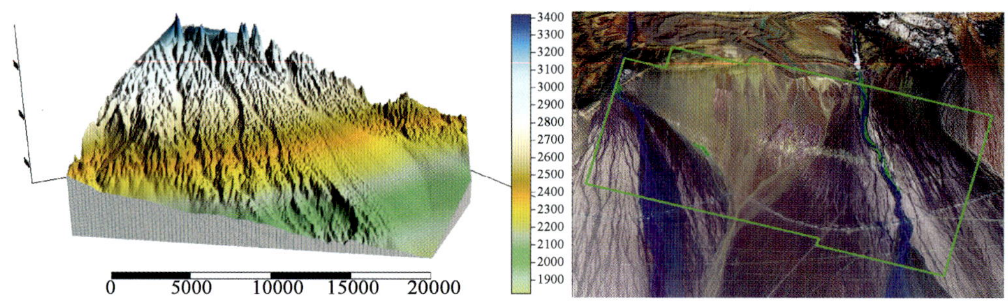

图 5.3.5　研究区地貌图

（1）静校正。研究工区位于山前冲断带和大型冲积扇体上，如图 5.3.5 所示，地表类型多样，包括山体、丘陵及巨厚戈壁砾石区等，山体起伏剧烈，激发、接收条件较差。同时，由图 5.3.6 可以看出，表层的速度、厚度变化剧烈，原始单炮初至抖动剧烈，说明该区静校正问题比较严重。

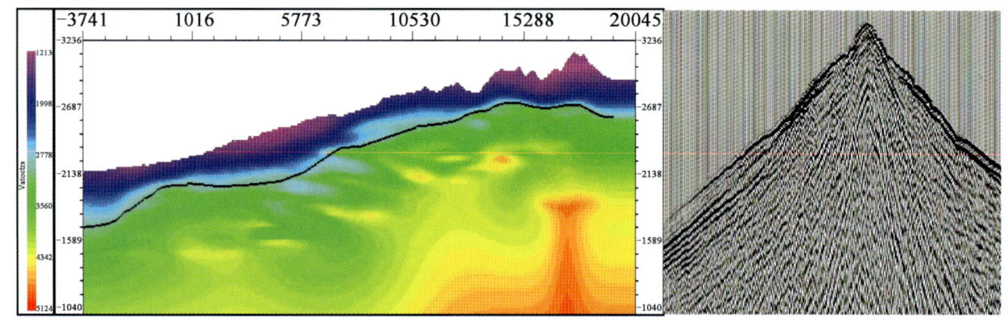

图 5.3.6　研究区近地表反演剖面及原始单炮记录

（2）地震成像。图 5.3.7 中从左到右依次为吐哈巴喀工区西部、中部和东部不同位置的原始单炮，各种干扰波非常发育，有效信号很难辨认，资料的信噪比较低。针对这种原始资料，如何有效地压制各种噪声，提高资料的信噪比，是后期速度建模、叠前偏移等关键处理环节的基础。

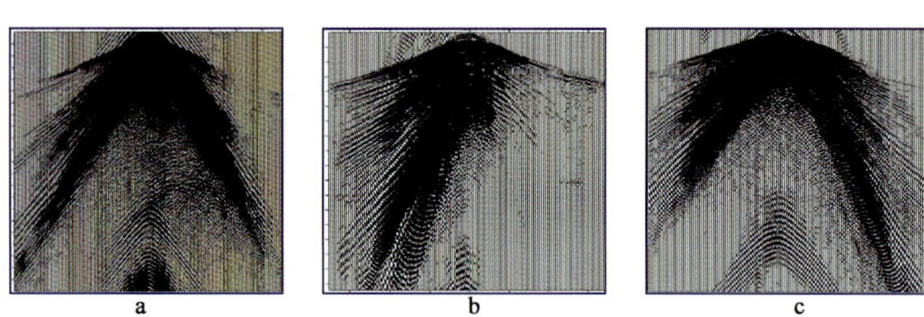

图 5.3.7　巴喀地区不同位置原始单炮

a—工区西部单炮；b—工区中部单炮；c—工区东部单炮

（3）构造落实。研究区域地下地质条件复杂，断裂发育、地层高陡，长期以来构造主体部位边界刻画不清，构造难以准确落实；其次，目的层埋深变化较大，加之该区地震资料品质相对较差，因此难以建立起准确、合理的偏移速度模型。另外该区纵、横向速度变化剧烈，利用传统的积分法偏移难以取得理想的成像效果。在研究的各个工区开发井钻探过程中，井位实钻与偏移剖面解释深度误差整体较大，另有多口井实钻的地层产状与老剖面不符。因此，在这类地区，如何建立较为准确的速度模型，采用适合的叠前深度偏移方法是解决问题的关键。

5.3.2 关键技术

吐哈、酒泉地区地震资料存在很大共性，都具有复杂地表与地下构造，制约该地区地震成像的难点主要集中在静校正、提高信噪比、偏移速度建模和偏移方法等方面，下面分别介绍其中的几项关键技术。

5.3.2.1 起伏地表模型约束拟合重构综合静校正技术

起伏地表模型约束拟合重构综合静校正技术，是根据地表类型变化和表层低降速带复杂多变的特点，进行多信息约束、多种静校正方法拟合重构的技术。该技术对基础静校正[45]和剩余静校正分别处理，能够很好地解决复杂近地表引起的静校正问题。

在中国西部山前带地区，依靠单一方法是难以彻底解决静校正问题[46]的，如图 5.3.8 所示，同一条测线上不同地表位置，静校正效果不同，山体区层析静校正效果好，缓坡带及戈壁区折射静校正效果好。因此，需要分析每种静校正方法各自的适用条件，结合试验分析结果，在不同的地表条件，采用不同的静校正方法，合理地建立符合该地表条件的近地表模型。再通过大量的微测井、小折射资料进行表层模型精度的控制，综合比较、分析模型，拟合重构出合理的表层结构模型，实现模型约束静校正技术。模型约束静校正与常规静校正方法相比能够更加准确地反演出极浅近地表模型（图 5.3.9），从而有利于提高成像质量，尤其是在高陡构造部位成像效果改善明显，如图 5.3.10 所示。

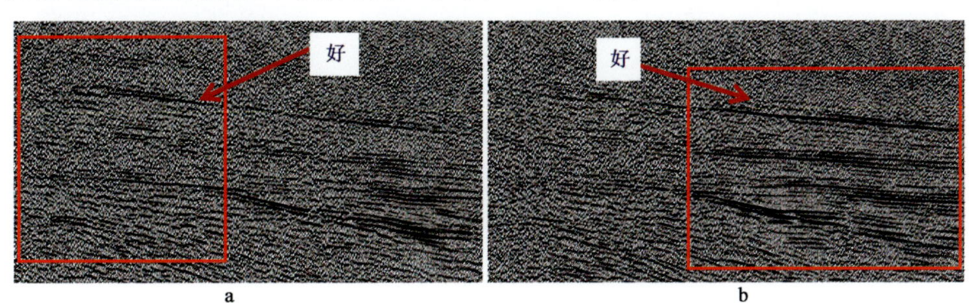

图 5.3.8 不同位置静校正效果对比剖面

a—层析静校正剖面；b—折射静校正剖面

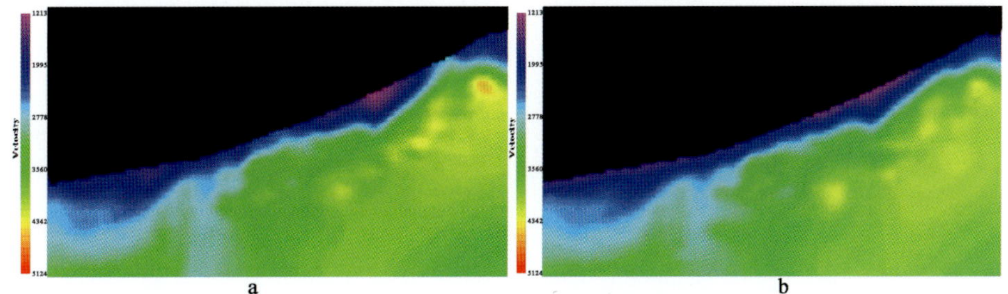

图 5.3.9 层析反演近地表模型对比

a—约束反演模型；b—常规方法反演模型

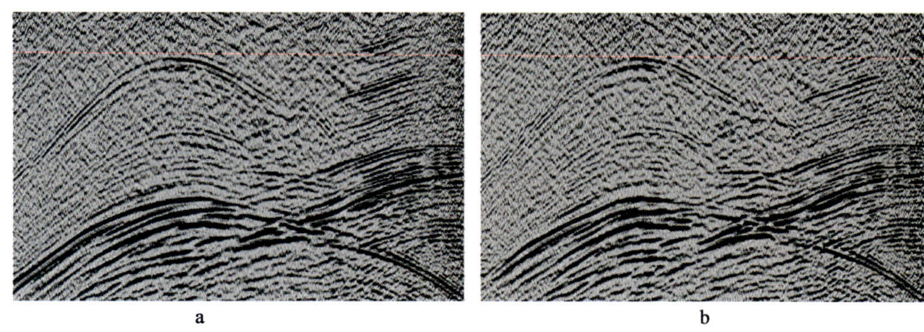

图 5.3.10　层析反演叠加剖面效果对比

a—模型约束叠加剖面；b—无模型约束叠加剖面

在得到精确的近地表模型后，选择不同的填充速度、替换速度和基准面，最终获取更精确的基准面静校正量，从而比较好地解决山前带起伏地表区的基础静校正问题。图 5.3.11 为吐哈北部山前带地震资料综合静校正应用效果分析，单纯利用数据库静校正方法难以取得理想的成像效果（图 5.3.11a），在数据库静校正基础上采用拟合重构综合层析静校正方法，改善了该区的地震成像质量（图 5.3.11b）。图 5.3.12 为玉门酒泉青西地区地震资料综合静校正应用效果分析，同样单纯利用野外模型静校正方法、层析静校正方法都难以取得理想的成像效果。通过模型约束，综合各种算法优势后取得了很好的成像效果。与原始剖面相比，通过约束拟合重构综合层析静校正方法大大提高了该区的地震成像效果。

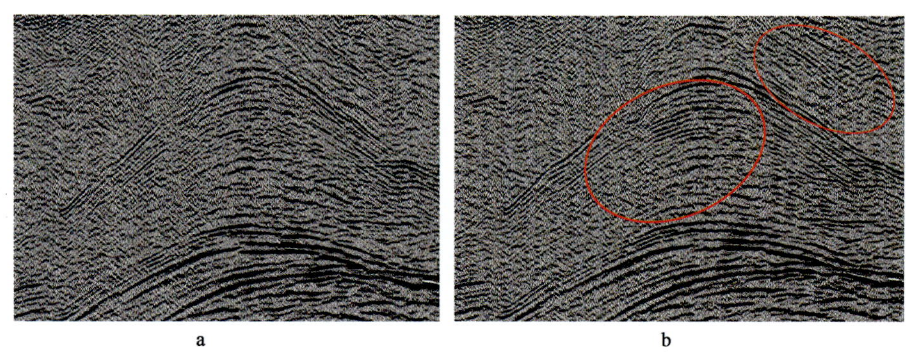

图 5.3.11　吐哈北部山前带不同静校正方法叠加结果对比

a—数据库静校正叠加结果；b—拟合重构综合层析静校正叠加结果

对于剩余静校正而言，结合吐哈、酒泉复杂构造区的实际地震资料特点，经过大量研究，归纳总结出三种主要处理解决方法：

（1）多层剩余静校正方法。

多层剩余静校正是沿着多个反射界面求取剩余静校正量。在求取剩余静校正量时，对浅、中、深多个层位拾取模型，然后进行迭代计算，获得的剩余静校正量是对浅、中、深层的一个综合效应。事实上，复杂地区的剩余静校正量中，除了因静校正问题引起的时差外，还包含了剩余动校正量、速度横向变化引起的时间差及由各向异性引起的时间差。对浅、中、深层分别求取剩余静校正量，求取这些剩余静校正量的相同部分和差异部分，相同部分代表了真正的静校正量的变化，差异部分代表了其他因素的影响，用求取的真正的静校正量

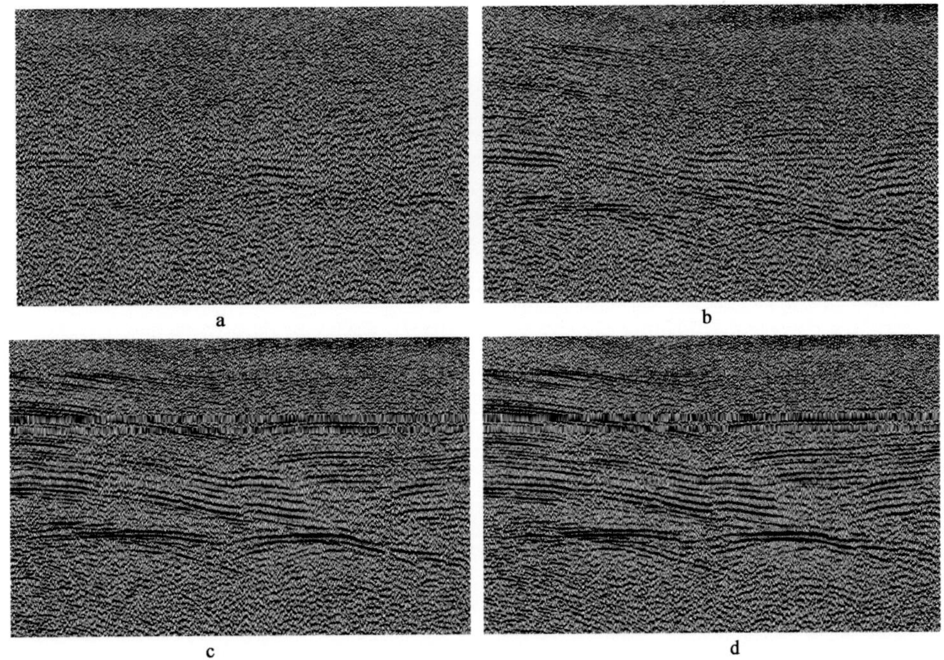

图 5.3.12 酒泉青西地区不同静校正方法叠加结果对比

a—静校正前剖面；b—野外模型静校正剖面；c—层析静校正剖面；d—约束综合静校正剖面

进行静校正会避免其他因素的影响。

（2）综合全局寻优静校正方法。

在上述传统多层反射波剩余静校正的基础上，采用综合全局寻优静校正方法[47]。这种方法实质上是对模拟退火和遗传算法的部分或某一方面的改进，充分利用最大能量法、模拟退火法与遗传算法的各自优点，具有快速收敛、能量有效叠加的特点。该方法可以解决常规剩余静校正解决不掉的中波长大静校正量。图 5.3.13 即把传统反射波方法与综合全局寻优方法迭代组合应用来解决复杂地区的剩余静校正问题。在应用反射波剩余静校正后，剖面成像质量有所改善，而应用全局寻优方法之后，地震成像效果得到了进一步提高。综合全局寻优法是一项复杂地形条件下有力的静校正方法。

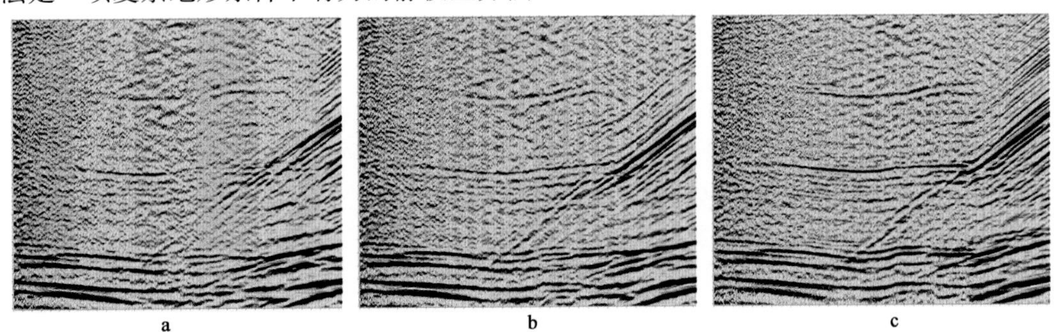

图 5.3.13 巴喀地区剩余静校正应用效果分析

a—剩余静校正前剖面；b—反射波剩余静校正后剖面；c—全局寻优静校正后剖面

(3) 单层剩余静校正方法。

上述剩余静校正方法仍然是以地表一致性为原则，对于大多数测线而言，都能获得明显效果。但是，有些情况下，地表因素引起的延迟会随地震波的入射角而改变，也就是说，剩余静校正量是非地表一致性的。另外，由于速度误差引起的动校正的误差等因素会使地面同一位置的深、浅层的静校正量随时间而变化，不是一个常量。具体表现为：一是经过剩余静校正处理后，深、浅的改善程度差异很大；二是在静校正处理时窗内反射层的连续性和叠加能量得到加强，而在处理时窗之外变化不大，甚至叠加效果变差。针对这种情况，常规的剩余静校正方法无法兼顾不同的层位，分层的剩余静校正方法是解决问题的有效途径。具体做法是：通过在纵向上划分不同的时窗，在每个时窗内分别求取剩余静校正量并进行校正，这样就可以解决非地表因素引起的动态剩余时差的问题。

针对吐哈、酒泉静校正问题比较严重的地区来讲，做好静校正关键有三点：(1) 建立精确近地表模型约束库；(2) 模型约束下的综合基础静校正；(3) 综合剩余静校正。只有这三方面的工作做好了，静校正问题才能取得满意的效果。如图 5.3.14 是两步综合后的效果对比，可以看出，每一步综合应用都能够见到明显的效果，最终应用综合静校正后的剖面明显比原始剖面在信噪比各个方面都提高了很多。

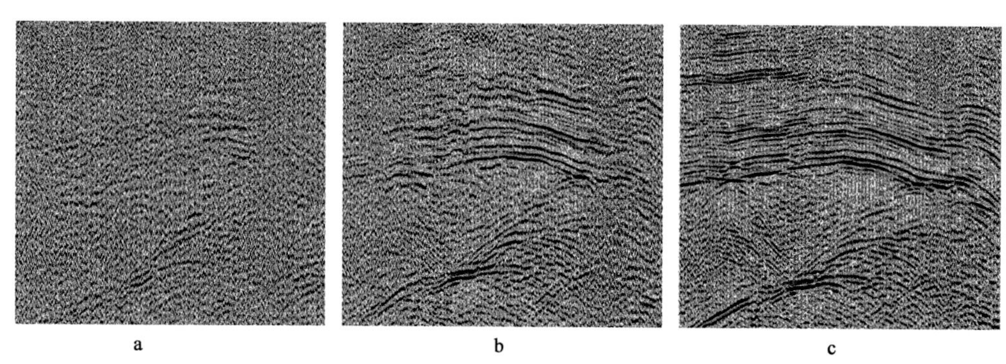

图 5.3.14 酒泉青西地区约束综合静校正应用效果分析

a—静校正前原始剖面；b—约束综合基础静校正后剖面；c—综合剩余静校正后剖面

5.3.2.2 复杂地区“六分法”叠前噪声压制技术

提高地震资料的信噪比处理是当前陆地地震资料处理关键环节。在复杂山区，地形高低起伏不平，受表层强烈吸收及疏松地表激发接收条件的影响，各种类型噪声非常发育，包括面波、线性干扰波、及各种不规则干扰波。近年来，高保真处理一直作为整个处理流程的约束条件，噪声压制过程也一直贯彻压噪声、保信号的思路。目前噪声压制技术虽然很多，但单一的去噪技术都是针对特定类型的噪声，并且都具有一定的适用性，盲目应用就会带来假频、信号受损等负面影响。“六分法”叠前噪声压制技术[30,31]充分考虑了各种类型噪声特征及技术优势，其主要内容包括：(1) 分类：按照面波、声波、折射、工业电、随机干扰等不同噪声类型进行去除；(2) 分步：在不同处理阶段，能量从强到弱，逐步衰减噪声；(3) 分频：分别在不同的频率段压制不同频率的噪声；(4) 分域：分别在共炮点、共检波点、共偏移距、共中心点以及十字交叉排列等不同域内进行不同视角的噪声压制；(5) 分区：针对山地、山前、黄土、戈壁、油井作业区等不同地区的噪声特点优选各自适合的去噪方法进行噪声压制；(6) 分时：针对不同反射时间段噪声的频率、速度等差异采用不同的去噪参数。

(1) 分类法噪声压制。

地震资料中的噪声可以有不同的分类方法。常规的分类有三种：①按噪声在地震剖面上出现的特征，将噪声分为规则噪声（常常等同于相干噪声）和不规则噪声（常常等同于随机噪声）；②按噪声的传播机理，将噪声分为面波（地滚波）、折射波、声波、侧面波、多次波、管波等；③按噪声的频谱特征，将噪声分为低频噪声、高频噪声和50Hz工业干扰等。

噪声的特征不同，相应的去噪方法也就不同。对于规则噪声，如果具有简单的空间特征，如面波，可通过 $f-k$ 滤波去除；侧面波可通过 $f-k$ 滤波或K-L滤波去除；多次波可通过Radon变换或聚束滤波方法去除。对于不规则噪声，在时间域很难直接去除，但若其频谱具有较明显的特征，如低频噪声、高频噪声或50Hz工业干扰，则可方便地通过频率域滤波去除。如果噪声是随机的，则可以转变去噪思路，不对噪声进行处理，而是根据有效信号的相关性，通过多道拟合去除噪声。实际地震资料同时包含有效波和噪声，不能做到“泾渭分明”，而且使用上述方法也只能大致地去除噪声的主要能量。因此，需要根据噪声的特征不断地改进去噪方法，并寻找最佳方法，真正提高地震资料的信噪比。如图5.3.15为针对异常振幅和面波选择适当的噪声压制方法后处理效果显示。

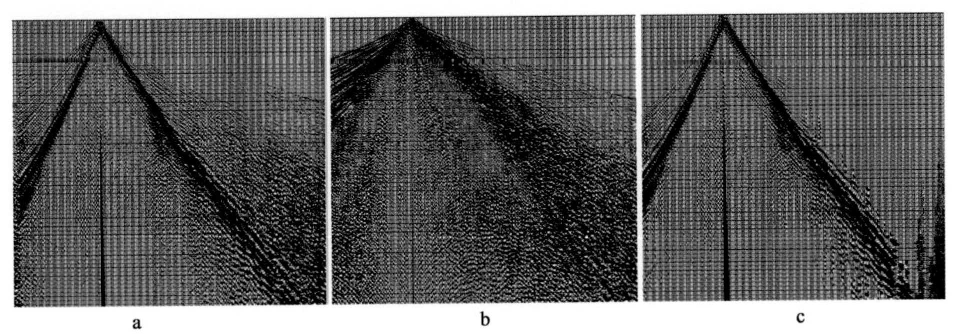

图5.3.15 异常振幅及面波压制前后的单炮对比

a—原始单炮；b—压制噪声后的单炮；c—压制掉的噪声

(2) 分步法噪声压制。

复杂山地资料的噪声往往与有效反射交织在一起，并且速度范围变化大，低速和高速同时出现，并呈多组分布。叠前去噪的原则是针对不同类型的噪声，采用不同的方法进行逐步消除，去噪的时候应该掌握好去噪的分寸，在剔除和衰减噪声的同时，尽可能不伤害有效反射信号，同时又不能产生较多的副作用，遵循循序渐进、逐级去噪、逐步提高信噪比的规律。首先根据 $f-x$ 域去噪的特点对地震资料的中低速噪声进行压制，然后采用 $\omega-x$ 域算子外推去噪方法将剩余的高速线性干扰再次去除，从而得到比较理想的噪声压制效果。如图5.3.16、图5.3.17分别为吐哈北部山前带、酒泉青西地区地震资料分步法去除噪声的效果对比，去噪效果都比较理想。

(3) 分频法噪声压制。

地震资料中除一般能够识别的规则干扰外，往往存在着随机的突发性大值干扰，包括声

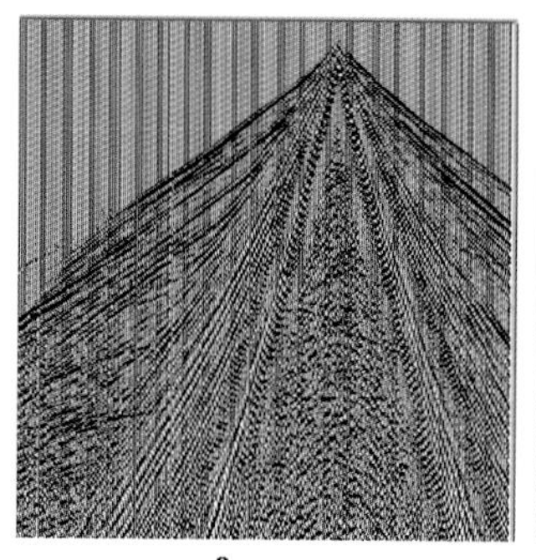
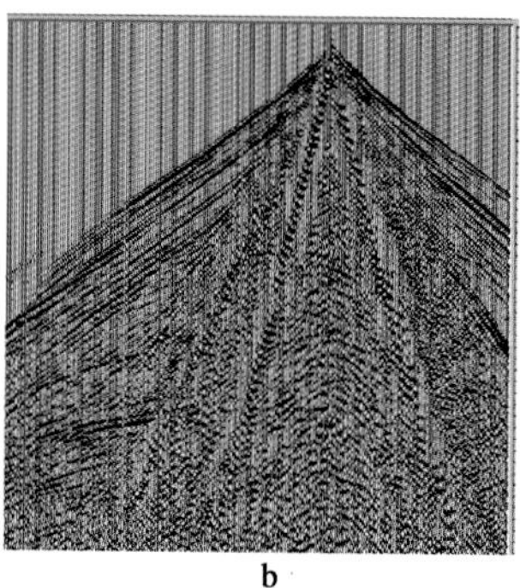
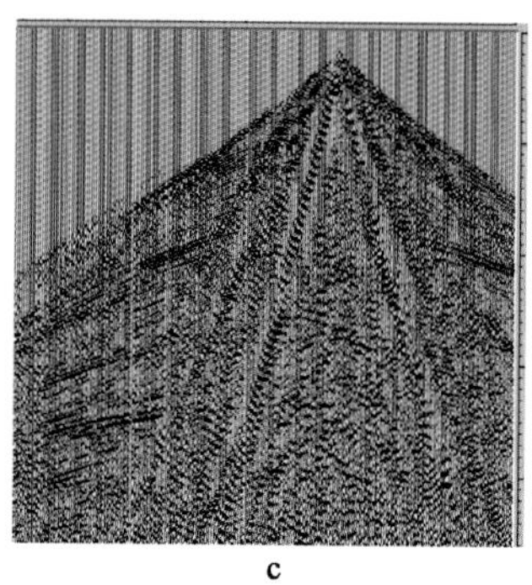

a b c

图 5.3.16　吐哈北部山前带单炮线性干扰波分步压制过程

a—原始单炮；b—中、低速干扰压制后单炮；c—高速干扰压制后单炮

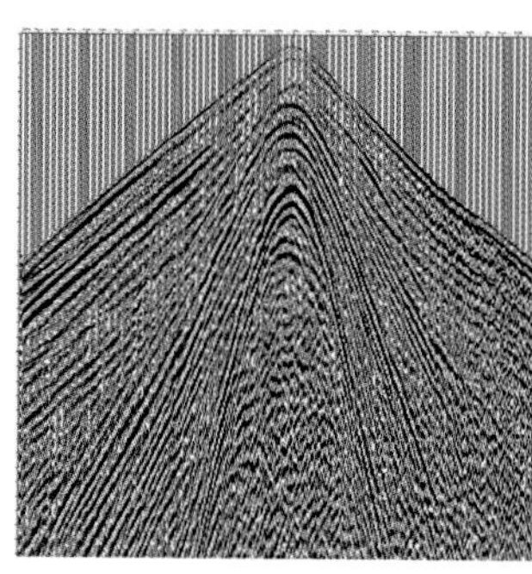
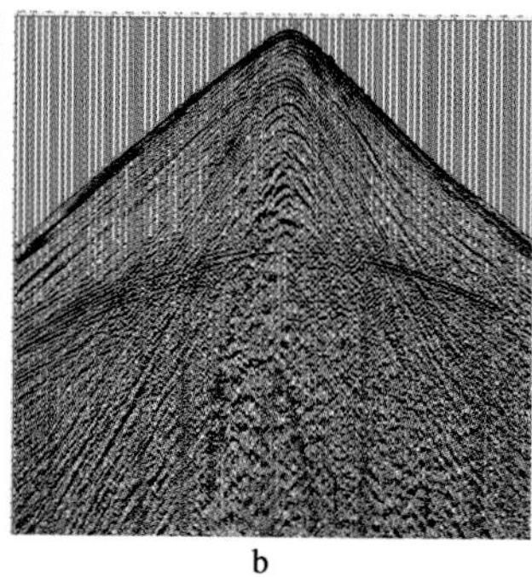
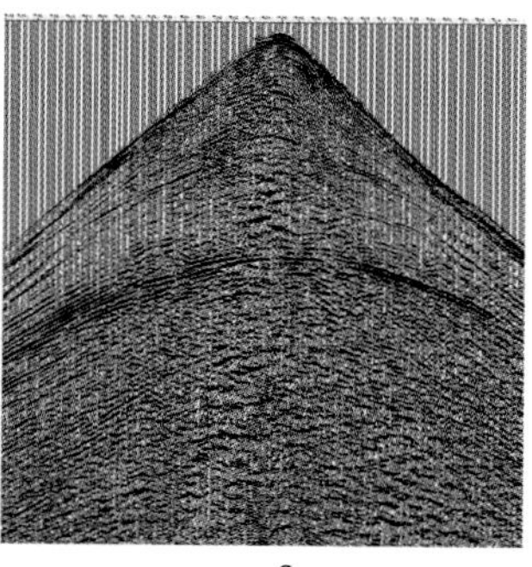

a b c

图 5.3.17　酒泉青西地区三维单炮线性干扰波分步压制过程

a—原始单炮；b—中、低速干扰压制后单炮；c—高速干扰压制后单炮

波、猝发脉冲、簇状噪声等，其振幅能量一般高于同一时刻反射波能量数倍，对反褶积、速度分析和叠加成像都有一定的影响。地震道编辑（剔道）和振幅处理会损失原始资料的有效信息，这在保幅处理中是不可取的。采用分频的自适应高能噪声衰减来消除这类干扰。野外记录是由地下界面反射得到的，其波形的振幅、频率、相位特征是由反射系数序列或子波所决定，在地震子波的长度范围内，地震子波的振幅强度遵循一定的规律，一道记录自上而下反射信号的强弱遵循一定的比例关系，频率也会有一定的范围。本方法采用时频分析的方法，通过分析地震波与高能噪声在地震记录上的空间分布特征、频率分布特征和能量分布特征等方面的差异，以时间方向和道间方向采用树形中值的方法求出的子波振幅作为标准振幅，求取与子波相近的振幅值、频率值来断定噪声及有效信号。利用统计分析方法制定一个自适应的检测和压制高能噪声的准则，多道识别，单道压制。如图 5.3.18，对于 50Hz 的异常工业强能量，不是简单剔除，而是根据其频率特征进行压制，保留了有效波，从单炮、频谱、$f-k$ 谱上可以看出其压制效果非常理想。

（4）分区法噪声压制。

在吐哈、玉门盆地，地表条件变化剧烈，同一地震工区同时跨越高陡的山壑、戈壁、平原，噪声特征有很大差异。在山地区，线性干扰速度大，分布范围广，而在平原区，线性干扰速度较小，仅为山地区线性干扰速度的 1/2，而在山前的平原区向山地区的过渡区域，地震资料中分布的线性噪声既有平原区的低速度线性干扰，又有山地区的高速度线性干扰，如

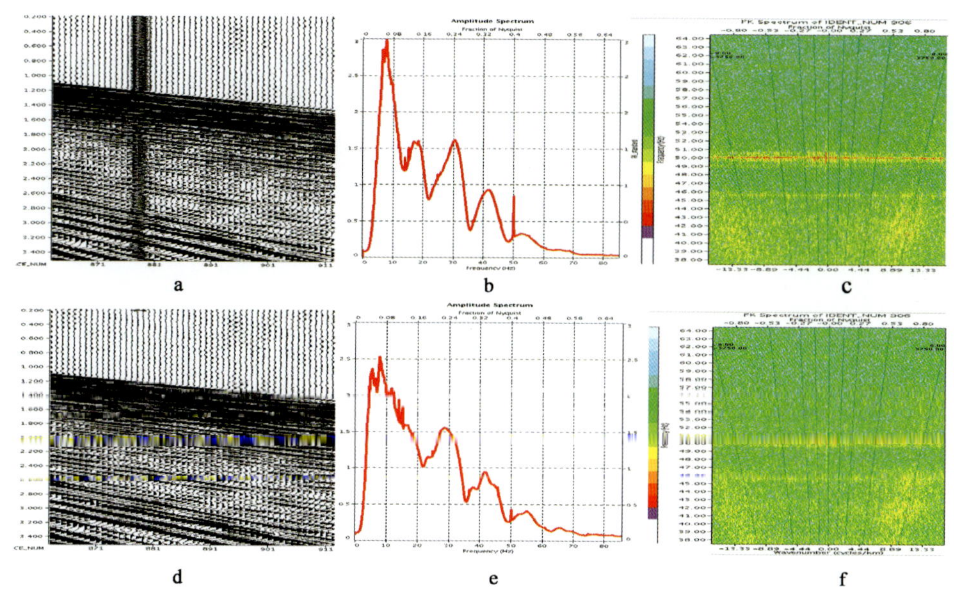

图 5.3.18 酒泉青西地区三维单炮线性干扰波分步压制过程

a—原始单炮；b—原始单炮频谱；c—原始单炮 $f-k$ 谱；

d—压制后单炮；e—压制后单炮频谱；f—压制后单炮 $f-k$ 谱

果采用相同去噪方法，选取的速度过大，就会使平原区资料的有效波受到损伤，而如果速度只适用于平原区噪声，那么山地区的线性干扰得不到有效去除，采用分区域的办法就可以解决这一矛盾。在实际处理过程中，首先将数据在区域上进行划分，同时为了避免假频的影响，对数据再次按正、负偏移距分别去噪，这样既有效压制了噪声，又不会产生假频，取得了良好的噪声压制效果。

（5）分域法噪声压制。

多次覆盖地震资料可以按域组合成不同的地震道集，各种类型的地震噪声，在不同的道集上有不同的特征，需要在不同域的道集上进行压制，例如，在炮集上压制面波，在共接收点道集上压制线性干扰，而在共偏移距道集上压制随机噪声效果更好。三维叠前地震数据包含了丰富的地震波场信息，可以进行灵活多变的道集组合。

① 炮点、检波点域的噪声压制。

在炮域进行线性噪声压制后，炮集上线性噪声明显减弱。但是在叠加剖面上仍然会残留很多强能量线性噪声，这是因为线性噪声不仅在炮域发育，而且检波点域同样也发育。在检波点域进行二次压制，噪声去除更加彻底（如图 5.3.19）。因此，在山前复杂构造带地区需要加强多域分析和多域叠前噪声压制的试验工作。

② 十字交叉排列域的噪声压制。

面对复杂山地噪声，尽管上述多域去噪方法已取得明显效果，但仍然残留着一些顽固无法识别和去除的噪声，严重影响着地震资料的信噪比。为此引入十字交叉排列域，主要是应用三维 $f-k_x-k_y$ 滤波及三维 RNA 技术压制残余低频线性噪声、二次震源噪声及随机噪声，十字交叉排列定义及噪声在十字交叉排列上的展布特征在上一节中有详细论述，在此不做重复论述了。

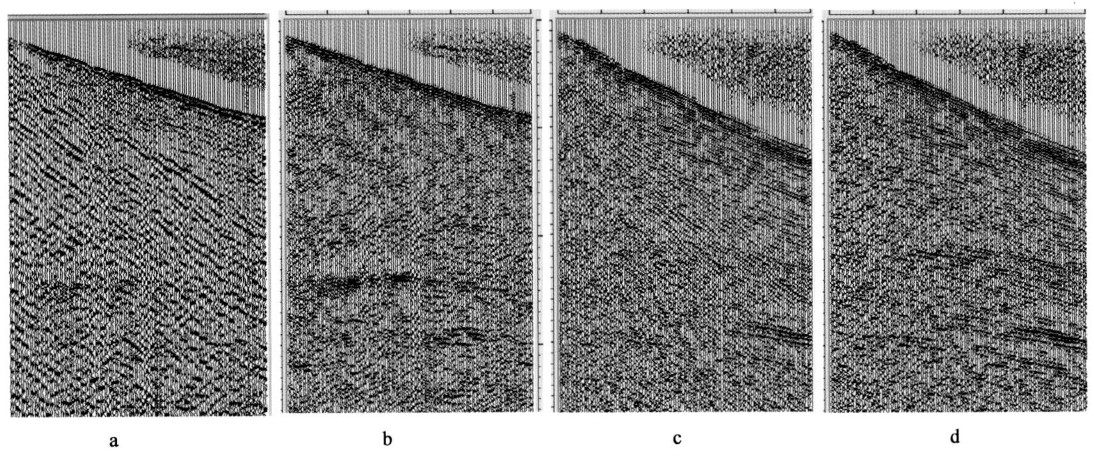

图 5.3.19 叠前分域噪声压制过程

a—原始炮集；b—炮域噪声压制后结果；c—共检波点道集；d—检波域噪声压制后结果

$f-k$ 滤波方法属于多道处理的范畴，因而不可避免地产生混波效应，加上假频的影响，对记录面貌、有效波特征的改造让人难以容忍。利用三维 $f-k_x-k_y$ 锥形滤波法求取并保留噪声部分，之后用自适应的方法将噪声减去，这样既保持了记录的波组特征，又克服了 $f-k$ 滤波产生的混波和假频等现象。因此，三维 $f-k_x-k_y$ 锥形滤波法可以很好的压制残余的折射波和面波。

中西部地区的地震资料，叠加剖面普遍信噪比低。对于随机噪声较强的低信噪比地震剖面，如果不作叠后去噪，则反射波同相轴的连续性差，会影响到地震资料地震地质的解释精度。目前在地震资料处理中所使用的去噪技术几乎都是多道的去噪方法，而任何一种叠后多道去噪都是以牺牲横向分辨率达到提高信噪比的目的。如果叠后去噪使用不当，就会模糊小断层，还可能使较大断距的断层连续，出现该断不断的现象，给解释人员进行断层解释带来困难。

随机噪声的压制是假设记录由有效信号和随机噪声两部分组成，有效信号可以被预测，而随机噪声部分是不可预测的。首先将时间域信号做傅氏变换，在 $f-x$ 域给定的倾角范围内扫描同相轴并进行拟合，之后将剩余部分即随机噪声从记录中减去。

目前，三维地震资料叠前随机噪声压制大多是利用二维随机噪声衰减技术在三维单炮上实现，实际上只是对数据在沿检波线方向进行了预测和压制，而地质体是三维的，如果将单一二维地震剖面作为处理单元，势必会忽视某些有用的信息，影响处理结果。三维叠后随机噪声衰减技术是在三维叠后数据体上进行傅氏变换，在 $f-x-y$ 域给定倾角范围内扫描同相轴并进行拟合，之后将剩余部分即随机噪声从记录中减去，考虑了三维空间各个方向的信息，是对三维空间数据体的处理。将叠后三维随机噪声衰减技术应用于十字交叉排列域的叠前数据体上，实现了真正的三维叠前随机噪声衰减，避免了叠后随机噪声衰减对横向分辨率的影响，信噪比提高了，成像效果得到明显改善。

图 5.3.20 为十字交叉排列道集上去噪的效果对比。可见原始单炮面波、折射波、线性噪声能量很强，有效反射完全淹没在噪声背景中。通过十字交叉排列道集的噪声压制方法，

各种噪声比较彻底地压制，有效信号得到很好的凸显，信噪比明显提高。另外，通过图5.3.21叠前逐级、分域法噪声压制的过程效果对比分析，可以看出，噪声的压制需要分解到多个域、多个步骤来实现，这样各类噪声都能够很好地被识别，并能够采用相对应的去噪方法和参数，整体噪声压制的效果更加理想，同时有效信号得到很好的保护，信噪比能够明显提高。

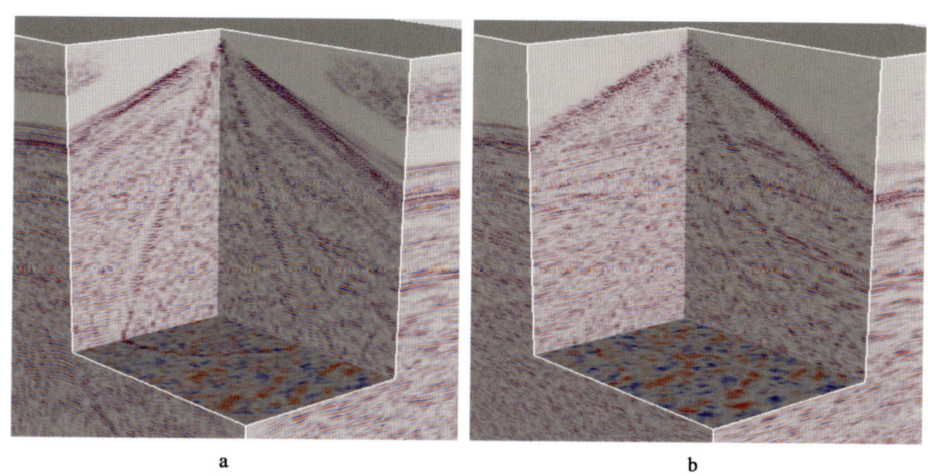

图 5.3.20 叠前多域十字交叉排列域噪声压制对比

a—原始炮集；b—噪声压制后结果

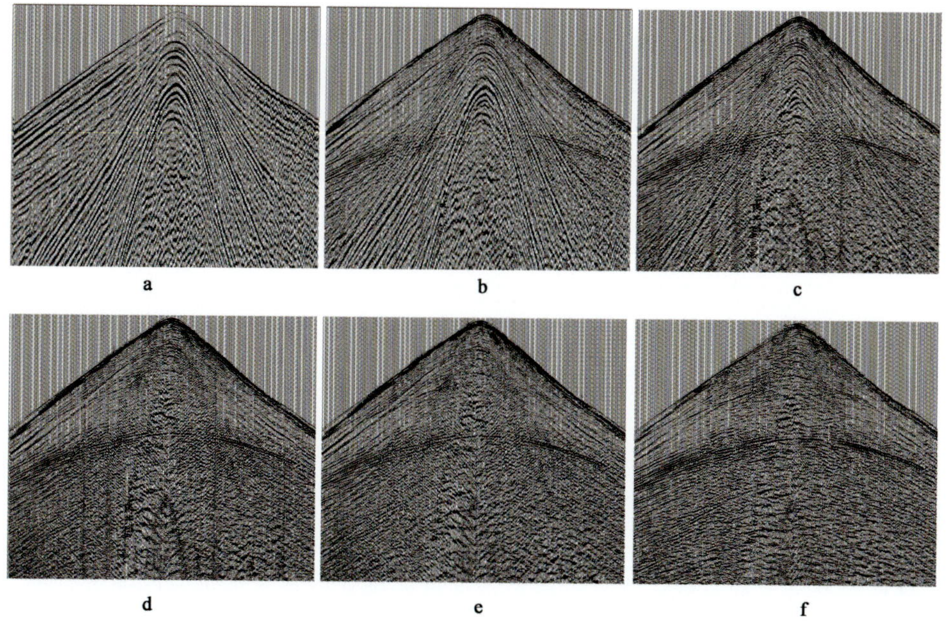

图 5.3.21 叠前逐级、多域噪声压制过程效果对比

a—原始单炮；b—炮域压制噪声结果；c—检波域压制噪声结果；d—十字交叉排列域压制面波结果；e—十字交叉排列域压制异常能量结果；f—十字交叉排列域压制线性噪声结果

（6）分时法噪声压制。

在研究区域，地震资料中噪声在纵向不同时间段存在较大差异，浅层的多次折射波与有效波混在一起，深层线性噪声、多次波的速度往往与浅层有效信号速度非常接。为了不伤害有效信号，就需要分时间段来进行噪声压制。在不同的时窗内选择合适的方法与参数，这样能够避免有效信号的损失，取得良好的噪声压制效果，最大限度的提高资料信噪比。

5.3.2.3 最佳成像综合速度建模方法

吐哈、酒泉地区受复杂地表、地下构造的影响，地震资料的信噪比低。单靠一种建模方法难以得到准确合理的速度模型，严重影响了偏移成像的效果。提高偏移成像度，不仅需要提高地震资料的信噪比，更重要的是必须采用高精度速度建模方法。目前常用的偏移速度建模方法大多是采用相关法和动校时差分析进行速度的判别拾取，这两种速度分析方法在处理低信噪比地震资料时无法判别合理的速度值，远远不能满足低信噪比、复杂构造区偏移成像的要求。常规叠加处理针对低信噪资料一般采用常速扫描的办法来提高分析精度和成像质量。以前限于计算机的运算能力，偏移中无法实现常速扫描建模，目前随着计算机机群的飞速发展，这种偏移扫描建模方法变为现实。这里从处理、解释一体化的观点出发形成了一种新的建模方法[48,49]。其优势在于：适用于我国西部低信噪比资料的偏移速度建模；在速度扫描偏移剖面上直观、精确的拾取速度；按层位拾取的速度模型更具有区域构造的特征。

高精度速度建模方法的核心是偏移速度扫描技术，其原理是对不同百分比速度的偏移剖面成像效果进行判别、分析，求取最合适的速度。速度过高或过低，会造成倾斜同相轴模型偏移不足和偏移过量，而且倾角越大，偏移误差就越明显。偏移速度的不确定必然引起偏移剖面和解释的不确定性，因此速度模型的精度决定成像的效果。对于复杂构造，当偏移速度接近于介质速度时，构造的影响逐渐消失，当一个同相轴在偏移的共成像点道集（CRP）中呈水平排列时成像才是正确的，为了检验这种排列的拉平程度，可以叠加 CRP 道集，并观察哪一个速度能给出每一旅行时的最佳叠加效果。延伸这一概念由速度点扩展到速度线，即对 CRP 道集扫描系数进行连续分析，这是对工区每一条速度线进行整线的叠前偏移百分比速度扫描。同理，每一条速度线可得到一组不同百分比速度的偏移剖面，每条偏移剖面对应一个扫描因子和速度模型。将工区所有百分比速度扫描的偏移剖面组合成四维数据体。分析四维数据体中偏移剖面的成像、同相轴连续性等特征来拾取对应的速度与时间。具体建模过程如下：

（1）初始速度模型建立。

对于叠前偏移来讲，准确建立初始速度模型至关重要，初始速度模型不准确，会导致速度迭代不收敛，得不到准确的最终模型。首先由叠加速度经适当的编辑平滑作为初始 RMS 速度模型，然后基于 CRP 道集的反动校最大相关能量谱分析和剩余延迟迭代逐步优化 RMS 速度，最终在此基础上针对低信噪比资料特征通过四维建模技术精细刻画速度，得到符合地质规律的准确的均方根速度场，并将此速度作为层速度初始模型，为建立精确的层速度场奠定基础。图 5.3.22 为高精度均方根速度建模后的叠前时间偏移效果对比，可以看出目的层成像效果改善，在断层、断点的归位上都有明显的提高，可见精确的速度场是时间域偏移成像的重要基础。

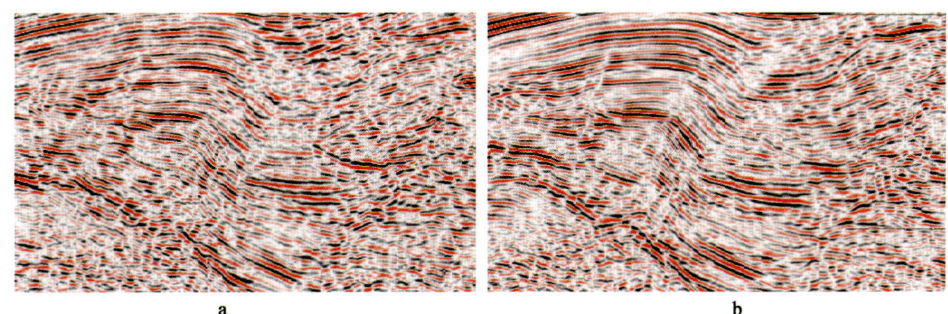

a　　　　　　　　　　　　　　　　b

图 5.3.22　高精度均方根速度建模的叠前时间偏移剖面效果对比

a—常规速度建模方法叠前时间偏移剖面；b—高精度速度建模方法叠前时间偏移剖面

（2）深度域层速度建模。

① 时间域构造模型建立：在叠前时间偏移剖面上解释时间层位，主要是用来定义速度界面。最后将其反偏到深度域，得到深度域层位模型。一般先通过测井速度拐点来判别速度分界面，通过叠前深度偏速度谱进行检验、修正。

② 初始层速度一深度模型建立：目前求取层速度的方法主要包括相干反演法、叠加速度反演法以及均方根速度转换等几种方法，这几种方法都是借助于时间界面，利用 CMP 道集、叠加速度、均方根速度综合完成的。在水平层状或平缓地层的情况下，常用均方根速度转换层速度；当工区信噪比低时，叠加速度反演是一个比较好的选择，同时相干反演法不受地层倾角的限制，有比较高的精度。因此，对信噪比低的地震资料常常三种方法结合求取层速度。

模型正反演相结合求取速度的原理和方法与常规地震资料处理中所用的通过双曲线动校获得 CMP 道集的最大叠加能量来求取速度的方法（速度谱法）有本质的不同。速度谱法的基础是：在一个道集长度内，地下为水平层状或单倾的均匀介质，对其进行描述的时距曲线方程都是建立在这一基础之上的。显然，这些时距曲线方程对在一个道集长度内地层倾角变化较大、单层速度不均一的地下实际情况，不能合理地描述，故采用此速度谱方法求出的速度，只是一个大致近似值。而模型正反演相结合速度估算法从根本上解决了这个问题。相干层速度反演方法的具体做法是对每条测线每个层位选定一个 CMP 位置，给一个层速度范围，再给定偏移距范围，计算相干值，最大相干值对应的层速度就是所求层速度，层速度分析由浅到深逐层完成。

③ 速度模型的迭代优化：以上方法建立起了初始的层速度一深度模型，它的建立过程是一个逐步迭代、收敛的过程，但是初始速度模型的建立对于后续的速度模型的迭代优化具有非常重要的影响，如果初始速度模型与正确的速度模型偏差太大，即使再进行多次迭代，速度模型也难以收敛。而模型优化主要包括时间模型和速度模型优化两个方面，对于时间模型的优化而言，判断标准就是通过反复迭代，使得时间模型基本符合地下地质情况；对于速度模型的优化就是利用沿层剩余速度分析、三维层析成像技术对层速度—深度模型修改优化。

④速度—深度模型精细刻画：针对低信噪比区域，以上建立的层速度—深度模型还不够精细，在部分区域需要进一步提高。在此基础上，采用前面介绍的四维数据体上的速度分析

方法，主要通过四维速度扫描拾取最合理的层速度，建立最优的层速度一深度模型，如图5.3.23。应用这个层速度—深度模型进行叠前深度偏移（图5.3.24），能够见到比较理想的成像效果。

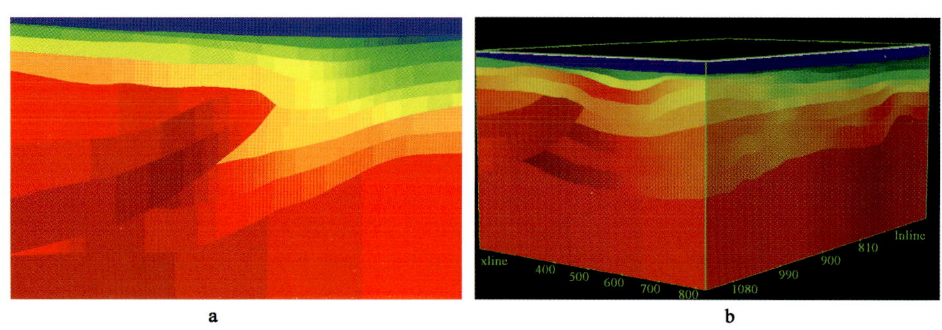

a　　b

图5.3.23　最终层速度—深度模型

a—最终层速度剖面；b—最终层速度体

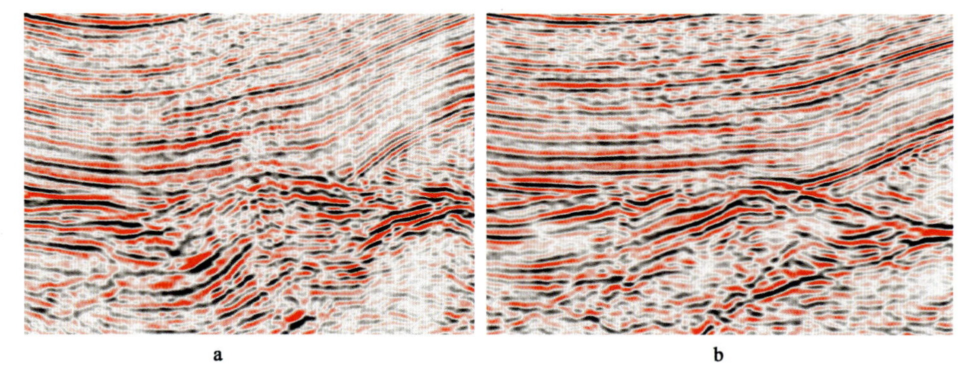

a　　b

图5.3.24　最终层速度—深度模型

a—叠前时间偏移剖面；b—叠前深度偏移剖面

5.3.2.4　浮动面叠前深度偏移技术

（1）浮动基准面的选取。

目前在复杂构造区叠前深度偏移中对于偏移基准面而言主要有两种：

一种是先对地震数据进行低频静校正，即垂直时移校正，然后再从固定面开始进行叠前偏移运算。这种简单时移方法的一个基础就是地表一致性假设，它的具体含义是静态时移只跟震源和接收点的地表位置有关，而跟波传播射线路径无关。这个假设对所有的射线（不考虑炮检距）在近地表是垂直的情况下有效。在地表起伏不大、低速带横向速度变化缓慢的地区，地下浅、中、深层的反射经过低速带时，几乎遵循同一路径近乎垂直入射至地表，这时它们的静校正量基本相等，用简单的垂直时移进行校正，其处理精度是足够的。在地表起伏剧烈且横向速度变化大的山地等地区，地表一致性假设将不满足，地震波经地下地层的反射再到达地表时的射线将不再垂直地表。因此，这种简单的时移不能消除地形的影响和适当地调整同相轴的位置。因而在偏移成像时就不能准确地反映地下地质构造，尤其是斜层和陡倾角的反射层，将造成过偏移或欠偏移的现象。如图5.3.25a为山前带某测线固定面叠前深度偏移结果，成像效果较差。

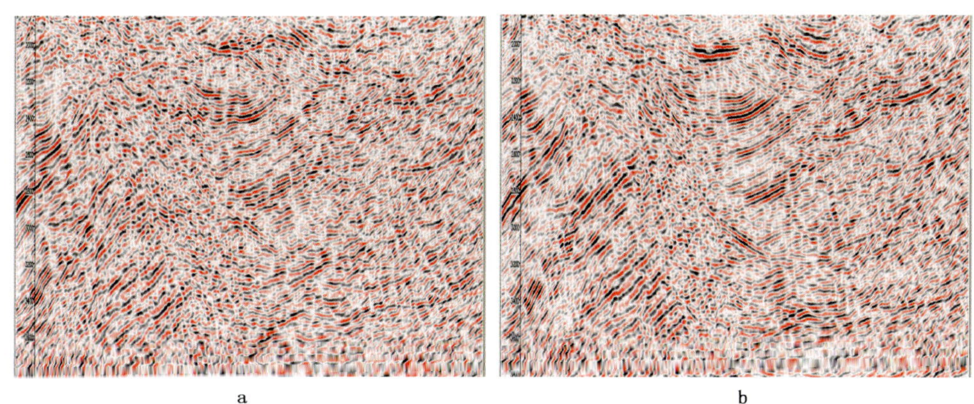

a　　　　　　　　　　b

图 5.3.25　某测线浮动面与固定面叠前深度偏移效果对比

a—固定面叠前深度偏移；b—浮动基准面叠前深度偏移

另外一种是直接从浮动基准面开始进行偏移，我们知道随着探区地表情况复杂性的增加，在工区内设定水平基准面已经难以满足对复杂构造地震成像的要求，于是引入了浮动基准面的概念。

利用浮动面叠前深度偏移方法可以有效地解决上述固定面偏移垂直时移对偏移结果造成的不利影响，那么浮动基准面究竟应该怎么选取呢？我们这里所采用的浮动基准面并不是真正意义上的真地表面，地球物理界关于真地表叠前深度偏移开展了很多的研究工作，但主要还是以理论研究和模型试验工作为主。在实际资料处理中，有很多难以克服的影响因素（如真地表速度模型建立等），因此取得良好应用效果的实例比较少。这里我们选取从近地表浮动面也就是目前的地震资料处理系统中经常提到的 CMP 面开始进行偏移运算。如图 5.3.25b 为山前带某测线浮动基准面叠前深度偏移结果，相对前者在成像、断点方面较为理想。下面简单介绍一下近地表浮动面的具体选取方法。

为减小静校正对反射波时距曲线的畸变及对速度分析和偏移归位的影响，我们采用了基于 CMP 面的静校正高低频分离技术：在静校正量的计算过程中采用固定基准面，之后在每个 CMP 道集内对参与叠加的各道的静校正量进行平均，作为 CMP 校正量（低频），得到 CMP 基准面。这样做基本上不改变反射波的 t_0 时间和双曲线性质，叠加后再应用 CMP 校正量校正到固定基准面上。其中，叠加的零线是静校正基准面，速度谱的零线是 CMP 基准面。这样做使速度谱上的反射时间 t_0 和速度 v 不随静校正低频分量的改变而改变，它是地下实际速度模型的真实反映。在 CMP 面上获得的速度是地震波传播的真速度，不受静校正时填充速度的影响，但有一些方面需要注意：由于采用了静校正量的高低频分离，速度分析中只应用了具有相对关系的高频成分。另一方面，CMP 基准面是时间域的面，它需要通过用替换速度进行深度域的转换后才近似于近地表平滑面，事实上它与用地表高程平滑得到的近地表平滑面是有一定区别的。

（2）积分法叠前深度偏移方法。

叠前深度偏移是落实山前带复杂构造的有力工具，在研究过程中，进一步完善了浮动面 Kirchhoff 积分法叠前深度偏移方法，并取得了较好的应用效果，如图 5.3.26 所示为新、老

Kirchhoff 积分法叠前深度偏移结果对比，可以看出新偏移结果对于高陡构造的成像和断裂方面有着明显的效果。

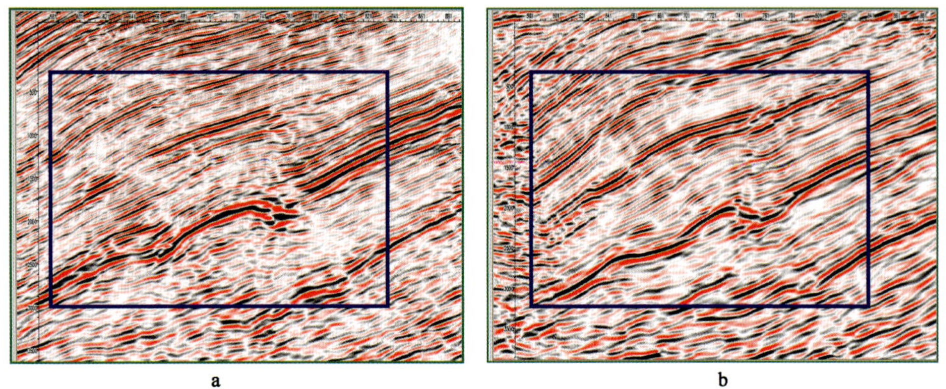

图 5.3.26　新、老偏移成果在高陡构造的成像对比

a—老偏移成果；b—新偏移成果

（3）单程波叠前深度偏移方法。

面对研究区地震资料的特点和技术需求，发展了山前带复杂地区的浮动面单程波叠前深度偏移方法[50～53]。图 5.3.27 所示为炮域单程波叠前深度偏移与积分法叠前深度偏移结果的对比，可以看到浮动面单程波叠前深度偏移对于小断层的刻画更加清楚。

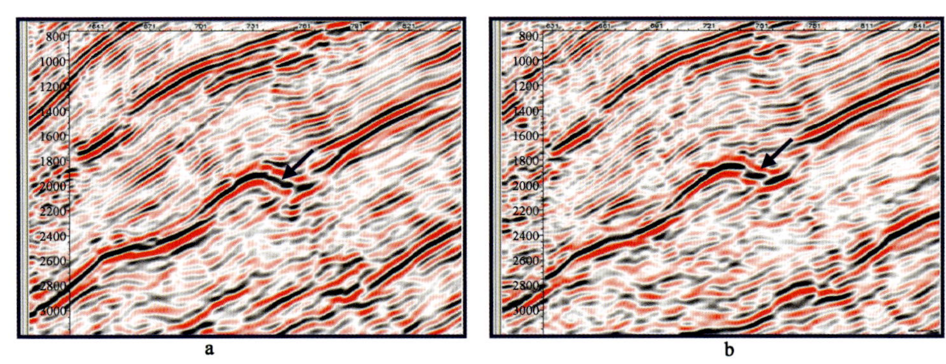

图 5.3.27　不同方法叠前深度偏移结果对比

a—Kirchhoff 积分法偏移；b—单程波偏移

（4）双程波逆时叠前深度偏移方法。

在研究过程中探索了逆时叠前深度偏移方法，逆时偏移作为一种无算子逼近的波动方程偏移技术，是目前成像精度最高的偏移方法，它存在以下几个方面的优点：①基于双程波方程，不进行分解，计算精度高；②适应剧烈速度变化和复杂构造高角度成像；③能够对回转波、棱柱波及多次波等不同类型的波进行准确成像；④容易解决各向异性问题；⑤无振幅及相位近似，可以较好地解决振幅问题。逆时偏移与传统偏移方法不同，逆时偏移是在时间轴上实现外推，可以看做是沿时间反方向的正演模拟过程。传统的沿深度方向的偏移方法基于单程波方程，而逆时偏移则基于全波方程，允许地震波在全方位传播，因而不存在倾角限制。因此，在目前条件下，逆时偏移作为一种成像精度最高的叠前深

度偏移方法已经成为地球物理界研究的热点和重点。如图 5.3.28 到图 5.3.30 所示为吐哈、酒泉复杂地区不同区块逆时叠前深度偏移与 Kirchhoff 积分法偏移结果的对比，可以看出逆时叠前深度偏移对于地下断裂及小断层的刻画优势明显，同时陡倾角地层和中、深目的层的成像更加清楚。

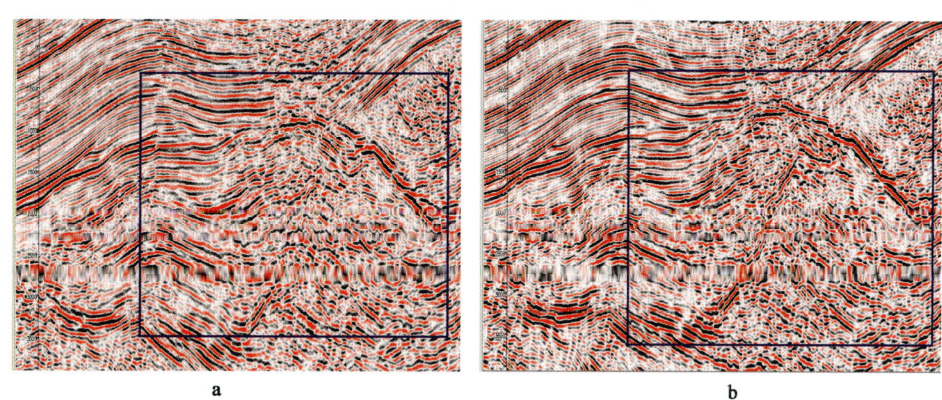

图 5.3.28 青西地区不同方法叠前深度偏移结果对比

a—Kirchhoff 积分法叠前深度偏移；b—逆时叠前深度偏移

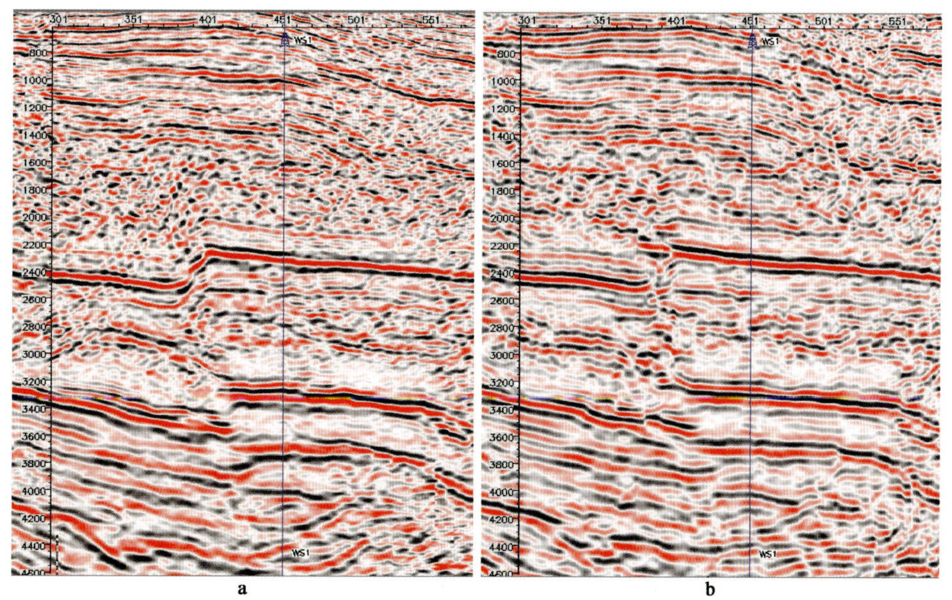

图 5.3.29 青西地区不同方法叠前深度偏移结果对比

a—Kirchhoff 积分法叠前深度偏移；b—逆时叠前深度偏移

5.3.3 应用效果及勘探实效

在吐哈、酒泉复杂地区应用以上地震成像的技术，见到了良好的应用效果，并通过后期解释综合研究，也取得了新的地质认识和较好的勘探实效。

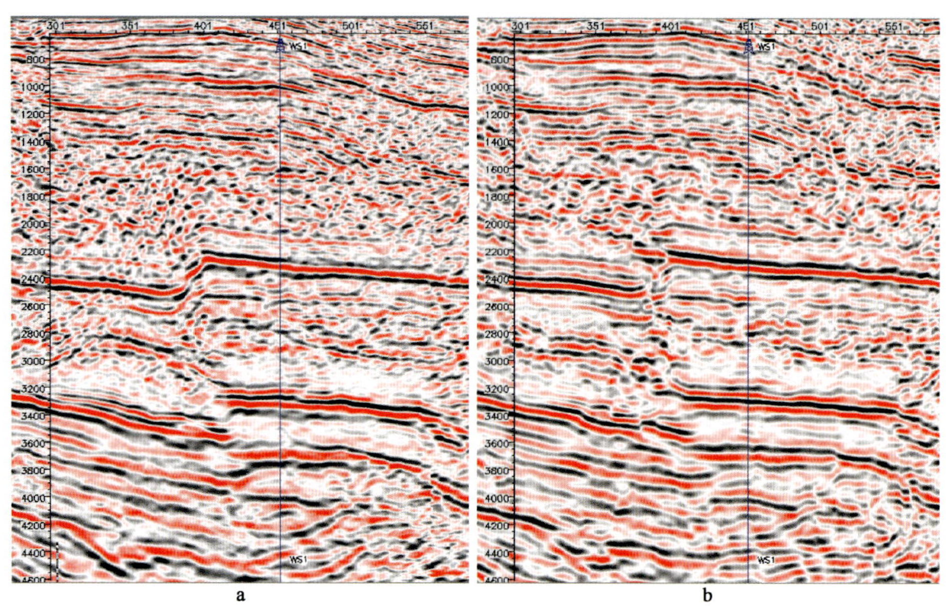

图 5.3.30 吐哈北部山前带不同方法叠前深度偏移结果对比

a—Kirchhoff 积分法叠前深度偏移；b—逆时叠前深度偏移

5.3.3.1 吐哈北部山前带巴喀地区

（1）地震成像效果分析。

通过研究得到的叠前偏移结果与前人研究成果相比成像质量得到改善，新研究成果能够更加准确地刻画巴喀地区的地下构造形态及断裂位置。图 5.3.31 所示为前人叠前时间偏移成果和新研究结果的对比，从新偏移成果来看目的层段为断块状构造，而不是以前认识的完整背斜构造。图 5.3.32 所示为 INLINE644 测线新、老叠前深度偏移结果对比，该测线为过柯 21－P1 井的线，可以看到新深度偏移结果显示断层向南移动 80m 左右，断层倾角变大，南翼地层变陡，与实际钻井结果吻合。从图 5.3.33 前人叠前深度偏移结果和新研究结果对比可以看到新偏移结果对目的层段的断裂刻画更加清楚。

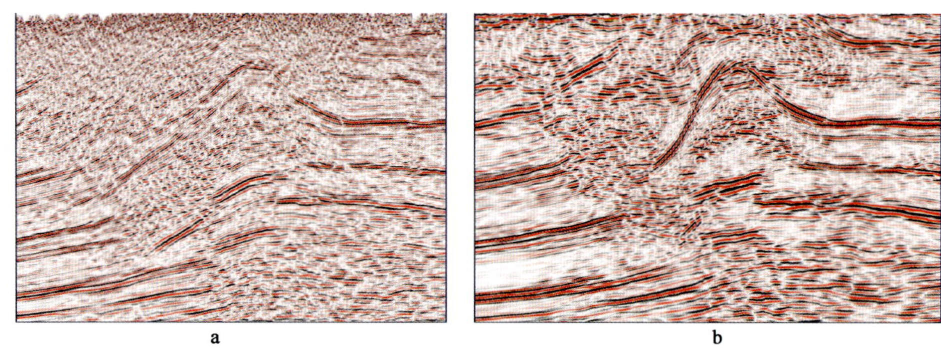

图 5.3.31 新、老叠前时间偏移结果对比

a—前人偏移成果；b—新偏移成果

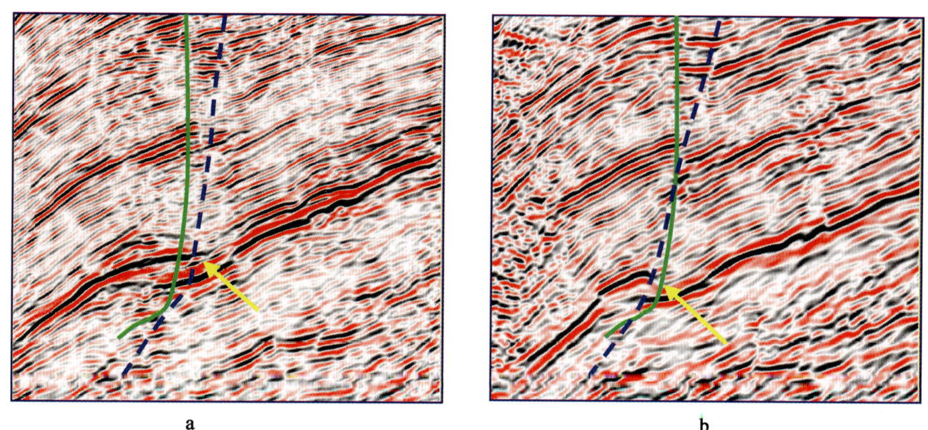

a　　b

图 5.3.32　新、老叠前深度偏移结果对比（inline 644）

a—前人偏移成果；b—新偏移成果

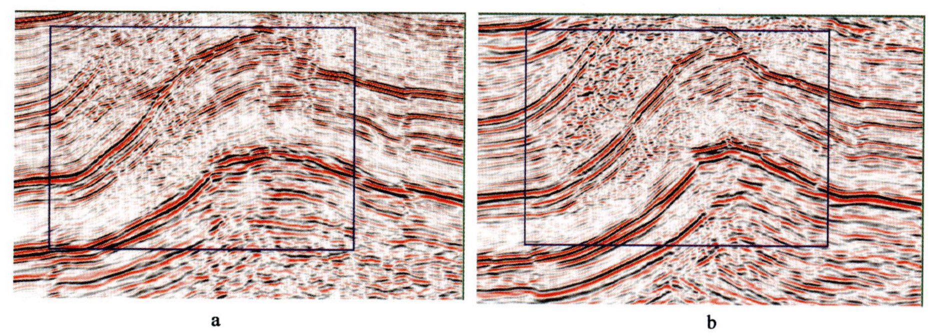

a　　b

图 5.3.33　新、老叠前深度偏移结果对比

a—前人偏移成果；b—新偏移成果

（2）综合研究成果。

依据研究的新资料进行构造解释，把巴喀地区自西向东依次划分为单斜、块断和断背斜三类构造模式。如图 5.3.34 为各种构造模式的代表性剖面。与时间偏移相比，叠前深度偏移可以解决复杂构造引起的横向剧烈变速问题。同时，在叠前深度偏移速度建模研究过程中，充分利用了地质认识、构造样式和钻井速度等信息指导速度场的建立。因而，叠前深度偏移结果更能反映实际地质构造，特别是对背斜腹部断块、小断距断层等成像较叠前时间偏

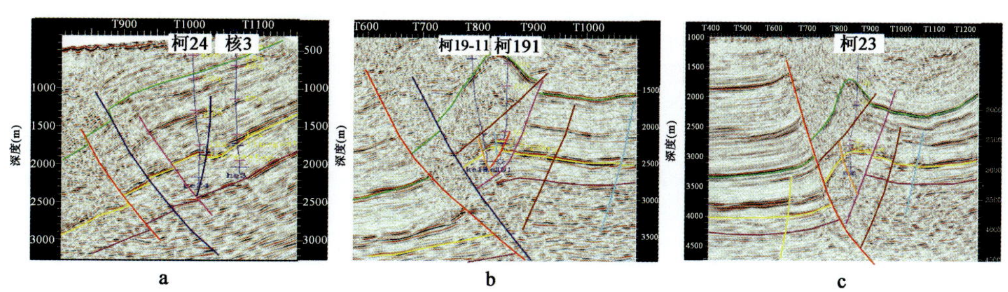

a　　b　　c

图 5.3.34　巴喀地区不同构造模式代表性剖面

a—单斜构造模式；b—块断构造模式；c—断背斜构造模式

移更为精细。通过深度域地震资料构造解释和构造成图，落实了该区构造细节，进一步认识了该区断裂特征以及地层展布规律，从而重新落实了工区内多个圈闭。其中落实程度较高的断块圈闭 7 个。

在研究中结合区域构造背景、圈闭要素落实程度和钻探试油成果等，综合储层预测成果，如图 5.3.35 和图 5.3.36 分别为巴喀工区八道湾目的层段砂体预测展布图及其多属性融合平面展布图。优选了多个有利钻探目标，其中预测有利含气面积 73.6km²，部署建议井位 10 口，其中已钻 4 口，其余 6 口为吐哈北部山前带下一步重点预备井位。

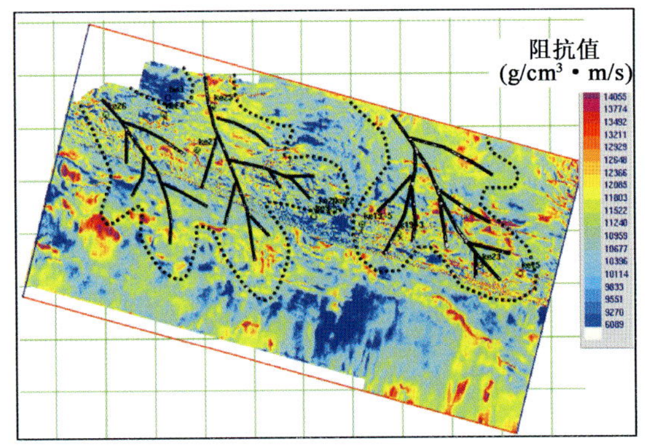

图 5.3.35　J_1b 层段砂体预测展布图

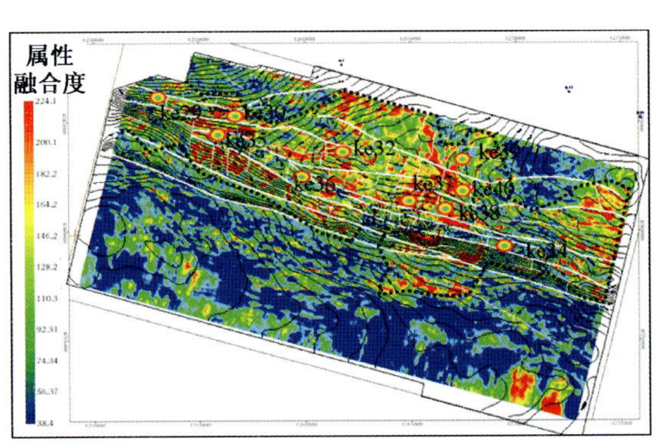

图 5.3.36　J_1b 层段多属性融合平面展布图

5.3.3.2　吐哈北部山前带温吉桑地区

（1）地震成像效果分析。

吐哈盆地台北凹陷南部斜坡区温吉桑地区叠前时间偏移和叠前深度偏移结果构造形态合理、断裂系统清晰、断点位置准确；逆时偏移结果陡倾角断层成像明显优于积分法叠前深度偏移。如图 5.3.37、图 5.3.38 所示均为前人叠前时间偏移结果与新研究成果的对比，可以看到新的叠前时间偏移结果对目的层的成像效果改善明显、小断块更加清楚，断块内部细节也更加清晰、信噪比有明显提升，构造形态更加清晰合理。

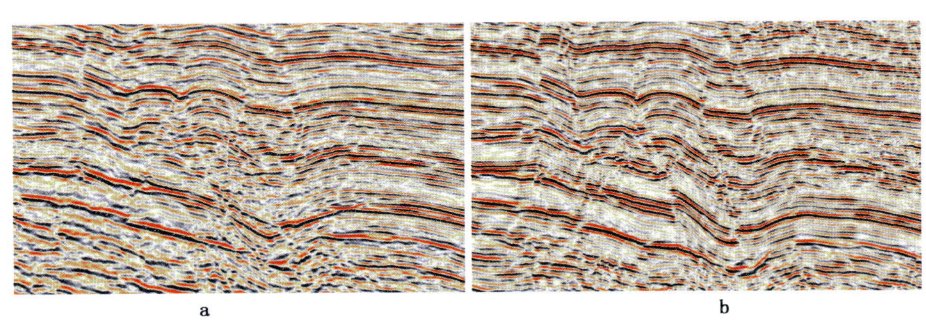

图 5.3.37　新、老叠前时间偏移结果对比（inline740）

a—前人偏移成果；b—新偏移成果

图 5.3.39 为新积分法叠前深度偏移（深度域）与前人叠前时间偏移结果的对比。可以看出，新的叠前深度偏移结果对目的层的成像效果改善明显，断裂及断点更加清楚，能够更加准确地刻画断点位置、构造形态，深度偏移剖面煤层上 、下目的层成像更加清楚，复杂

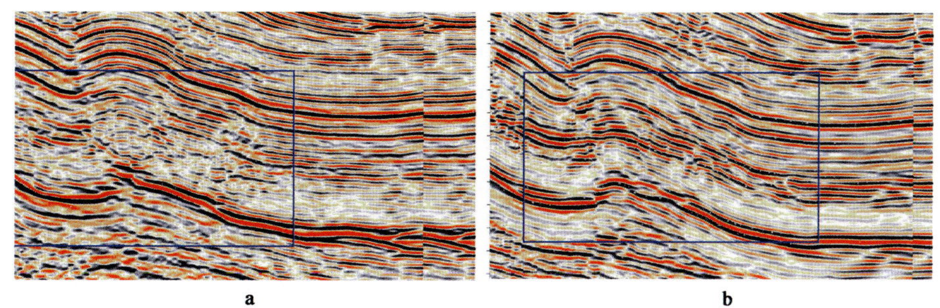

图 5.3.38 新、老叠前时间偏移结果对比（inline420）

a—前人偏移成果；b—新偏移成果

断块区内部细节更加清楚，为准确落实地下构造提供了准确可靠的基础资料。图 5.3.40 为逆时叠前深度偏移结果与 Kirchhoff 积分法深度偏移结果对比图。逆时叠前深度偏移剖面相对于积分法叠前深度偏移剖面在复杂断块区断裂更加清楚，成像质量提高，内幕反射细节更加丰富，这是由于在研究过程中前期叠前道集处理效果明显。另外，建立的速度模型更加准确，同时逆时叠前深度偏移新技术的算法更加适合复杂断块区剧烈的横向速度变化。因此，以逆时叠前深度偏移新技术为核心的配套技术是解决该区复杂断块成像的有效途径。

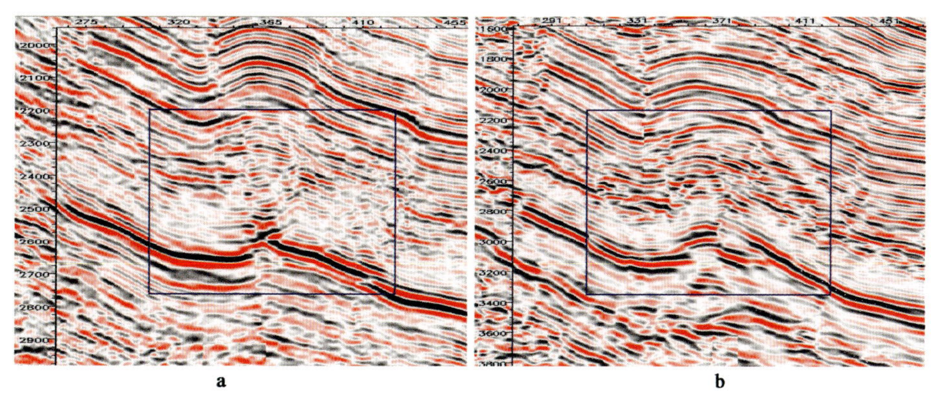

图 5.3.39 新、老偏移结果对比（inline410）

a—前人叠前时间偏移剖面；b—新积分法叠前深度偏移剖面（深度域）

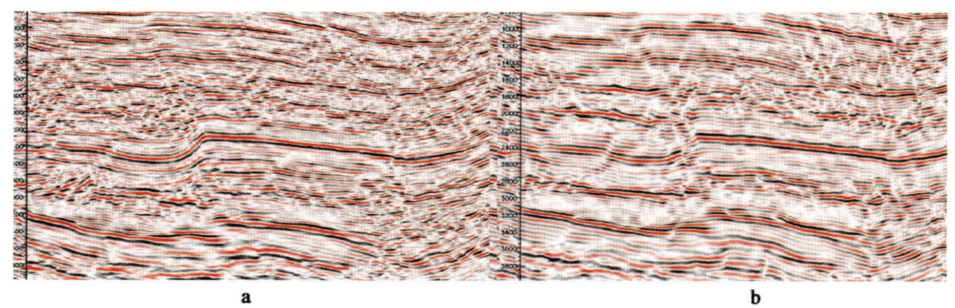

图 5.3.40 新、老叠前深度偏移结果对比（inline420）

a—前人积分法叠前深度偏移剖面；b—新逆时叠前深度偏移剖面

（2）综合研究成果。

在时间域地震资料解释的基础上，对新叠前深度偏移地震资料开展了精细构造解释。由于在叠前深度偏移过程中，利用了地质认识、构造样式和钻井速度等信息指导速度场的建立，因而叠前深度偏移地震资料更能反映实际地质构造。特别是对背斜腹部断块、小断距断层等成像较时间偏移更精细。通过深度域地震资料精细构造解释以及构造成图，重新落实了该区构造细节，进一步认识了该区断裂特征以及地层展布规律。从而重新落实了工区内构造圈闭（图 5.3.41）。

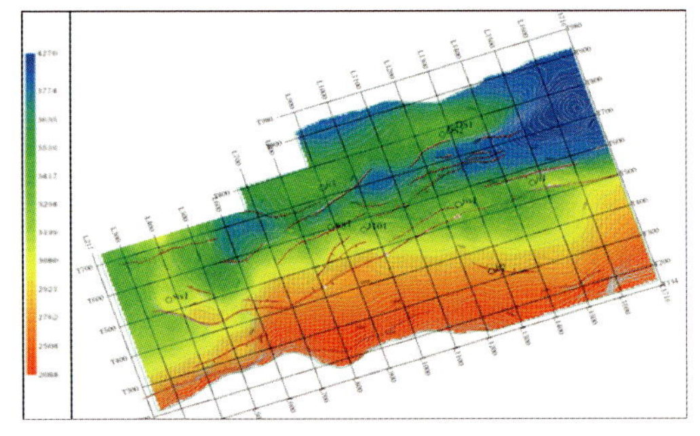

图 5.3.41　八道湾组煤层顶界构造图

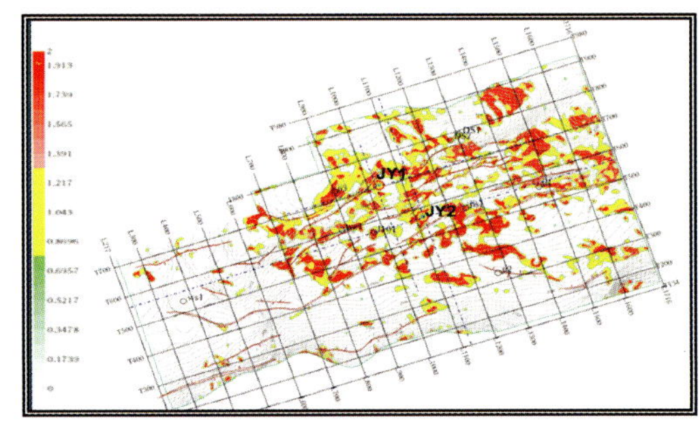

图 5.3.42　多信息融合预测有利储层分布图

在此基础上开展吐哈盆地温吉桑水西沟群致密砂岩气成藏条件分析，基本认清了致密砂岩气成藏特点及规律。综合研究认为，“气源充足、储层致密、裂缝沟通、近源富集”是吐哈盆地致密砂岩气成藏的关键。新老地震资料相结合，落实构造特征，通过岩石物理分析、岩石物理量版，结合地震属性、烃类检测、含气检测、特征波阻抗反演、叠前 AVO 分析、叠前同步反演等预测手段，发现或重新落实了有利钻探目标 6 个，预测有利面积 103.54km^2（图 5.3.42）；完钻的吉 3 井获得工业油气流，斜坡北区致密砂岩气勘探获得突破，吉 3 日产气 4000 多立方米，油 20 多立方米，展示了温吉桑北部区致密砂岩气良好勘探潜力，为进一步扩大致密砂岩气藏规模提供了条件。

5.3.3.3　玉门酒泉盆地青西地区

（1）地震成像效果分析。

通过应用前文所述的吐哈、酒泉复杂地区地震资料成像关键技术和配套技术，对酒泉盆地青西地区地震资料进行了物探攻关研究，得到的叠前时间偏移和叠前深度偏移结果成像精度明显提高，能够更加准确的刻画断点位置、构造形态，效果主要体现在以下四个方面。

①成像方面：与前人处理剖面相比，信噪比、成像精度有了大幅度提升，剥蚀面反射清晰，潜山形态刻画清楚，白垩系顶、底界面易于识别，断层、断点清晰（图 5.3.43）；目的层频带拓宽 14Hz（图 5.3.44）。

②断裂方面：和连片资料相比，能够更加准确的刻画断点位置、构造形态有新认识（图 5.3.45）；和近期生产资料相比，断点位置、构造形态刻画更加清楚（图 5.3.46）。

③构造方面：图 5.3.47 为叠前时间、深度偏移结果对比，叠前深度偏移结果白垩系目的层的成像清楚，断裂及断面刻画清晰，能够更准确地刻画断点位置、构造形态，潜山顶面的成像清晰可见；另外，叠前深度偏移剖面上构造形态和构造高点也有了变化，如图

5.3.48所示，柳108井构造高点向东北方向偏移，圈闭面积扩大。

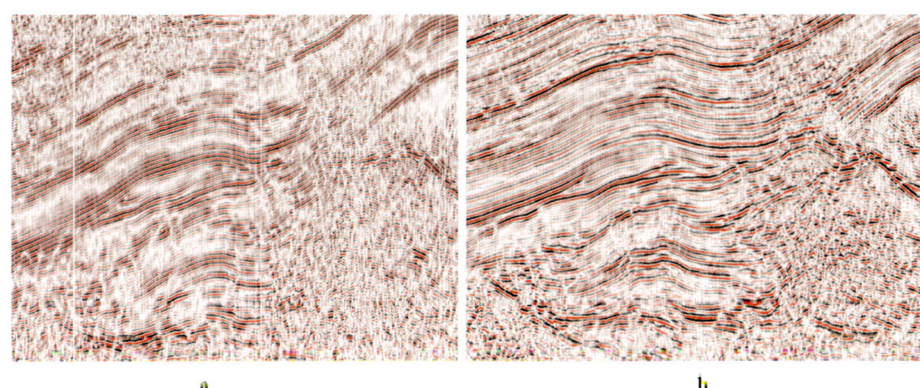

图 5.3.43　新、老叠前时间偏移结果对比

a—前人时间偏移剖面；b—新叠前时间偏移剖面

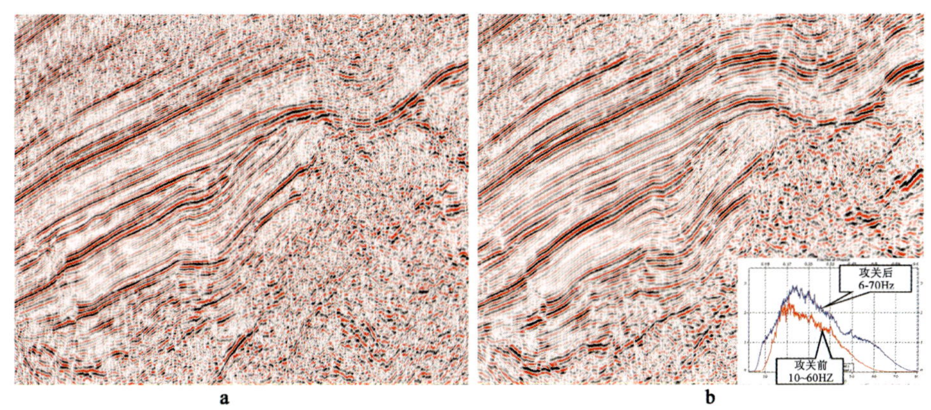

图 5.3.44　攻关前后新、老叠前时间偏移结果对比（Ⅰ）

a—前人叠前时间偏移剖面；b—新叠前时间偏移剖面

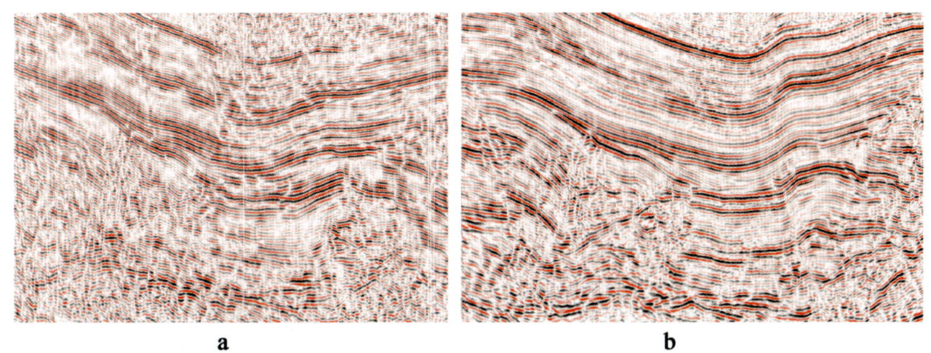

图 5.3.45　攻关前后新、老叠前时间偏移结果对比（Ⅱ）

a—前人时间偏移剖面；b—新叠前时间偏移剖面

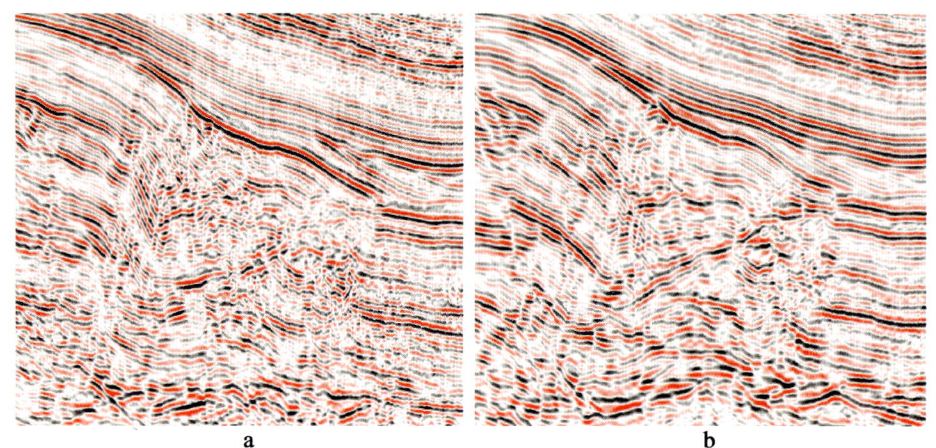

a　　　　b

图 5.3.46　攻关前后新、老叠前时间偏移结果对比（Ⅲ）

a—前人叠前时间偏移剖面；b—新叠前时间偏移剖面

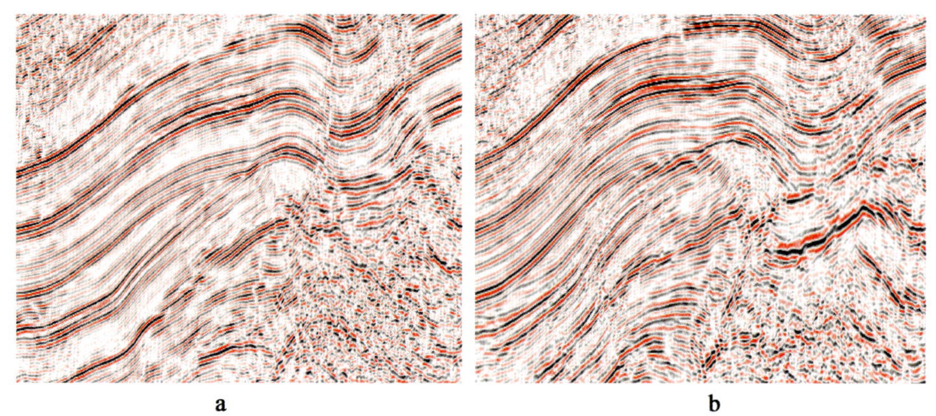

a　　　　b

图 5.3.47　攻关后叠前时间、深度偏移结果对比（Ⅰ）

a—叠前时间偏移剖面；b—叠前深度偏移剖面

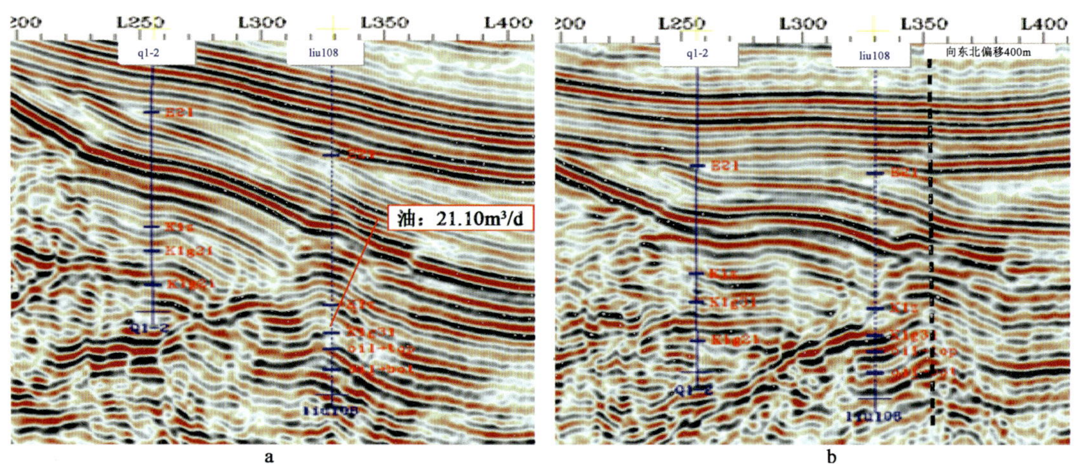

a　　　　b

图 5.3.48　攻关后叠前时间、深度偏移连井剖面对比（Ⅱ）

a—叠前时间偏移剖面；b—叠前深度偏移剖面

④保幅性方面：新攻关成果地震反射层位、层段波组特征明显，构造、沉积现象反射特征易于识别，较好地反映了储层横向变化特征，含油砂体、白云岩在剖面上反映明显，如图5.3.49，柳12井钻探砂体发育，见到厚油层，证实有利相带内的局部构造油气富集。

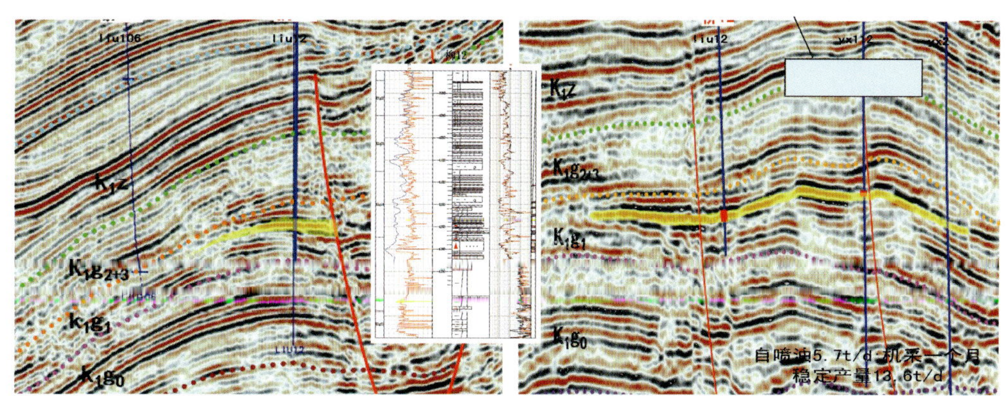

图 5.3.49　叠前偏移连井剖面保幅性分析对比

(2) 综合研究成果。

以叠前时间、深度偏移地震资料为基础，结合层序、沉积研究、构造解释、储层预测、油气检测与成藏条件分析，对全区油气成藏条件进行了系统分析研究。结合目前的勘探、开发现状，提出了勘探部署建议。如图5.3.50所示，在3个领域（柳北近岸水下扇、鸭西扇三角洲前缘和柳沟庄白云岩）发现有利勘探目标13个，提供建议井位10口（柳北近岸水下扇1口，鸭西扇三角洲前缘带4口，柳沟庄白云岩5口），有效指导了勘探部署。

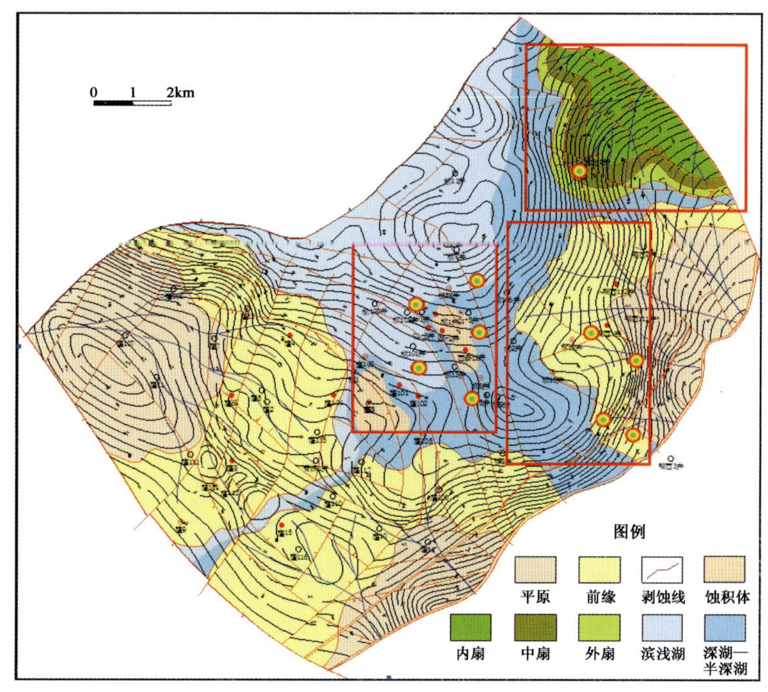

图 5.3.50　青南次凹勘探井位部署建议图

如图 5.3.51 和图 5.3.52 为过设计井 5 的叠前偏移比较典型的剖面，位置处于柳沟庄上交储量主体区块的东侧白云岩裂缝预测有利发育区。设计依据：通过对柳 4、柳 108 等多口井精细井—震标定发现，柳沟庄白云岩裂缝油藏大多数油层在三维资料上明显表现为一组局部较强的发射地震响应特征，目标区 K_1g^{2+3} 在也表现为“两峰夹一谷”的一组强反射特征，预测亦为白云岩裂缝油层发育带；目标区发育多组“Y”字形断层，反应该区应力作用较强，有利于裂缝的发育，另一方面断层的发育，有利于沟通下部油气，对该区油气运移、聚集非常有利。

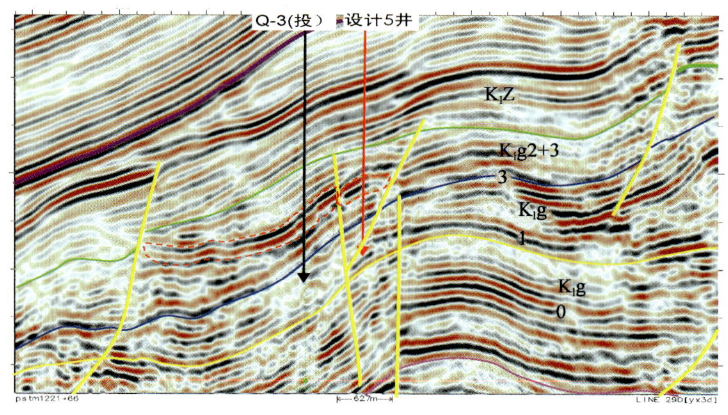

图 5.3.51　青南次凹地震剖面Ⅰ

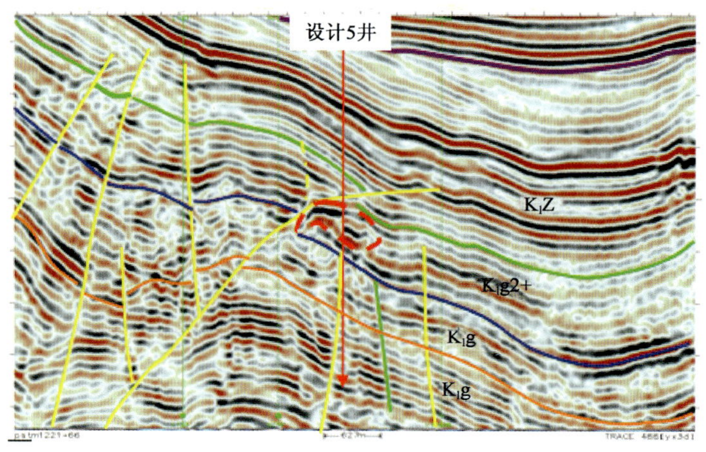

图 5.3.52　青南次凹地震剖面Ⅱ

5.3.4　结论与认识

山前带复杂构造地震成像研究是一个长期、复杂的过程，处理的核心问题仍然是静校正、信噪比与成像。通过长期研究形成了针对性的地震成像技术系列，其中的关键技术包括：起伏地表模型约束拟合重构综合静校正技术、复杂地区“六分法”叠前噪声压制技术、基于最佳成像综合速度建模方法、浮动面逆时叠前深度偏移技术。应用后地震成像质量得到明显改善，新成果能够更加准确地刻画复杂区块的地下构造形态及断裂位置，尤其是以逆时偏移为主的叠前深度偏移结果能够更加清晰地刻画背斜腹部断块、小断距断层，从而为构造解释提供了可靠的资料基础。利用新的叠前深度偏移成果进行精细构造解释、储层预测等综合研究，重新落实了研究区的构造细节，进一步认识了该区的断裂特征以及地层展布规律。

5.4 地震叠前成像方法在冀东南堡古潜山构造带的应用

5.4.1 项目概况

5.4.1.1 工区概况

冀东南堡凹陷是渤海湾盆地北部中新生界叠合的含油气凹陷。南堡潜山构造带位于南堡凹陷西南斜坡带（图 5.4.1），该区中浅层的新近系、古近系为发育于潜山背景上的断背斜构造，地下断层发育，断块破碎，以拉张型正断层为主。新近系馆陶组底部，有大面积火成岩分布，东营组内部火成岩也比较发育，潜山主体由奥陶系石灰岩组成。从地表来看工区的主体位于低潮线之下的浅水海域，海水水深 0～10m。工区内分三类地表条件和地貌特征：陆地区、滩涂区、浅海区。南堡 1 号构造中浅层，构造规模大，构造背景好。两大主力油层：馆四段和东一段在构造主体已投入开发，如何寻找中浅层滚动评价目标，落实勘探潜力，是目前该区的主要任务[54～56]。

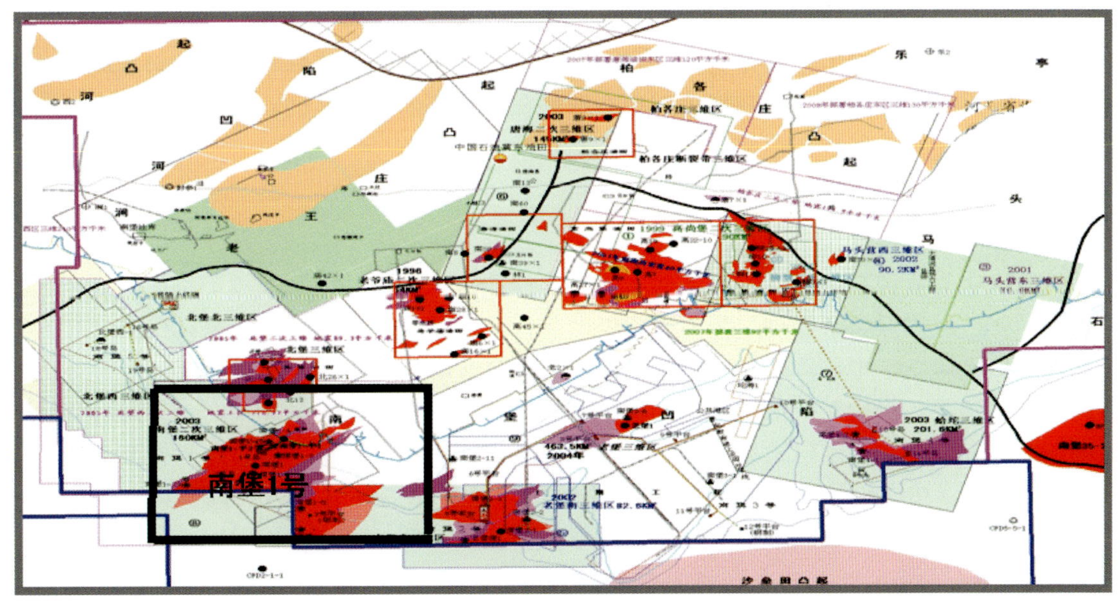

图 5.4.1 工区位置示意图

5.4.1.2 面临问题与攻关难点

以往的勘探开发证实，工区地下断层发育，断块破碎，以拉张型正断层为主[57]。地层岩性横向变化较大，地震波射线传播路径复杂，导致剖面上局部地震成像模糊。工区内新近系馆陶组底部，有大面积火成岩分布。东营组内部火成岩也比较发育，地震波屏蔽较为严重，资料的信噪比较低。工区内各种干扰较为严重，特别是火成岩强反射界面大面积分布，造成多次波极为发育。

从该区地质层位来看（图 5.4.2），该区新近系以上地震反射层波阻特征明显、信噪比较高。东一段局部地区发育火成岩，该区火成岩具有随机发育的特点，玄武岩与围岩的接触关系复杂多变，成层性差，有效识别、刻画火成岩范围困难。其次，从地震资料品质来看，该区地震资料主频低，频带窄，可恢复的高频信息少。

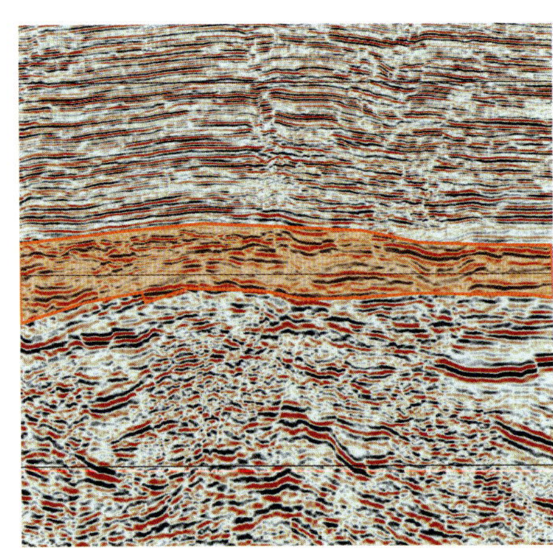

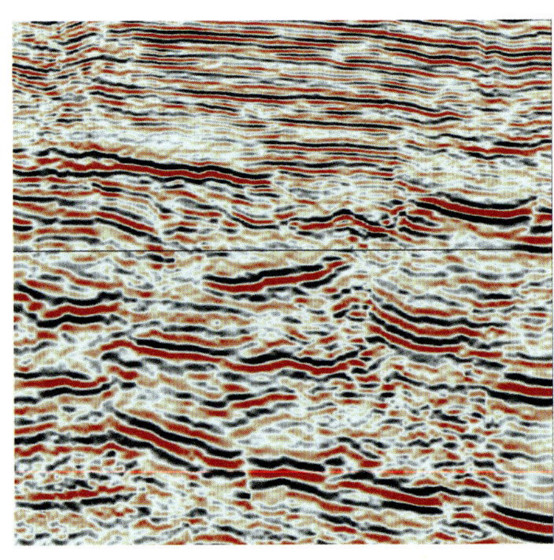

图 5.4.2 叠加剖面

该区地震资料处理主要难点为：(1) 如何有效提高信噪比、分辨率和火成岩高精度速度建模，得到高精度成像，进而开展精细构造解释和火成岩的刻画；(2) 在处理过程中如何开展保真处理研究，确保岩性的展布特征及有利储层预测研究。

5.4.2 攻关思路与技术对策

提高火成岩成像精度，是本工区地震资料处理的重点之一。该区地震资料成像研究的整体思路为：(1) 确保整个处理过程的保幅、保真性，在叠前预处理方面，坚持保护低频的宽频高保真处理原则，主要体现在以下两方面：一是高频海洋噪声压制方面，尽可能做到信噪分离，压制噪声，保护有效信号；二是解决好处理过程中空间采样不均匀造成的偏移噪声、假频的问题。(2) 在速度建模方面，力求精细刻画火成岩速度、空间展布，为提高成像精度提供保证。(3) 偏移方法的选取也是非常重要的环节。该区断裂极为发育、横向速度变化快，优选高效、成像精度高的偏移算法，获取高精度的成像。

针对保幅处理方面，重点在海洋高频噪声压制、振幅恢复、子波处理、数据规则化等方面做深入研究；针对构造落实及成像方面，重点开展速度建模技术及成像方法研究，在该区运用双程波逆时偏移算法，对中浅层地震资料开展叠前深度偏移处理攻关，提高中浅层地震资料成像精度和分辨率，进而开展精细构造落实、火成岩刻画和有利储层预测。

5.4.3 关键处理技术

5.4.3.1 海洋高频噪声压制技术

工区采集方式有陆地采集与海洋采集两种，因而工区内陆地、海洋噪声均十分发育，大致可以分为三大类型噪声：(1) 具有陆地特征的低频强能量面波；(2) 具有海洋资料特征的高频强能量干扰，如挂网噪声、大船噪声、浪涌噪声、高频次生干扰等；(3) 低频或高频的异常振幅。根据原始采集资料的噪声特征不同，确定了两套分别针对海洋和陆地资料噪声的压制流程。采用信噪分离的处理思路，在处理的不同阶段分多步压制低频面波与高频干扰，噪声得到合理压制，提高了地震资料的信噪比，去噪过程保真度高。对于陆地资料干扰波的压制方法在其他章节中论述的比较多，在此不赘述，重点讨论海洋高频相干噪声的衰减。

(1) 海洋相干噪声特点分析。

从形态上来看海洋相干噪声的时距曲线特征随着干扰源的不同以及距离干扰源距离的不同而不同，主要呈以下几种分布形态：①线性；②以干扰源为顶点的双曲线形态；③震源二次干扰造成的与初至平行的双曲线；④单道高频噪声。这些噪声一个共同特点就是从浅到深均有发育。

海洋噪声与陆地噪声相比，具有频率高，分布频带宽的特点，从单炮上看（图 5.4.3），从浅到深覆盖整个单炮，中深层有效波很难被识别出来。频谱分析结果显示（图 5.4.4），强能量高频噪声主要发育在 60～220Hz 以内，其能量高于有效波能量，与有效波的高频端 60～80Hz 相重叠。同样从 $f-k$ 谱（图 5.4.5）上可以明显看出高频强能量的噪声背景。当地震波传播到火成岩地层时，受吸收衰减的作用，有效波高频成分的能量级别小于高频噪声的能量级别，通常海洋高频相干噪声的能量是正常地下反射波能量的 2～8 倍，这种强能量的高频噪声掩盖了有效信号，使得地震资料信噪比降低，因而，叠前对这些干扰波进行有效的压制是本区块处理中非常重要的一个环节。

图 5.4.3 原始单炮记录（高频噪声发育）

(2) 分频异常振幅压制。

同有效信号一样，噪声在不同时间段的频率也是不一样的，分频区域异常振幅处理就是根据噪声在不同时间段的频率分布规律，对地震数据进行合理频带分隔，认识不同频带内信号和噪声的展布规律，实施针对性的处理，能够进一步加强去噪结果的保真度，进而

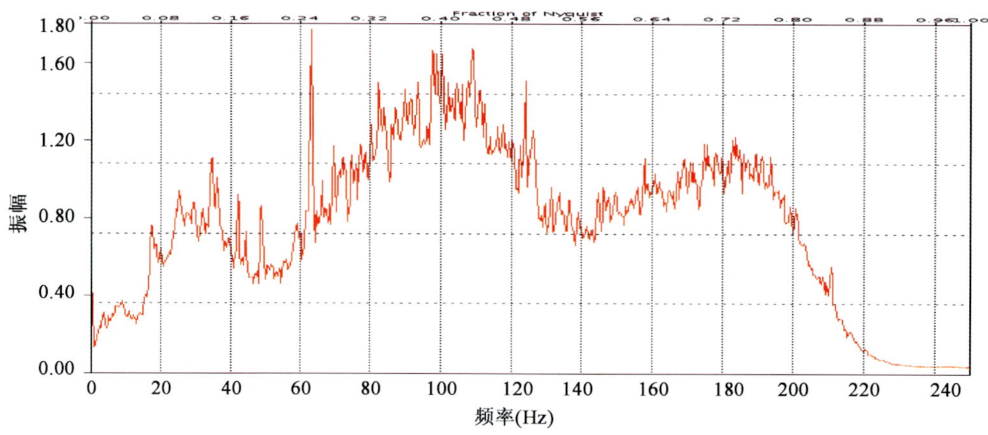

图 5.4.4　原始单炮记录频谱（高频噪声发育）

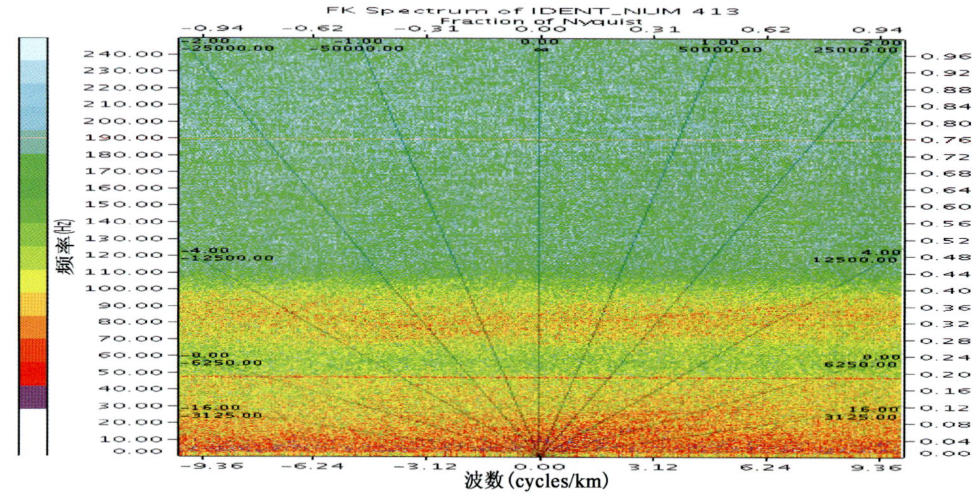

图 5.4.5　原始单炮记录 f-k 谱（滩海，高频背景发育）

提高地震资料的处理精度。分频区域异常处理较常规的区域异常处理的优势在于，利用干扰波的优势频带提取其特征，而在非优势频带内利用已得到的特征作为约束，进而识别干扰波。

根据前面分析可知，高频强能量噪声的两个特点：（1）频率高，主要集中在 60～220Hz，而有效波的有效频带为 8～50Hz；（2）能量高，在深层，受吸收衰减的作用高频噪声的能量级别大于有效波的能量级别，根据有效波与高频噪声在频率与能量之间的差异，把强能量的高频噪声看作异常振幅，并且在高频噪声的有效频带范围内进行压制。

从 60～250Hz 的单炮（图 5.4.6）上看，高频噪声具有很强的相干性，深层具有成片性，用异常振幅压制的方法不易将其识别出来，为了使噪声压制过程更加保真、保幅，尽可能不伤害有效信号，达到理想的压制效果，将单炮按偏移距重新排序（图 5.4.7），打乱噪声的相干性，可以看到压制效果比较理想（图 5.4.8）。

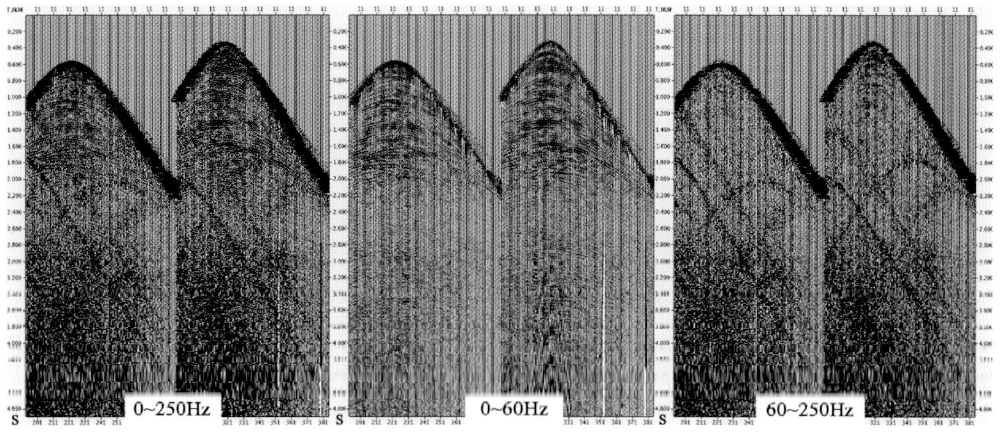

图 5.4.6　高频噪声信噪分离

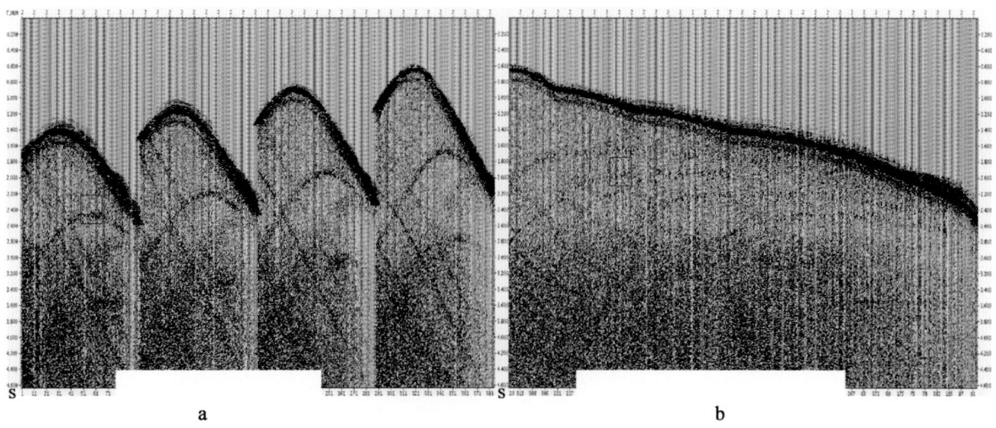

图 5.4.7　炮集按道号排序（a）与按偏移距排序（b）对比

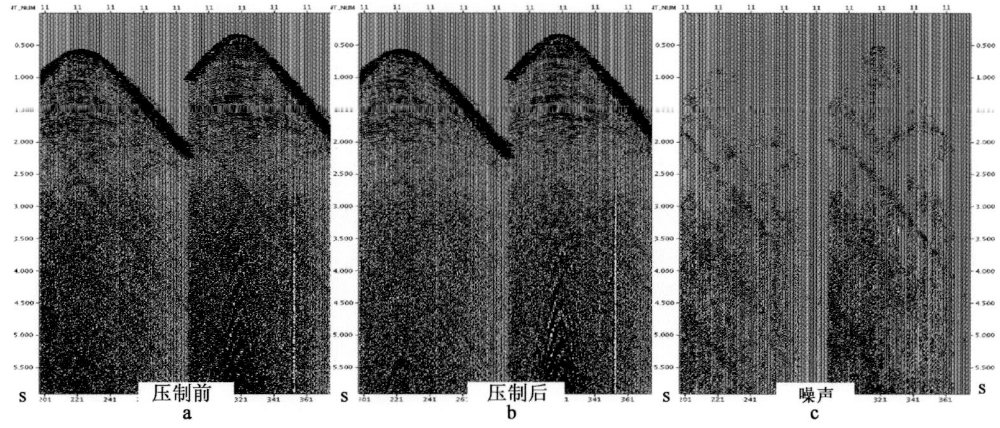

图 5.4.8　高频噪声压制前（a）、压制后（b）与去除噪声（c）对比

（3）高频相干噪声压制技术。

高频相干噪声在海洋资料的炮集上具有很强的相干性，但是在共检波线上相干性就很差，在动校炮集上设计一个时间—炮点—检波点三个象限的长方体时窗，同时设计一系列频

带范围，认为高频相干噪声在每个频带范围内都具有单频、高能量、大倾角的特征，而有效信号通过动校正之后则为能量比较弱，倾角平缓的同相轴，此时，在 cross-line 方向做 $f-x$ 滤波，就可以很好地消除高频相干噪声的影响。图 5.4.9、图 5.4.10 为高频相干噪声压制效果图，大倾角、高频的线性噪声和气泡引起的二次震源噪声都得到了很好的压制。

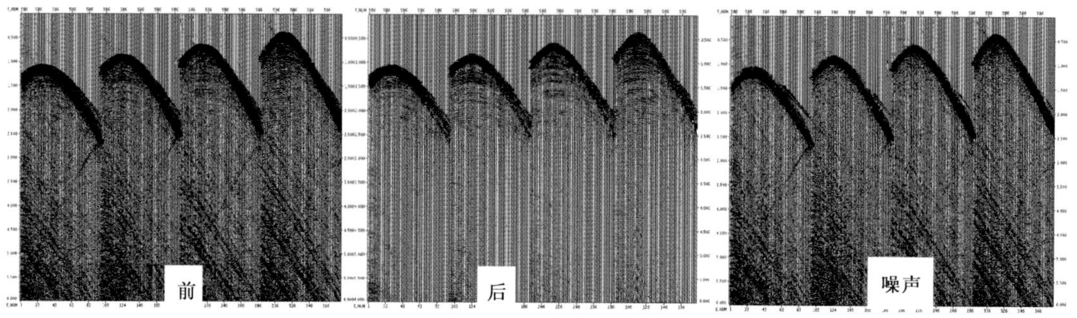

图 5.4.9　高频相干噪声压制效果图

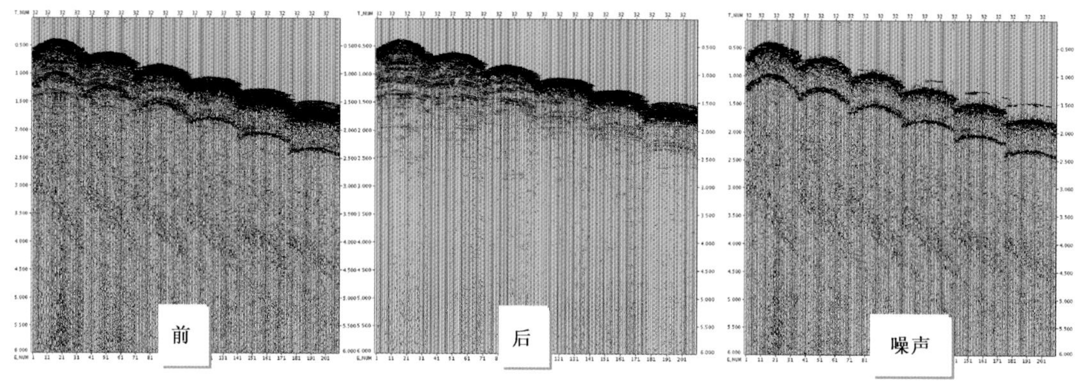

图 5.4.10　气泡引起的二次震源压制效果图

5.4.3.2　连片数据规则化处理技术

目前三维野外采集观测系统设计，无论是束状、还是块状，除非受地表因素的影响，一般来讲基本都具有覆盖次数均匀的特点。但是，随着成像技术和计算机技术的发展，叠前成像已经非常成熟，单一用 CMP 道集覆盖次数不能够完全评判空间采样的均匀性。对于克希霍夫积分法叠前偏移来讲，共偏移距道集覆盖次数的均匀性更为重要。本区炮检距分布不均匀，这种不均匀就会导致共偏移距剖面中空 CMP 点的出现，在叠前偏移时造成空间假频的出现和偏移划弧，降低资料的信噪比。另外，在连片处理过程中，工区相交部位会出现覆盖次数急剧增高的现象，在共偏移距剖面上就会出现局部覆盖次数过高，同样会导致能量不均，偏移划弧的现象。

因而，采用连片数据规则化处理技术主要进行两方面的工作：(1) 分偏移距规则化，提高空间采样，削弱假频作用，改善成像效果；(2) 在工区相交覆盖次数过高的地方，局部调整覆盖次数过高、过低，减少偏移划弧。

目前，实现面元均一化的技术比较多，有插值法、借道法、DMO、DMO^{-1}等，针对该区断裂发育的特点，采用在共偏移距道集上从相同面元借道的方法。

从实际效果来看，面元均一化以后，共偏移距剖面上覆盖次数均匀，以偏移距 3100m 为例（图 5.4.11），均一化后有效面元较均一化前大幅度增加，空 CMP 点大大减少。从而降低了由于缺道而引起的空间假频、偏移划弧的现象。从偏移剖面上看，数据规则化后随着空间样点的增加，剖面信噪比也得到很好的提高（图 5.4.12）。工区相交部位数据规则化后随着覆盖次数的均匀，剖面划弧现象大大减弱（图 5.4.13、图 5.4.14）。

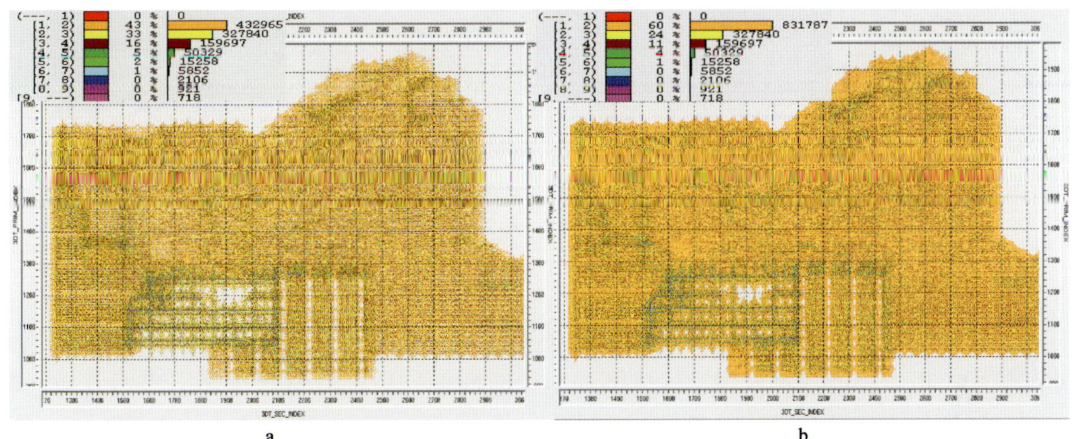

图 5.4.11　共偏移距剖面面元均一化前（a）、后（b）覆盖次数图对比

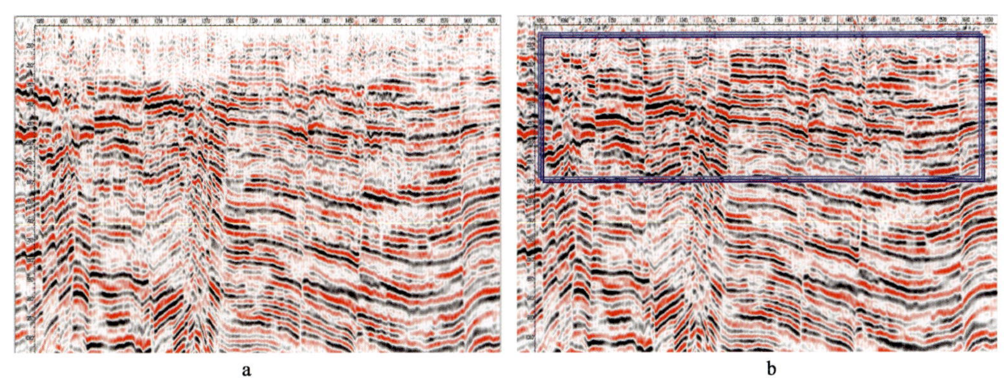

图 5.4.12　面元均一化前（a）、后（b）叠前深度偏移剖面对比

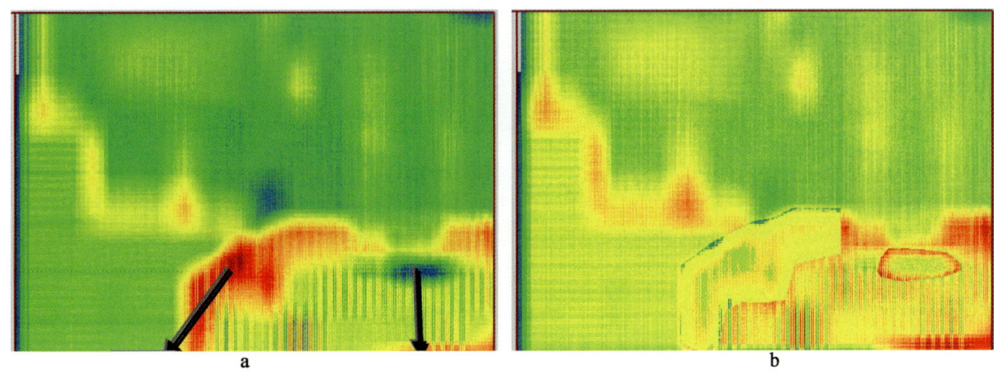

图 5.4.13　面元均一化前（a）、后（b）覆盖次数图对比

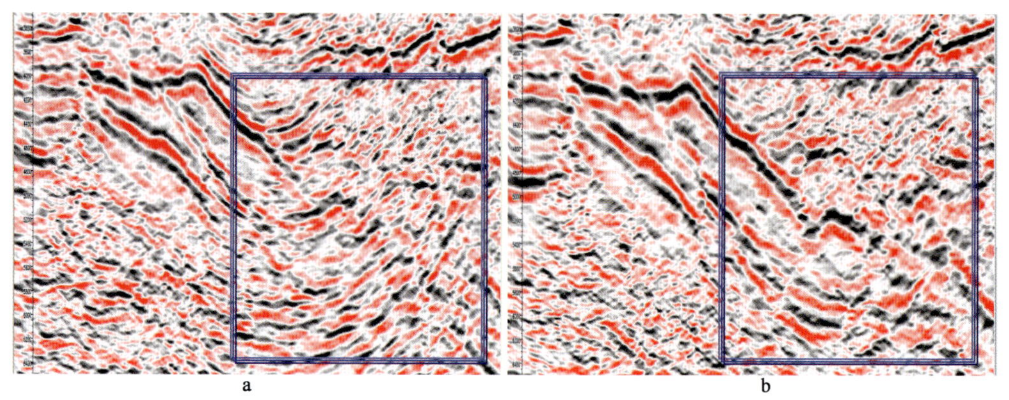

图 5.4.14 面元均一化前（a）、后（b）叠前深度偏移剖面对比

5.4.3.3 复杂构造速度建模技术

速度模型的建立是做好叠前深度偏移的关键[59]，叠前深度偏移需要比较准确的深度域层速度模型。由于叠前深度成像对速度的误差比时间偏移更加敏感，从而引出两方面问题：（1）如果速度场不准确，导致的成像误差很容易抵消甚至超过偏移方法上的改进；（2）叠前深度偏移对速度的敏感性为准确的速度分析提供了比叠前时间偏移更好的工具。

本工区资料具有以下特点：浅层沉积环境稳定，速度相对也比较稳定；目的层火成岩表现为明显高速，同时受构造、火成岩分布影响，速度横向变化大；深层受大倾角构造、岩性影响，速度相对较高，速度纵、横向变化大。同时，该区断裂极为发育，破碎带较多，层位识别困难，容易造成串层、不闭合等问题。为了高效、精确地建立速度模型，速度建模主要采用纵、横向联合速度分析建立速度—深度模型。

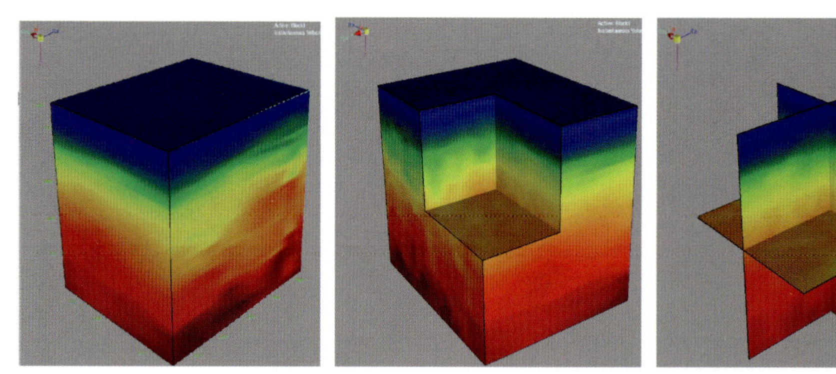

图 5.4.15 纵向速度建模得到的初始深度域速度模型

第一步，初始速度模型建立采用纵向速度分析，纵向层速度建模法效率高，但敏感度也高，容易引起畸变，因而拾取后采用大平滑的方法消除速度畸变点。图 5.4.15 为纵向速度建模得到的初始深度域速度模型，从各个方向看，初始速度比较平滑，在目的层构造部位存在局部变化。

第二步，横向层速度建模法确定速度模型。首先，在时间偏移域解释构造层位，然后利用射线偏移及比例的方式把时间层位投影到深度域。通过初始速度的偏移，利用层位和成像道集得到水平的延迟谱。通过拾取延迟谱，再利用旅行时层析反演的方法对速度进行优化迭代。其次，拾取垂向延迟，利用约束层速度反演的方法，对成像速度进行优化迭代。

（1）时间层位模型建立。

本地区构造比较复杂，尤其火成岩十分发育，速度纵向变化比较大。首先利用井信息确定地层的速度分界面，再进行精细的构造解释，在解释过程中与地质层位紧密结合，以控制速度界面的变化规律，如图 5.4.16、图 5.4.17 所示。

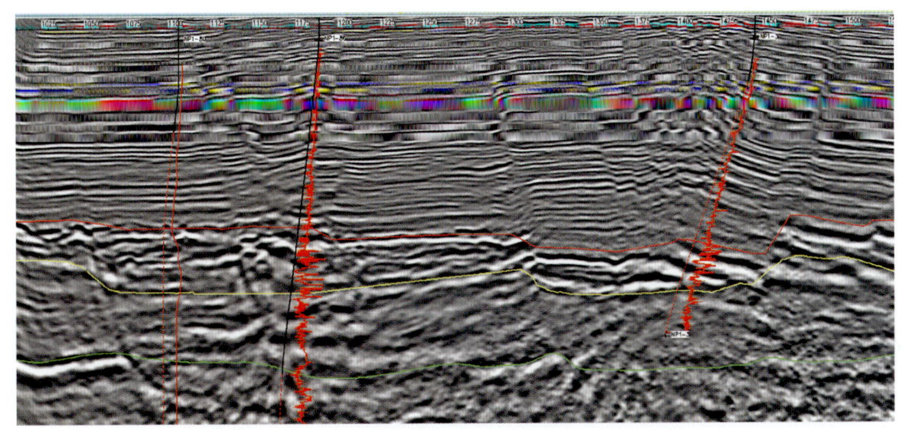

图 5.4.16　根据测井信息确定速度分界面

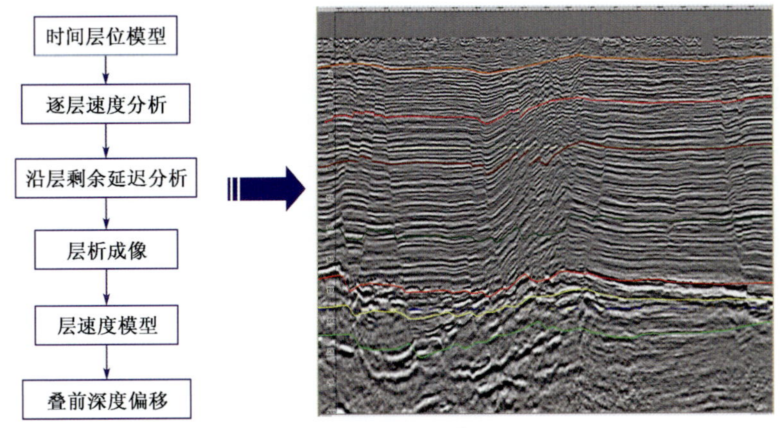

图 5.4.17　建立时间层位模型

（2）反射波层析成像优化层速度。

基于深度偏移道集的层析成像法是一种以深度偏移道集的层析成像为基础的速度模型优化方法。该方法是沿 CRP 射线路径，将偏移后的 CRP 道集上的深度误差转换为相应的时间误差，因而可以使用常规的旅行时层析成像。通过层析成像对叠前深度偏移层速度进行迭代优化，使沿层剩余延迟谱聚焦并趋于零。图 5.4.18 为 Ed_2 层速度优化前后对比，图 5.4.19 为速度分析质控图，最终速度保证水平延迟、垂向延迟基本归零，CRP 道集校平。通过多次迭代，宏观速度模型符合地下构造特征（图 5.4.20）。

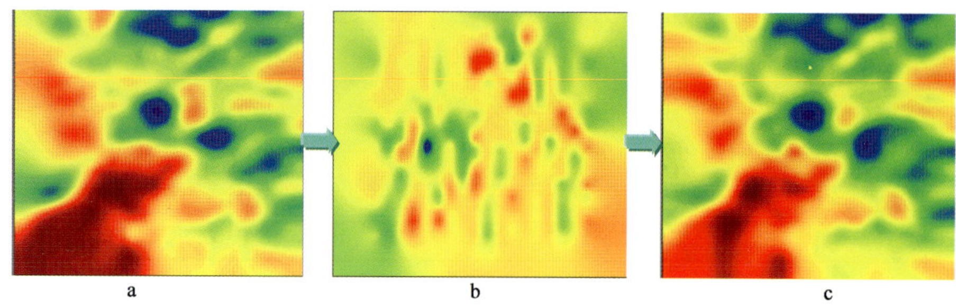

图 5.4.18　Ed_2 层速度优化前后对比图

a—修改前速度；b—深度域剩余时差；c—反射波层析后速度

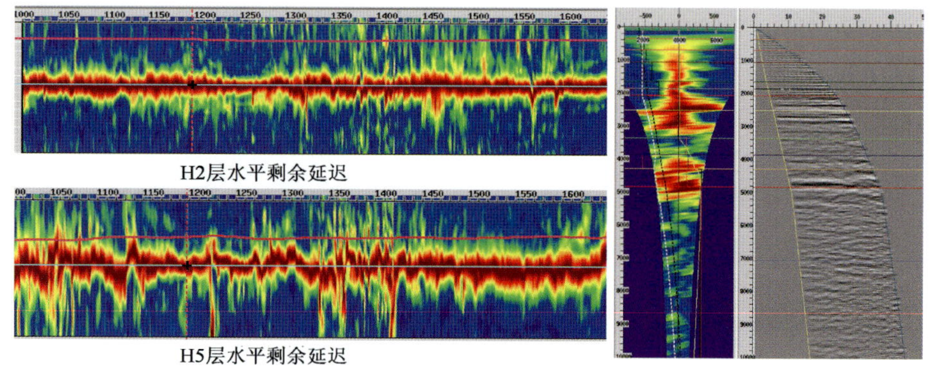

图 5.4.19　纵、横向速度分析和质控

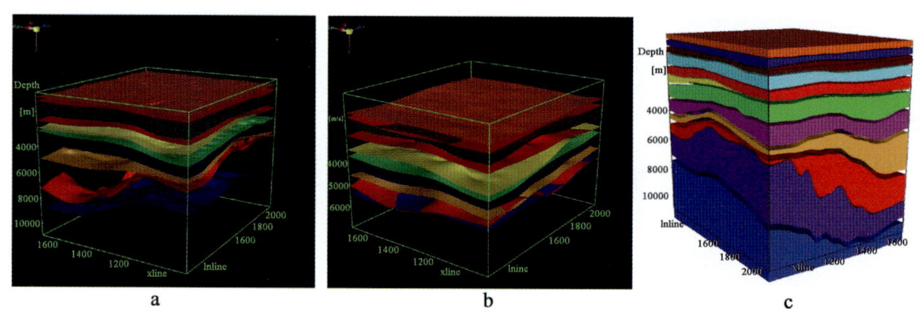

图 5.4.20　最终速度模型

a—深度层位；b—沿层速度；c—最终速度—深度模型

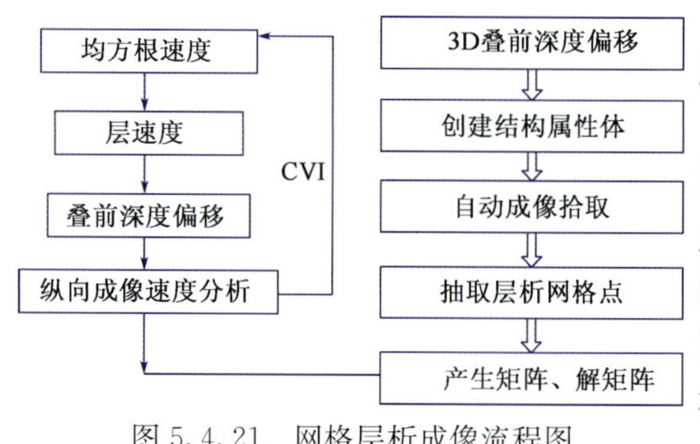

图 5.4.21　网格层析成像流程图

第三步，通过网格层析成像速度建模，提高层间成像质量。该技术在叠前深度偏移过程中，是在宏观速度确定后，通过构造约束，对其层间速度进行反射网格层析的精细处理，可使层间成像效果得到提高。网格层析技术是通过拾取空间不同点剩余延迟量，然后对其网格化，在每个网格点，利用已知的剩余延迟量，对每点进行层析反演，最终得到不同网格点的速度，这样就完成速度的优化求取。图 5.4.21 为网格层析成像

流程图。通过网格层析技术的运用，得到较好的效果。

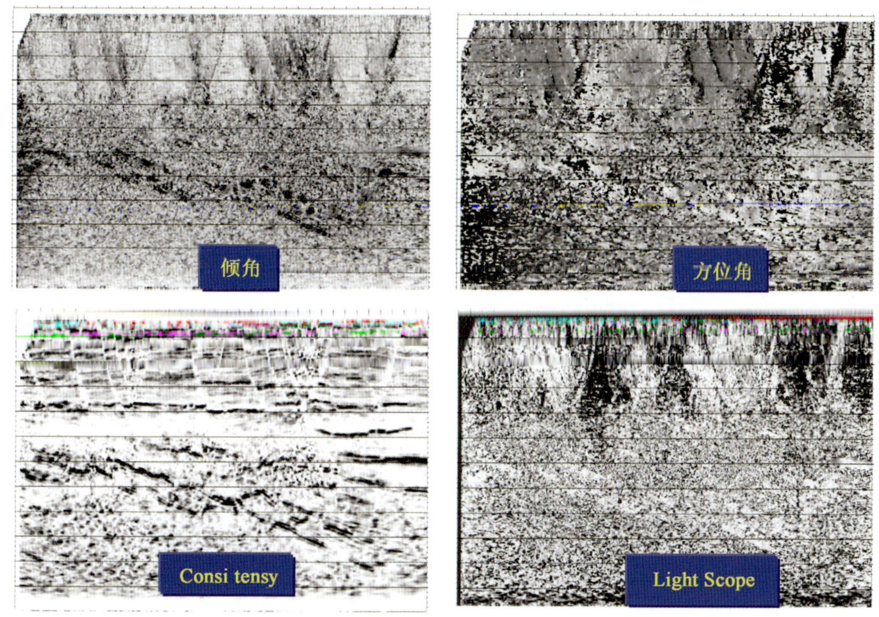

图 5.4.22　地震资料不同属性图

在实际操作过程中，为了获取空间的网格控制点，首先需要提取地震资料的结构属性体，一般情况下，通过提取地震资料的倾角、方位角以及连续性等属性（图 5.4.22）就可以描述该资料地质结构特征，通过这几个结构属性体的约束，就可以很好地自动拾取地质层位，对地震资料进行准确的描述。同时，对地震资料的剩余延迟进行拾取，得到空间分布的剩余延迟体，而后把自动拾取的地质层位进行网格化处理，这样就在空间形成了一个大型的网格矩阵。利用层析算法，对其进行求解，得到一个优化后的速度—深度模型。图 5.4.23 为优化前后速度剖面对比，可见，优化后层间速度精度更高。从偏移剖面效果图来看（图 5.4.24），通过网格层析成像的速度优化后，层间成像精度得到有效提高。

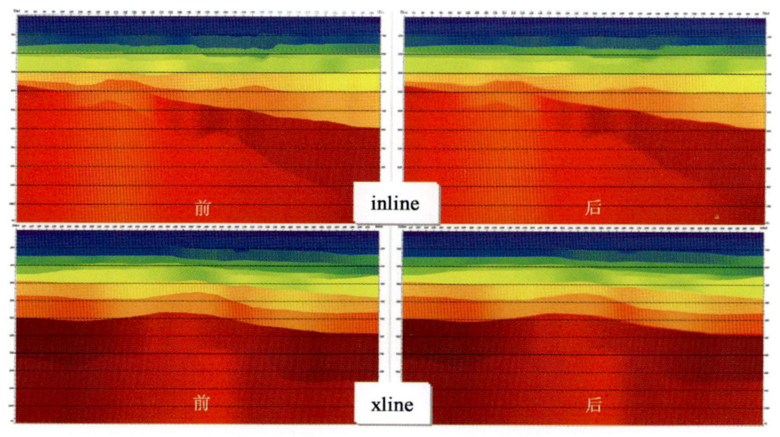

图 5.4.23　网格层析成像前后速度剖面对比图

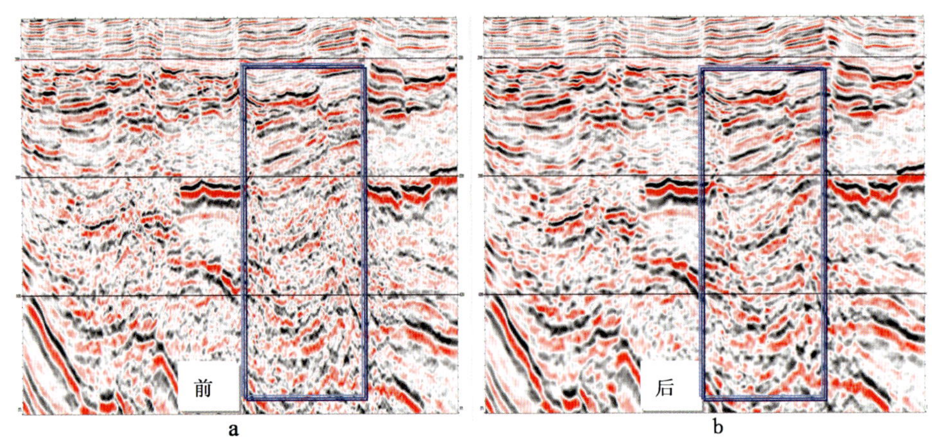

图 5.4.24 网格层析成像前（a）后（b）深度偏移剖面对比图

5.4.3.4 非对称走时叠前时间偏移技术

众所周知，实现叠前时间偏移的一个重要环节是计算地震波走时[60]。所用计算方法大致可分为三类：即直射线、弯曲射线和非对称走时计算。直射线走时算法的模型是均匀介质，此时地震波按直射线传播，偏移则是将成像点以上的介质视为等效的均匀介质，用该成像点处的等效速度表示该点上方介质的均匀速度。直射线走时计算公式简单，偏移计算效率高，但成像效果不佳。

通常用的弯曲射线走时计算是将成像点以上的介质视为水平层状介质，故可用一组层速度描述。由于此时地震波是按照弯曲的折射线来传播的，因此水平层状介质假设也通常称之为弯曲射线假设。但此类走时难以用简单的显函数表达，故在成像计算中不便应用。若改用射线追踪的数值方法来计算走时，则存在累计误差、稳定性和计算效率低的问题。Taner & Koehler 1969 年根据均匀介质中的时距关系和函数逼近理论，推出水平层状介质中的时距关系表达式算法，已在实际生产中广泛应用，这样就形成一类非对称走时的李代数积分算法，从而摆脱了水平层状介质模型的限制。

当地层存在强烈的横向变速时，就会造成波前面的不对称，表现在叠加剖面上就是时距曲线的不对称，叠前时间偏移上为射线追踪路径的不对称。在 1 号、2 号潜山地区由于多期构造运动，断裂发育，同时还存在地层缺失的现象，横向速度变化比较大，所以基于层状均匀介质模型的弯曲射线 Kirchhoff 积分法叠前时间偏移不能够满足成像精度的要求。非对称走时叠前时间偏移突破了“常速层状介质或轻微变速层状介质”假设条件，考虑横向变速，在公式中引入横向导数的方法，多项式展开后即含偶次项也含奇次项，推导横向变速介质的走时公式，此公式适应横向非均匀介质的叠前时间偏移。主要优点：

（1）在走时公式中，引入速度横向导数，提高走时计算精度；

（2）改善在复杂条件下的地震波的聚焦效果；

（3）计算更准确的保持相对振幅的加权系数；

（4）走时公式比目前应用的 Walter Lynn 1988 年提出的公式精度更高。Walter Lynn 的公式适合于横向变速 10%，该公式适合横向变速 50%。

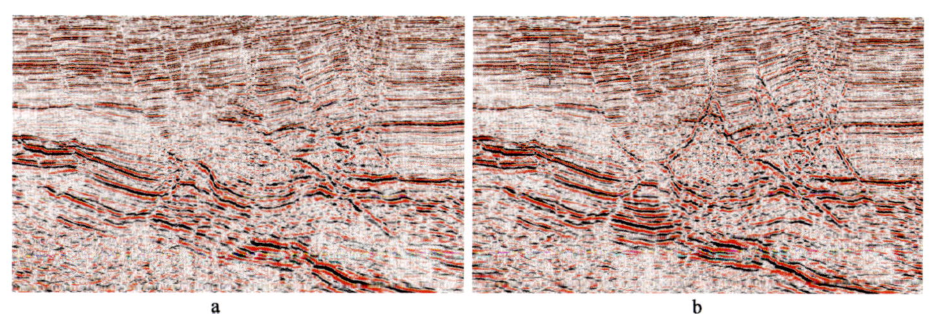

图 5.4.25 弯曲射线叠前时间偏移（a）与非对称走时叠前时间偏移（b）对比

该方法可以简单概述为，通过提高走时计算精度，改善在复杂构造条件下的地震波的成像效果及计算更为准确的保持相对振幅的加权系数。本次研究在 GPU 上实现了非对称走时算法，在实际资料中取得了良好的效果。图 5.4.25 为非对称走时叠前时间偏移与弯曲射线叠前时间偏移对比图。可以看出，非对称走时叠前时间偏移低频成分丰富，相位、振幅特征保持良好，同时在断裂系统的刻画方面优势明显，火成岩边界刻画的也比较清楚。

5.4.3.5 逆时叠前深度偏移技术

在该区研究中应用逆时偏移技术[61]取得了较好的成像效果，小断裂成像精度更高，更聚焦，目的层信噪比、分辨率明显提高（图 5.4.26、图 5.4.27）。逆时偏移与克希霍夫叠前深度相比有以下特点：

（1）火山岩的主频提高 5Hz；

（2）目的层小断裂系统更加清楚、信噪比有所提高；

（3）工区东面成像质量改善比较大。

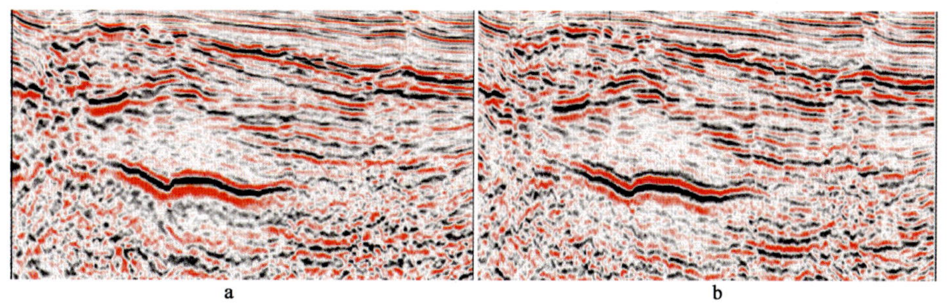

图 5.4.26 克希霍夫叠前深度偏移（a）与逆时偏移（b）剖面对比图（Ⅰ）

5.4.4 攻关处理效果分析

通过对南堡古潜山构造带地震资料的详细研究，所得到的成果剖面，无论从成像质量还是地质认识上都有较大的提高。同时也完善了冀东南堡古潜山构造带地震资料的叠前成像技术流程。中浅层信噪比高、分辨率高，目的层断块、裂缝更加清晰（图 5.4.28、图 5.4.29），非对称走时叠前时间偏移、逆时偏移保幅性好，空间振幅变化关系保持的相对较好，从时间切片上看，积分法偏移结果显示工区北东向断裂比较发育，而逆时偏移结果显示该区还发育一些北西向的小断裂，而这些断裂在积分法偏移结果上几乎看不到（图5.4.30）。

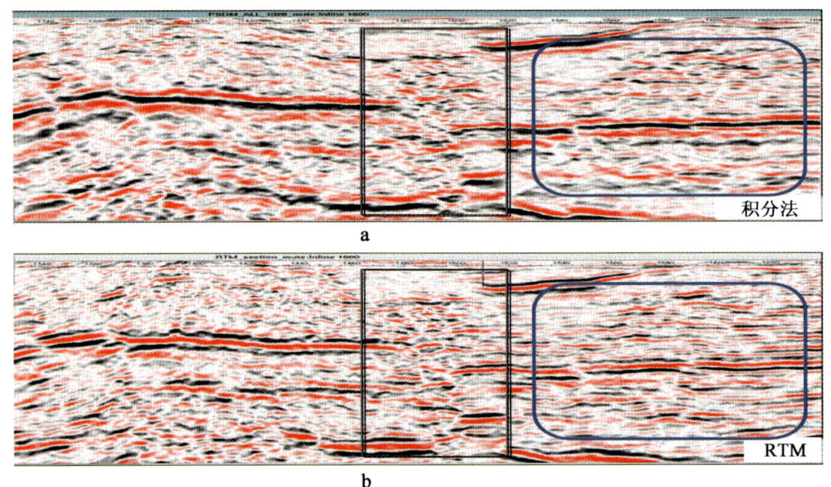

图 5.4.27　克希霍夫叠前深度偏移（a）与逆时偏移（b）剖面对比图（Ⅱ）

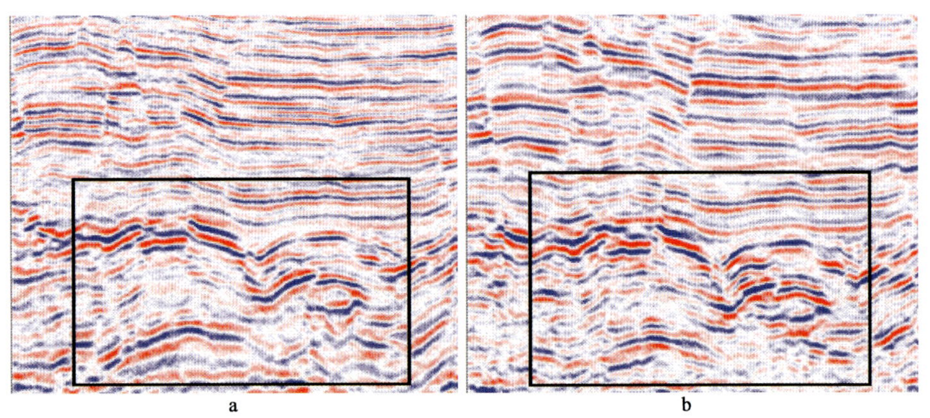

图 5.4.28　老偏移成果（a）与新偏移成果（b）剖面对比图（Ⅰ）

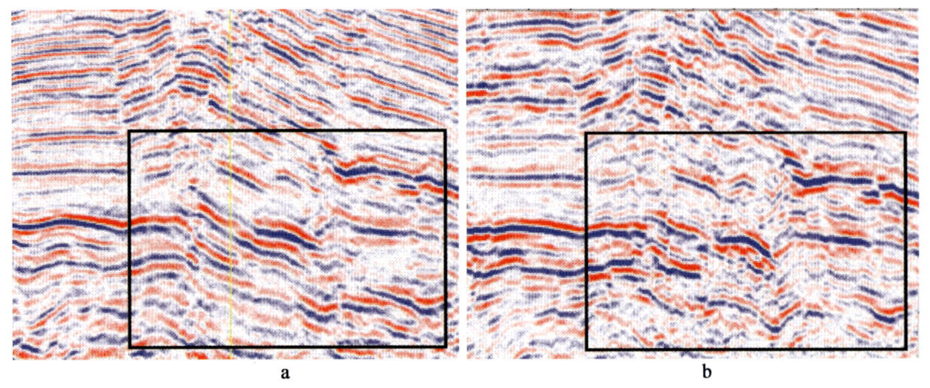

图 5.4.29　老偏移成果（a）与新偏移成果（b）剖面对比图（Ⅱ）

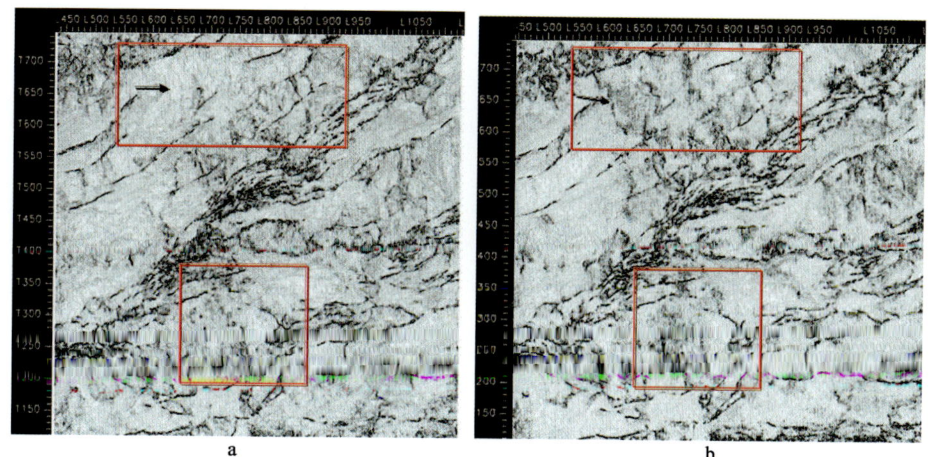

图 5.4.30　老叠前深度偏移成果（a）与新逆时偏移成果（b）时间切片对比图

5.4.5　结论与认识

针对南堡古潜山构造带地震资料的复杂性，通过深入分析地质问题和地震资料特点，进行了深入的成像处理方法研究，形成了切实可行的技术措施，特别是把目前的新技术非对称走时叠前时间偏移和逆时叠前深度偏移引入到该工区，很好地解决了横向速度变化对成像的影响，在构造复杂、倾角大的地方成像效果要明显优于以前的研究成果，取得了明显的成像效果，最终处理成果也很好地体现了各种地质特征。最终完善形成了适合南堡古潜山构造带地震资料准确成像的技术系列和流程，可在其他类似地区推广应用。

参考文献

[1] Hemon C. Equations d'onde et modeles. Geophysical Prospecting, 1978, 26: 790～821

[2] Whitmore D W. Iterative depth migration by backward time propagation: 53rd Annual International Meeting, SEG, Expanded Abstracts, 1983, 382～385

[3] Baysal E, Kosloff D D and Sherwood J W C. Reverse time migration. Geophysics, 1983, 48: 1514～1524

[4] McMechan G A. Migration by extrapolation of time-dependent boundary values. Geophysical Prospecting, 1983, 31: 413～420

[5] Symes W W. Reverse time migration with optimal checkpointing. Geophysics, 2007, 72 (5): SM213～SM221

[6] 李博，刘国峰，刘洪．地震叠前时间偏移的一种图形处理器提速实现方法．地球物理学报，2009，52 (1)：245～252

[7] 刘红伟，李博，刘洪等．地震叠前逆时偏移高阶有限差分算法及 GPU 实现．地球物理学报，2010，53 (7)：1725～1733

[8] Claerbout J. Toward a unified theory of reflector mapping. Geophysics, 1971, 36: 467～481

[9] Dablain M A. The application of high-order differencing to the scalar wave equation. Geophysics, 1986,

51：54～66

[10] Mulder W and Plessix R. One-way and two-way wave-equation migration. 73rd Annual International Meeting，SEG，Expanded Abstracts，2003 ，881～884

[11] Yoon K，Marfurt K J，and Starr W. Challenges in reverse-time migration. 74th Annual International Meeting，SEG，Expanded Abstracts，2004，1057～1060

[12] Fletcher R，Fowler P，Kichenside P，Albertin U. Suppressing unwanted internal reflections in prestack reverse-time migration. Geophysics，2006，71（6）：E79～E82

[13] Liu Faqi，Guanquan Zhang，Morton S A，and Leveille J P. Reverse-time Migration Using One-way Wavefield Imaging Condition. 77th Annual International Meeting，SEG，Expanded Abstracts，2007，2170～2174

[14] Symes W W. Mathematical foundations of reflection seismology. Technical Report，Rice University，1995

[15] Griewank A. Achieving logarithmic growth of temporal and spatial complexity in reverse automatic differentiation. Optimization Methods and Software，1992，1：35～54

[16] Robert W Clayton and Engquist. Absorbing boundary conditions for wave equation migration. Geophysics，1980，45：95～901

[17] Robert G Clapp. Reverse time migration with random boundaries. 79th Annual International Meeting，SEG，Expanded Abstracts，2009，2809～2813

[18] 陈波，何文华，吴林钢等．盐下地震勘探实践和认识．石油地球物理勘探，2007，42：90～92

[19] 胡英，姚逢昌．用于叠前深度偏移速度建模的一种新方法．石油勘探与开发，2000，27（2）：62～64

[20] 温铁民，苏世龙，钱豫．盐下速度场异常问题分析．石油地球物理勘探，2001，42：5～7

[21] 王西文，刘文卿，王宇超等．共反射角叠前偏移成像研究及应用．地球物理学报，2010，53（11）：2732～2738

[22] 顾家裕，朱筱敏，贾进华等．塔里木盆地沉积与储层．北京：石油工业出版社，2003

[23] 马永生，梅冥相等．碳酸盐岩储层沉积学．北京：地质出版社．1999

[24] 李庆忠．对宽方位角采集不要盲从——到底什么叫“全三维采集”．石油地球物理勘探，2001，36（1）：122～124

[25] 渥·伊尔马滋著，黄绪德等译．地震数据处理．北京：石油工业出版社，1994

[26] 熊翥．地震数据数字处理应用技术．北京：石油工业出版社，2010

[27] 熊翥．我国物探技术的进步与展望．石油地球物理勘探，2004，39（6）：745～750

[28] 邓勇，李添才，朱江梅等．南海西部海域油气地球物理勘探中地震处理技术新进展．天然气地球科学，2011，22（1）：149～156

[29] 王西文，刘全新等．相对保幅的地震资料连片处理方法研究．石油物探，2006，45（2）：105～121

[30] 牛滨华，吕景贵，孙春岩等．叠前面波干扰压制方法的研究与应用．现代地质，2001，15（3）：326～332

[31] 张军华，吕宁，田连玉等．地震资料去噪方法技术综合评述．地球物理学进展，2006，21（2）：546～553

[32] 田彦灿，苏勤等．线性时差校正技术在噪声压制中的应用．天然气地球科学，2012，23（2）：353～358

[33] 胡天跃．地震资料叠前去噪技术的现状与未来．地球物理学进展，2002，17（2）：218～223
[34] 钱荣钧．关于地震采集空间采样密度和均匀性分析．石油地球物理勘探，2007，42（2）：244
[35] 高银波，张研．关于面元计算和观测系统设计的思考．石油地球物理探，2008，43（4）：386
[36] 凌云，纵波 VTI 介质理论与应用研究．石油地球物理勘探，2002，37（3）：267～275
[37] 王西文，刘全新等．多井约束下的速度建模方法和应用．石油地球物理勘探，2003，38（3）：263～267
[38] 田彦灿，曾华会，鲁烈琴等．各向异性叠前偏移技术及应用．新疆石油地质，2011，32（5）：533～536
[39] 刘洪，佟小龙，刘钦等．油气地震勘探数据处理 GPU/CPU 协同并行计算技术．北京：石油工业出版社，2010
[40] Faqi Liu. An Effective Imaging Condition for Reverse-time Migration Using Wavefield Decomposition. Geophysics，2011，76：143～149
[41] 袁明生，梁世君等．吐哈盆地油气地质与勘探实践．北京：石油工业出版社，2002.
[42] 范铭涛，马国福，李曼茹等．酒泉盆地油气勘探潜力研究．石油学报，2005，26（增刊）：69～72
[43] 王劲松，杨永军，吐哈盆地致密砂岩气勘探前景与关键问题讨论．吐哈油气，2010，15（2）：201～204
[44] 袁明生，牛仁杰，焦立新等．吐哈盆地前陆冲断带地质特征及勘探成果．新疆石油地质，2002，23（5）：376～379
[45] 王彦春，余钦，段云卿．三维折射波静校正．石油地球物理勘探，2000，35（1）：13～19
[46] 王西文．地震数据连片处理中静校正建模方法的研究及应用．石油地球物理勘探．2006，41（4）：375～382
[47] 林依华，张中杰，尹成等．复杂地形条件下静校正的综合寻优．地球物理学报，2003，46（1）：102～106
[48] 苏勤，吕彬，田彦灿等．浮动面叠前深度偏移法在山前带复杂构造成像中的应用．新疆石油地质，2009，30（5）：560～562
[49] 苏勤，李海亮，吕彬等．吐哈盆地北部山前带巴喀三维叠前地震成像处理解释技术研究及应用．中国石油勘探，2011，16（5～6）：29～40
[50] Stoffa P L. Split-step Fourier migration. Geophysics，1990，55：410～421
[51] Ristow D and Ruth T. Fourier finite-difference migration. Geophysics，1994，59：1882～1893
[52] 吕彬，王西文，王宇超等．山前带逆掩复杂构造保幅 FFD 叠前深度偏移方法．石油地球物理勘探，2011，46（5）：720～724
[53] 吕彬，王西文，王宇超等．基于保真振幅单程波方程的叠前 AVP 成像方法．地球物理学报，2009，52（8）：2119～2127
[54] 周海民，董月霞，谢占安等．断陷盆地精细勘探——渤海湾盆地南堡凹陷精细勘探实践与认识．北京：石油工业出版社，2004
[55] 周海民，魏忠文等．南堡凹陷的形成演化与油气的关系．石油与天然气地质，2000，21（4）：345～349
[56] 刚文哲，于聪，高岗等．渤海湾盆地南堡凹陷滩海地区原油来源及勘探潜力分析．石油天然气学报，2011，33（11）：1～7
[57] 董月霞，汪泽成，郑红菊等．走滑断层作用对南堡凹陷油气成藏的控制．石油勘探与开发，2008，35

(4)：424～430

[58] 闫立志，景新义，李刚．$f-k$ 滤波在噪声减去法中的作用．海洋地质动态，2006，22 (10)：28～32

[59] 何英，王华忠，马在田，胡中标．复杂地形条件下波动方程叠前深度成像．石油地球物理勘探，2002，25 (3)：13～19

[60] 刘喜武，刘洪等．波动方程地震偏移成像方法的现状与进展．地球物理学进展，2002，17 (4)：582～591

[61] Samuel H Gray，et al．Seismic migration problems and solutions. Geophysics，2001，66 (5)：1622～1640